수학 좀 한다면

디딤돌 초등수학 기본+응용 2-2

펴낸날 [초판 1쇄] 2024년 2월 7일 [초판 3쇄] 2024년 8월 16일 | **펴낸이** 이기열 | **펴낸곳** (주)디딤돌 교육 | **주소** (03972) 서울특별시 마포구 월드컵북로 122 청원선와이즈타워 | **대표전화** 02-3142-9000 | **구입문의** 02-322-8451 | **내용문의** 02-323-9166 | **팩시밀리** 02-338-3231 | **홈페이지** www.didimdol.co.kr | **등록번호** 제10-718호 | 구입한 후에는 철회되지 않으며 잘못 인쇄된 책은 바꾸어 드립니다. 이 책에 실린 모든 삽화 및 편집 형태에 대한 저작권은 (주)디딤돌 교육에 있으므로 무단으로 복사 복제할 수 없습니다. Copyright ⓒ Didimdol Co.
[2402560]

내 실력에 딱!
최상위로 가는 '맞춤 학습 플랜'

STEP 1 On-line
나에게 맞는 공부법은?
맞춤 학습 가이드를 만나요.

교재 선택부터 공부법까지! 디딤돌에서 제공하는 시기별 맞춤 학습 가이드를 통해 아이에게 맞는 학습 계획을 세워 주세요. (학습 가이드는 디딤돌 학부모카페 '맘이가'를 통해 상시 공지합니다. cafe.naver.com/didimdolmom)

STEP 2 Book
맞춤 학습 스케줄표
계획에 따라 공부해요.

교재에 첨부된 '맞춤 학습 스케줄표'에 맞춰 공부 목표를 달성합니다.

STEP 3 On-line
이럴 땐 이렇게!
'맞춤 Q&A'로 해결해요.

궁금하거나 모르는 문제가 있다면, '맘이가' 카페를 통해 질문을 남겨 주세요. 디딤돌 수학쌤 및 선배맘님들이 친절히 답변해 드립니다.

STEP 4 Book
다음에는 뭐 풀지?
다음 교재를 추천받아요.

학습 결과에 따라 후속 학습에 사용할 교재를 제시해 드립니다. (교재 마지막 페이지 수록)

 ★ 디딤돌 플래너 만나러 가기

디딤돌 초등수학 기본+응용 2-2

8주 완성 학습 스케줄표

짧은 기간에 집중력 있게 한 학기 과정을 완성할 수 있도록 설계하였습니다.
방학 때 미리 공부하고 싶다면 주 5일 8주 완성 과정을 이용해요.

공부한 날짜를 쓰고 하루 분량 학습을 마친 후, 부모님께 확인 check ☑를 받으세요.

1주 — **1 네 자리 수**

월 일	월 일	월 일	월 일	월 일	**2주** 월 일	월 일
8~15쪽	16~21쪽	22~25쪽	26~29쪽	30~33쪽	34~36쪽	37~39쪽

3주 — **3 길**

월 일	월 일	월 일	월 일	월 일	**4주** 월 일	월 일
58~61쪽	62~67쪽	68~71쪽	72~75쪽	76~78쪽	79~81쪽	84~93쪽

5주 — **4 시각과 시간**

월 일	월 일	월 일	월 일	월 일	**6주** 월 일	월 일
107~109쪽	112~117쪽	118~121쪽	122~129쪽	130~135쪽	136~139쪽	140~142쪽

7주 — **6 규칙 찾기**

월 일	월 일	월 일	월 일	월 일	**8주** 월 일	월 일
162~165쪽	166~168쪽	169~171쪽	174~177쪽	178~181쪽	182~185쪽	186~190쪽

MEMO

효과적인 수학 공부 비법

시켜서 억지로  내가 스스로

억지로 하는 일과 즐겁게 하는 일은 결과가 달라요.
목표를 가지고 스스로 즐기면 능률이 배가 돼요.

가끔 한꺼번에  매일매일 꾸준히

급하게 쌓은 실력은 무너지기 쉬워요.
조금씩이라도 매일매일 단단하게 실력을 쌓아가요.

정답을 몰래  개념을 꼼꼼히

모든 문제는 개념을 바탕으로 출제돼요.
쉽게 풀리지 않을 땐, 개념을 펼쳐 봐요.

채점하면 끝  틀린 문제는 다시

왜 틀렸는지 알아야 다시 틀리지 않겠죠?
틀린 문제와 어림짐작으로 맞힌 문제는
꼭 다시 풀어 봐요.

수학 좀 한다면

초등수학
기본+응용

상위권으로 가는 **응용심화 학습서**

2−2

기본부터 실력까지 한 권으로 끝내는 공부 전략!

1 한 권에 보이는 개념 정리로 개념 이해!

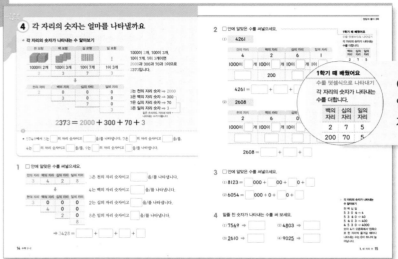

개념 정리를 읽고 교과서 기본 문제를
풀어 보며 개념을 확실히 내 것으로
만들어 봅니다.

이전에 배운 개념이
연계 학습을 통해
자연스럽게 확장됩니다.

2 개념 대표 문제로 개념 확인!

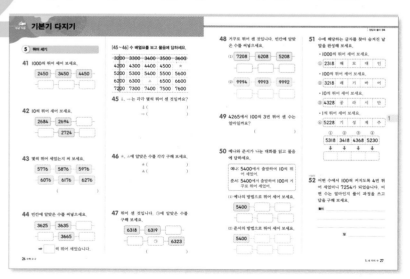

개념별 집중 문제로 교과서, 익힘책
은 물론 서술형 문제까지 기본기에
필요한 모든 문제를 풀어봅니다.

3 응용 문제로 실력 완성!

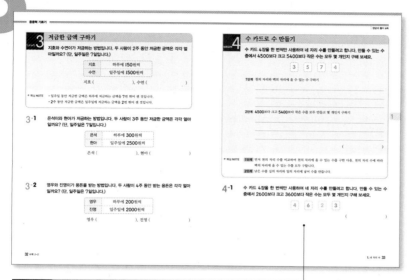

단원별 대표 응용 문제를 풀어 보며
실력을 완성해 봅니다.

심화유형 4 수 카드로 수 만들기

수 카드 4장을 한 번씩만 사용하여 네 자리 수를 만들려고 합니다. 만들 수 있는 수
중에서 4500보다 크고 5400보다 작은 수는 모두 몇 개인지 구해 보세요.

| 3 | 5 | 7 | 4 |

한 단계 더 나아간 심화 문제를 풀어
보며 문제 해결력을 완성해 봅니다.

4 단원 평가로 실력 점검!

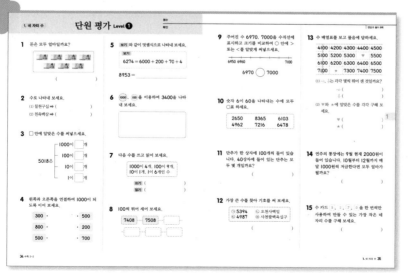

공부한 내용을 마무리하며 틀린 문제나
헷갈렸던 문제는 반드시 개념을 살펴
봅니다.

이 책의 **차례**

1 네 자리 수

100이 3개, 10이 4개, 1이 8개 ⇨ 세 자리 수 　348
1000이 5개, 100이 3개, 10이 4개, 1이 8개 ⇨ 네 자리 수 5348
즉, 맨 앞에 천의 자리가 생기면 네 자리 수가 돼!

수에서는 수가 놓인 자리가 값이다!

네 자리 수

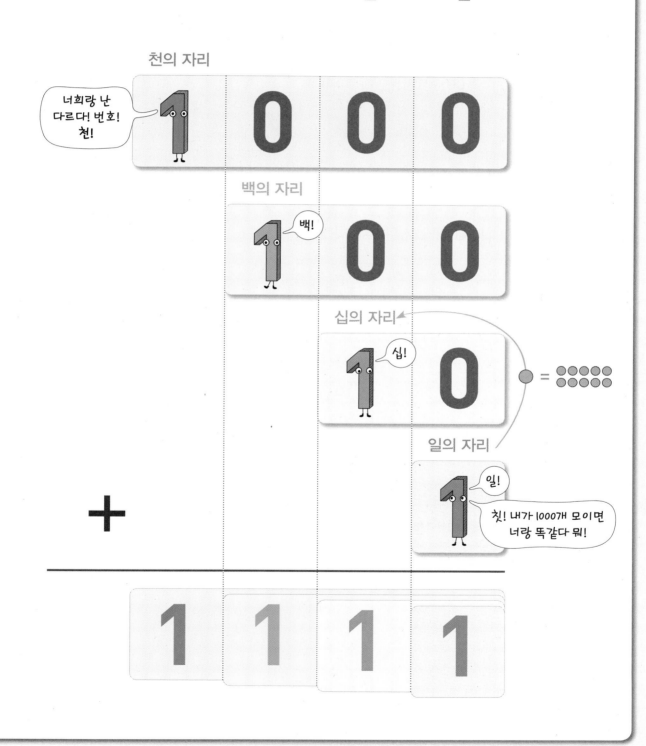

1 천을 알아볼까요

● 1000 알아보기

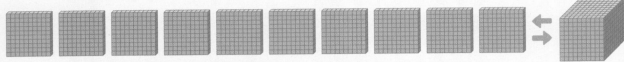

백 모형 10개는 천 모형 1개와 같습니다.

- 100이 10개이면 **1000**입니다.
- 1000은 **천**이라고 읽습니다.

● 1000 나타내기

- 1000은 900보다 100만큼 더 큰 수입니다.

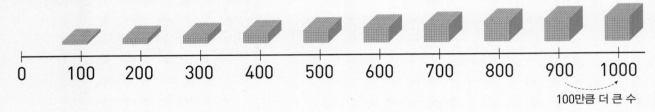

| 0 | 100 | 200 | 300 | 400 | 500 | 600 | 700 | 800 | 900 | 1000 |

100만큼 더 큰 수

- 1000은 990보다 10만큼 더 큰 수입니다.

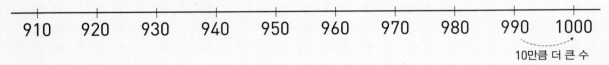

| 910 | 920 | 930 | 940 | 950 | 960 | 970 | 980 | 990 | 1000 |

10만큼 더 큰 수

- 1000은 999보다 1만큼 더 큰 수입니다.

999 다음의 수는 1000입니다.

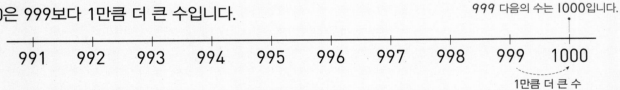

| 991 | 992 | 993 | 994 | 995 | 996 | 997 | 998 | 999 | 1000 |

1만큼 더 큰 수

---

1 1000을 수 모형으로 나타낸 것입니다.
□ 안에 알맞은 수를 써넣으세요.

(1) 백 모형 10개는 천 모형 ☐ 개와

같습니다.

(2) 100이 10개이면 ☐ 입니다.

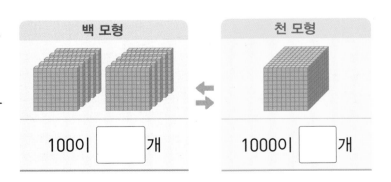

백 모형   천 모형

100이 ☐ 개   1000이 ☐ 개

2 수직선을 보고 □ 안에 알맞은 수를 써넣으세요.

▷ **1000 다음의 수**
1000 다음의 수는 1000보다 1만큼 더 큰 수인 1001입니다.

(1)

```
├──┼──┼──┼──┼──┼──┼──┼──┼──┼──┤
0   100 200 300 400 500 600 700 800 900 1000
```

800보다 200만큼 더 큰 수는 [ ] 입니다.

(2)

```
├──┼──┼──┼──┼──┼──┼──┼──┼──┼──┤
990 991 992 993 994 995 996 997 998 999 1000
```

997보다 3만큼 더 큰 수는 [ ] 입니다.

3 ⑩⑩을 이용하여 1000을 나타내 보세요.

```
┌─────────────────────────────────┐
│                                 │
│                                 │
│                                 │
└─────────────────────────────────┘
```

▷ **1000**
┌ 1이 1000개인 수
├ 10이 100개인 수
├ 100이 10개인 수
└ 1000이 1개인 수

1

4 □ 안에 알맞은 수를 써넣으세요.

(1) 900보다 [ ] 만큼 더 큰 수는 1000입니다.

(2) 990보다 [ ] 만큼 더 큰 수는 1000입니다.

5 1000원이 되도록 묶었을 때 남는 돈은 얼마일까요?

2학년 1학기 때 배웠어요

100, 백

• 10이 10개인 수
• 90보다 10만큼 더 큰 수
• 99보다 1만큼 더 큰 수

(   )

2 몇천을 알아볼까요

● **몇천 알아보기**

수		쓰기	읽기
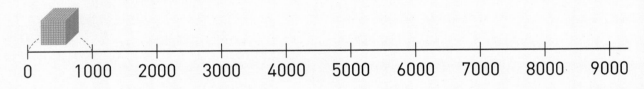 → 1000이 **2**개		**2**000	이천
→ 1000이 **3**개		**3**000	삼천
→ 1000이 **4**개		**4**000	사천
→ 1000이 **5**개		**5**000	오천

············· 1000이 ■개이면 ■000입니다.

● **몇천을 수직선에 나타내기**

0	1000	2000	3000	4000	5000	6000	7000	8000	9000

- 1000이 **6**개이면 [ ], 1000이 **7**개이면 [ ]입니다.
- 7000은 [ ], 8000은 [ ], 9000은 [ ]이라고 읽습니다.

---

1 수 모형이 나타내는 수를 쓰고 읽어 보세요.

(1)

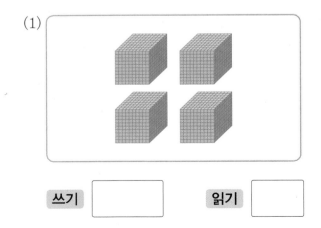

쓰기 [ ]　　　읽기 [ ]

(2)

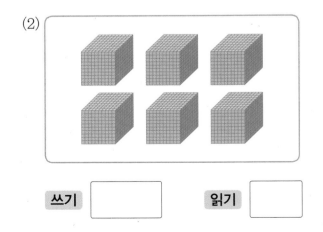

쓰기 [ ]　　　읽기 [ ]

2 ☐ 안에 알맞은 수를 써넣으세요.

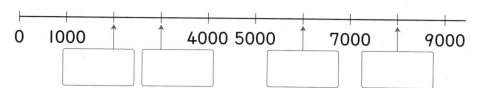

3 알맞은 수를 쓰고 읽어 보세요.

(1)
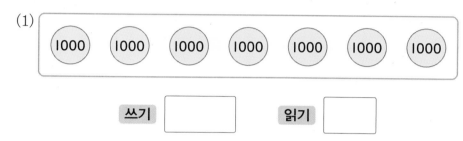

쓰기 ☐   **읽기** ☐

(2)
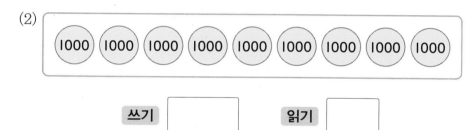

쓰기 ☐   **읽기** ☐

(3)
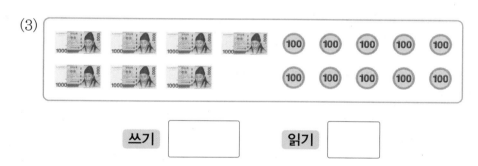

쓰기 ☐   **읽기** ☐

몇천일 때 백 모형, 십 모형, 일 모형은 모두 0개입니다.

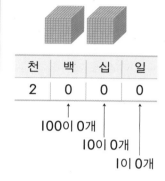

천	백	십	일
2	0	0	0

100이 0개
10이 0개
1이 0개

1

4 ☐ 안에 알맞은 수를 써넣으세요.

1학기 때 배웠어요

10이 10개인 수 ➡ 100
10이 20개인 수 ➡ 200
10이 30개인 수 ➡ 300

(1) 100이 20개인 수 ➡ ☐

　　10이 200개인 수 ➡ ☐

(2) 100이 30개인 수 ➡ ☐

　　10이 300개인 수 ➡ ☐

3 네 자리 수를 알아볼까요

● 몇천 몇백 몇십 몇

천 모형	백 모형	십 모형	일 모형
1000이 2개	100이 3개	10이 4개	1이 8개
└•2000	└•300	└•40	└•8

2000과 300과 40과 8은
2348입니다.
2348은 이천삼백사십팔
이라고 읽습니다.

● 몇천 몇백 몇십

천 모형	백 모형	십 모형	일 모형
1000이 2개	100이 3개	10이 4개	1이 0개
└•2000	└•300	└•40	└•0

2000과 300과 40과 0은
2340입니다.
2340은 이천삼백사십
이라고 읽습니다.

• 자리의 숫자가 없을 때에는 자리가 있음을
나타내기 위해 그 자리에 0을 씁니다.
0을 쓴 자리는 읽지 않습니다.

● 몇천 몇백 몇

천 모형	백 모형	십 모형	일 모형
1000이 2개	100이 3개	10이 0개	1이 8개
└•2000	└•300	└•0	└•8

2000과 300과 0과 8은
2308입니다.
2308은 이천삼백팔
이라고 읽습니다.

● 몇천 몇십 몇

천 모형	백 모형	십 모형	일 모형
1000이 2개	100이 0개	10이 4개	1이 8개
└•2000	└•0	└•40	└•8

2000과 0과 40과 8은
2048입니다.
2048은 이천사십팔
이라고 읽습니다.

1 수 모형을 보고 □ 안에 알맞은 수나 말을 써넣으세요.

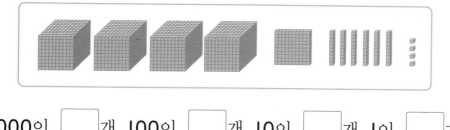

1000이 □ 개, 100이 □ 개, 10이 □ 개, 1이 □ 개

이면 □ 이고, □ (이)라고 읽습니다.

2 수를 읽거나 수로 써 보세요.

3753	

	오천육십

	구천팔백십사

8102	

▶ 읽지 않은 자리는 자리의 숫자가 없는 것이므로 0을 씁니다.

3 □ 안에 알맞은 수를 써넣으세요.

(1) 2109는
1000이 □ 개
100이 □ 개
10이 □ 개
1이 □ 개

(2) 1000이 6개
100이 0개
10이 7개
1이 2개
이면 □

▶ 자리의 숫자가 없을 때에는 그 자리에 0을 씁니다.

1000이 8개
100이 5개
10이 0개 ➡ 8504
1이 4개

85 4라고 쓰면 854(팔백오십사)와 구분하기 어렵습니다.

4 모형이 나타내는 수를 쓰고 읽어 보세요.

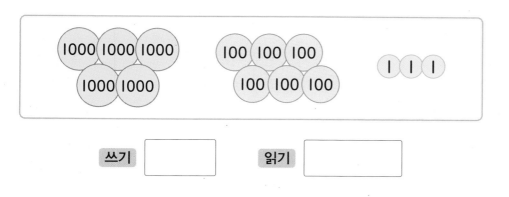

쓰기 □   읽기 □

▶ 십 모형이 한 개도 없으므로 십의 자리에 0을 씁니다.

4 각 자리의 숫자는 얼마를 나타낼까요

● **각 자리의 숫자가 나타내는 수 알아보기**

천 모형	백 모형	십 모형	일 모형
1000이 2개	100이 3개	10이 7개	1이 3개
2	3	7	3

1000이 **2**개, 100이 **3**개,
10이 **7**개, 1이 **3**개이면
2000과 **300**과 **70**과 **3**이므로
2373입니다.

천의 자리	백의 자리	십의 자리	일의 자리
2	0	0	0
	3	0	0
		7	0
			3

2는 천의 자리 숫자 ➡ **2000**
3은 백의 자리 숫자 ➡ **300**
7은 십의 자리 숫자 ➡ **70**
3은 일의 자리 숫자 ➡ **3**

같은 숫자라도 자리에 따라
나타내는 수가 다릅니다.

$$2373 = 2000 + 300 + 70 + 3$$

● 5749에서 5는 □의 자리 숫자이고 □을/를 나타냅니다. 7은 □의 자리 숫자이고 □을/를, 4는 □의 자리 숫자이고 □을/를, 9는 □의 자리 숫자이고 □을/를 나타냅니다.

---

1 □ 안에 알맞은 수를 써넣으세요.

천의 자리	백의 자리	십의 자리	일의 자리
3	4	2	8

⬇

천의 자리	백의 자리	십의 자리	일의 자리
3	0	0	0
	4	0	0
		2	0
			8

3은 천의 자리 숫자이고 □을/를 나타냅니다.

4는 백의 자리 숫자이고 □을/를 나타냅니다.

2는 십의 자리 숫자이고 □을/를 나타냅니다.

8은 일의 자리 숫자이고 □을/를 나타냅니다.

➡ 3428 = □ + □ + □ + □

2 □ 안에 알맞은 수를 써넣으세요.

(1) 4261

천의 자리	백의 자리	십의 자리	일의 자리
4	2	6	1
1000이 □ 개	100이 □ 개	10이 □ 개	1이 □ 개
□	200	□	1

4261 = □ + □ + □ + □

(2) 2608

천의 자리	백의 자리	십의 자리	일의 자리
2	6	0	8
1000이 □ 개	100이 □ 개	10이 □ 개	1이 □ 개
□	□	□	□

2608 = □ + □ + □

수를 덧셈식으로 나타낼 때 0은
생략할 수 있습니다.
1704
= 1000 + 700 + 0 + 4
= 1000 + 700 + 4

3 □ 안에 알맞은 수를 써넣으세요.

(1) 8123 = □000 + □00 + □0 + □

(2) 6054 = □000 + 0 + □0 + □

각 자리의 숫자가 나타내는
수 알아보기

천 백 십 일
5 3 0 4 ➡ 4
5 3 4 0 ➡ 40
5 4 0 3 ➡ 400
4 5 3 0 ➡ 4000
숫자 4가 오른쪽에서 왼쪽으
로 한 자리씩 옮겨갈 때마다
나타내는 수는 0이 하나씩 늘
어납니다.

4 밑줄 친 숫자가 나타내는 수를 써 보세요.

(1) 75<u>4</u>9 ➡ □

(2) 4<u>8</u>03 ➡ □

(3) <u>2</u>610 ➡ □

(4) 902<u>5</u> ➡ □

1 천 알아보기

1 1000씩 묶어 보세요.

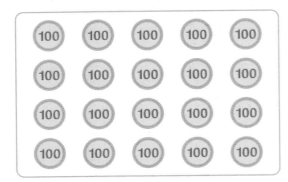

2 □ 안에 알맞은 수를 써넣으세요.

(1) 995 996 997 ↑ 999 ↑

(2) 950 960 ↑ 980 990 ↑

3 □ 안에 알맞은 수를 써넣으세요.

(1) □ 보다 100만큼 더 큰 수는 1000입니다.

(2) 1000은 600보다 □ 만큼 더 큰 수입니다.

4 새로 나온 비타민 영양제에 대한 기사입니다. 이 비타민 영양제 한 상자에 들어 있는 알약은 모두 몇 알일까요?

> **비타민 C의 섭취**
>
> 음식으로 섭취하지 못하는 비타민 C의 부족분은 약으로 섭취하여 채울 수 있습니다. 튼튼제약에서 새로 나온 비타민 영양제 한 상자에는 1팩에 10알씩 포장된 알약이 100팩 들어 있습니다.

( )

5 세 사람 중 다른 수를 나타낸 한 사람을 찾아 이름을 써 보세요.

준우   태규   민아

( )

6 인터넷 쇼핑몰에서 물건을 사고 900 포인트를 쌓았습니다. 1000포인트가 되려면 몇 포인트를 더 쌓아야 할까요?

( )

7 은석이는 다음과 같이 동전을 가지고 있습니다. 1000원이 되려면 얼마가 더 있어야 할까요?

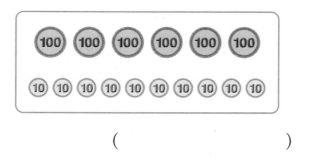

(   )

8 왼쪽과 오른쪽을 연결하여 1000이 되도록 이어 보세요.

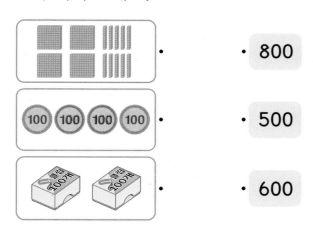

· 800

· 500

· 600

9 친구들이 1000 만들기 놀이를 하고 있습니다. 빈칸에 알맞은 수를 써넣어 1000을 만들어 보세요.

850

996

---

2 몇천 알아보기

10 알맞은 것끼리 이어 보세요.

1000이 5개인 수 ·   · 오천

1000이 9개인 수 ·   · 팔천

1000이 8개인 수 ·   · 구천

11 빈칸에 알맞은 수를 쓰고 읽어 보세요.

수	쓰기	읽기

12 □ 안에 알맞은 수를 써넣으세요.

(1) 5가 10개인 수 ➡

(2) 50이 10개인 수 ➡

(3) 500이 10개인 수 ➡

13 □ 안에 알맞은 수를 써넣으세요.

☐ 은/는 100이 80개인 수입니다.

14 나타내는 수가 다른 하나를 찾아 기호를 써 보세요.

> ㉠ 1000이 3개인 수
> ㉡ 100이 30개인 수
> ㉢ 30이 10개인 수

( )

15 자동 응답 전화를 이용하면 전화 한 통으로 이웃 돕기 성금을 1000원 낼 수 있다고 합니다. 전화를 9통 하면 성금을 얼마 낼 수 있을까요?

( )

16 색종이가 한 상자에 100장씩 들어 있습니다. 60상자에는 색종이가 모두 몇 장 들어 있을까요?

( )

서술형
17 한 대에 1000명이 탈 수 있는 여객선이 있습니다. 7000명이 모두 타려면 여객선은 몇 대가 필요한지 풀이 과정을 쓰고 답을 구해 보세요.

풀이 _____

_____

답 _____

18 □ 안에 알맞은 수를 써넣으세요.

19 (1000)과 (100)을 이용하여 4000을 나타내 보세요.

20 지하철역 물품 보관함의 이용료가 다음과 같습니다. 물품 보관함을 이용하려면 500원짜리 동전을 몇 개 넣어야 할까요?

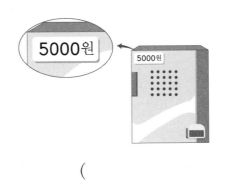

( )

3 네 자리 수 알아보기

21 모형이 나타내는 수를 쓰고 읽어 보세요.

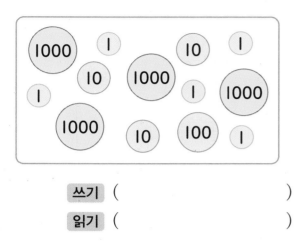

쓰기 (   )

읽기 (   )

22 알맞은 것끼리 이어 보세요.

사천십삼 ·　　　　· 4130

사천백삼 ·　　　　· 4103

사천백삼십 ·　　　　· 4013

23 다음 중 잘못 나타낸 것은 어느 것일까요? (   )

① 5046 ➡ 오천사십육
② 사천칠백오십육 ➡ 4756
③ 팔천백사 ➡ 8014
④ 1793 ➡ 천칠백구십삼
⑤ 6085 ➡ 육천팔십오

24 서아가 고른 수 카드를 찾아 색칠해 보세요.

서아

내가 고른 수 카드의 수를 읽으면 '팔천'으로 시작하고 '팔'로 끝나.

| 8280 | 4887 | 8108 | 6898 |

25 ☐ 안에 알맞은 수를 써넣으세요.

100이 10개인 수는 ☐

100이 3개인 수는 ☐

100이 13개인 수는 ☐

26 ⑴⑴⑴⑴, ⑴⑴, ⑴⑴, ⑴ 을 이용하여 1405를 나타내 보세요.

27 윤지는 가게에서 음료수를 사면서 천 원짜리 지폐 2장, 백 원짜리 동전 5개를 냈습니다. 윤지가 가게에서 산 음료수 가격은 얼마일까요?

(   )

28 가로에 이천오십, 세로에 천오백사를 수로 나타내어 퍼즐을 완성해 보세요.

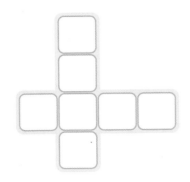

29 설명하는 수를 구해 보세요.

> 1000이 3개, 100이 18개, 10이 5개, 1이 6개인 수

(   )

30 민주는 쿠키와 초콜릿을 각각 한 봉지씩 사고 다음과 같이 돈을 냈습니다. 민주가 낸 돈에서 쿠키 한 봉지의 가격만큼 묶어 보고, 초콜릿의 가격을 구해 보세요.

쿠키 1400원   초콜릿 ? 원

민주가 낸 돈

(   )

---

4 **각 자리의 숫자가 나타내는 수 알아보기**

31 빈칸에 알맞은 숫자를 써넣으세요.

> 삼천칠백오

천의 자리	백의 자리	십의 자리	일의 자리

32 십의 자리 숫자가 8인 수는 어느 것일까요? (   )

① 3826   ② 1384   ③ 5078
④ 8617   ⑤ 4298

33 보기 와 같이 □ 안에 알맞은 수를 써넣으세요.

> 보기
> $5438 = 5000 + 400 + 30 + 8$

(1) 7901

$= \boxed{} + 900 + \boxed{} + \boxed{}$

(2) 3650

$= 3000 + \boxed{} + \boxed{} + \boxed{}$

34 숫자 2가 나타내는 수를 써 보세요.

(1) 6128 ➡ (   )

(2) 3209 ➡ (   )

(3) 2004 ➡ (   )

35 밑줄 친 숫자가 나타내는 수만큼 색칠해 보세요.

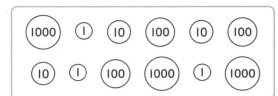

36 백의 자리 숫자가 **0**인 것을 모두 찾아 ○표 하세요.

37 숫자 **7**이 나타내는 수가 가장 큰 수를 찾아 기호를 써 보세요.

> ㉠ 3174   ㉡ 5723
> ㉢ 9007   ㉣ 7054

(   )

38 숫자 **6**이 나타내는 수가 같은 것끼리 이어 보세요.

3006 ·   · 4867

1962 ·   · 2653

7614 ·   · 5326

서술형
39 다음 수에서 밑줄 친 두 숫자 **5**의 다른 점을 설명해 보세요.

> 4<u>5</u>5<u>2</u>

설명 ....

....

....

40 설명하는 수를 구해 보세요.

> • 네 자리 수입니다.
> • 백의 자리 숫자는 **2**입니다.
> • 천의 자리 숫자는 백의 자리 숫자보다 **4**만큼 더 큽니다.
> • 각 자리의 숫자의 합은 **8**입니다.

(   )

5 뛰어 세어 볼까요

- **1000씩 뛰어 세기**

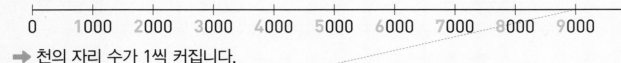

➡ 천의 자리 수가 1씩 커집니다.

- **100씩 뛰어 세기**

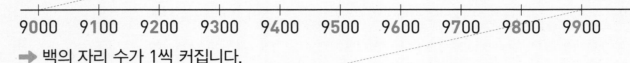

➡ 백의 자리 수가 1씩 커집니다.

- **10씩 뛰어 세기**

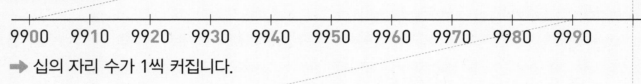

➡ 십의 자리 수가 1씩 커집니다.

- **1씩 뛰어 세기**

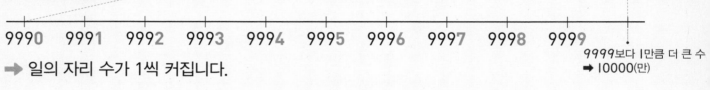

➡ 일의 자리 수가 1씩 커집니다.

9999보다 1만큼 더 큰 수
➡ 10000(만)

1 뛰어 세어 보세요.

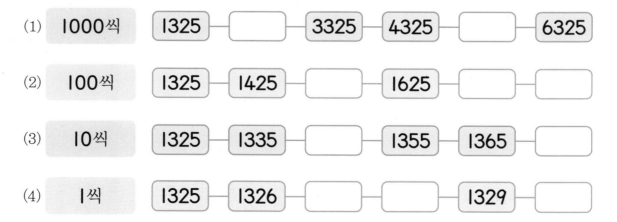

(1) 1000씩 1325 — ☐ — 3325 — 4325 — ☐ — 6325

(2) 100씩 1325 — 1425 — ☐ — 1625 — ☐ — ☐

(3) 10씩 1325 — 1335 — ☐ — 1355 — 1365 — ☐

(4) 1씩 1325 — 1326 — ☐ — ☐ — 1329 — ☐

2 빈칸에 알맞은 수를 써넣으세요.

(1) 9353 - 9453 - 9553 - ☐ - ☐ - ☐

➡ ☐ 씩 뛰어 세었습니다.

(2) 3702 - 4702 - ☐ - 6702 - ☐ - ☐

➡ ☐ 씩 뛰어 세었습니다.

3 거꾸로 뛰어 세어 보세요.

(1) 10씩 거꾸로 뛰어 세어 보세요.

9489 - 9479 - ☐ - ☐ - 9449 - ☐

(2) 100씩 거꾸로 뛰어 세어 보세요.

7735 - 7635 - ☐ - 7435 - ☐ - ☐

• 10씩 거꾸로 뛰어 세기

3450 3460 3470 3480

십의 자리 수가 1씩 작아집니다.

• 100씩 거꾸로 뛰어 세기

5300 5400 5500 5600

백의 자리 수가 1씩 작아집니다.

4 보기 와 같이 뛰어 세어 보세요.

보기

2450 - 2460 - 2470 - 2480 - 2490

4177 - ☐ - ☐ - ☐ - ☐

200 뛰어 센 수는 100씩 2번 뛰어 센 수와 같습니다.

100 100
1500 - 1600 - 1700
200

5 6425에서 200 뛰어 센 수는 얼마일까요?

(   )

6 수의 크기를 비교해 볼까요

네 자리 수의 크기 비교하기

• 천의 자리 수가 다른 경우 ···· • 천의 자리 수 비교

	천의 자리	백의 자리	십의 자리	일의 자리
5730 ➡	5	7	3	0
6480 ➡	6	4	8	0

5730 $<$ 6480

• 천의 자리 수가 같은 경우 ···· • 백의 자리 수 비교

	천의 자리	백의 자리	십의 자리	일의 자리
6820 ➡	6	8	2	0
6480 ➡	6	4	8	0

6820 $>$ 6480

• 천, 백의 자리 수가 같은 경우 ···· • 십의 자리 수 비교

	천의 자리	백의 자리	십의 자리	일의 자리
5734 ➡	5	7	3	4
5726 ➡	5	7	2	6

5734 $>$ 5726

• 천, 백, 십의 자리 수가 같은 경우 ···· • 일의 자리 수 비교

	천의 자리	백의 자리	십의 자리	일의 자리
5734 ➡	5	7	3	4
5736 ➡	5	7	3	6

5734 $<$ 5736

• 9237 ◯ 8519
└ 9 ◯ 8 ┘

• 4536 ◯ 4723
└ 5 ◯ 7 ┘

• 7682 ◯ 7645
└ 8 ◯ 4 ┘

1 수 모형을 보고 ◯ 안에 > 또는 <를 알맞게 써넣으세요.

	천 모형	백 모형	십 모형	일 모형
1346 ➡				
2263 ➡				

1346 ◯ 2263

2 두 수의 크기를 비교하여 ○ 안에 > 또는 <를 알맞게 써넣으세요.

	천의 자리	백의 자리	십의 자리	일의 자리
3529 ➡	3	5	2	9
3047 ➡	3	0	4	7

3529 ◯ 3047

> 높은 자리 수일수록 큰 수를 나타내므로 높은 자리 수부터 차례로 비교합니다.

3 수직선을 보고 ○ 안에 > 또는 <를 알맞게 써넣으세요.

```
 |    |    |    |    |    |    |    |    |    |
1520 1620 1720 1820 1920 2020 2120 2220 2320
```

(1) 2220 ◯ 1720   (2) 1520 ◯ 1820

> 수직선에서는 오른쪽에 있는 수가 더 큽니다.

4 빈칸에 알맞은 수를 써넣으세요.

	천의 자리	백의 자리	십의 자리	일의 자리
3825 ➡	3		2	
2986 ➡			8	6
3276 ➡	3			6

(1) 가장 큰 수는 [   ]입니다.

(2) 가장 작은 수는 [   ]입니다.

> **기호 ＝와 >, < 알아보기**
> • ＝는 양쪽이 같음을 나타내는 기호입니다.
> 　32 ＝ 32
> 　32 ＝ 30 + 2
> 　2 + 5 ＝ 5 + 2
> 　2 + 5 ＝ 10 － 3
> • >, <는 양쪽이 같지 않을 때 더 큰 쪽, 더 작은 쪽을 나타내는 기호입니다.
> 　32 < 35
> 　30 + 4 > 33

5 두 수의 크기를 비교하여 ○ 안에 > 또는 <를 알맞게 써넣으세요.

(1) 4326 ◯ 4370   (2) 6124 ◯ 5997

(3) 7418 ◯ 7128   (4) 5235 ◯ 5238

1. 네 자리 수 **25**

5 뛰어 세기

41 1000씩 뛰어 세어 보세요.

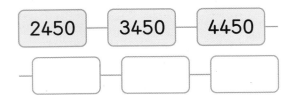

42 10씩 뛰어 세어 보세요.

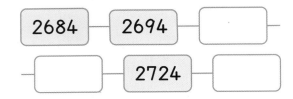

43 몇씩 뛰어 세었는지 써 보세요.

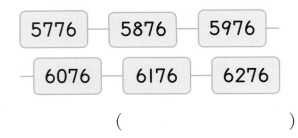

( )

44 빈칸에 알맞은 수를 써넣으세요.

➡ ☐ 씩 뛰어 세었습니다.

[45~46] 수 배열표를 보고 물음에 답하세요.

3200	3300	3400	3500	3600
4200	4300	4400	4500	★
5200	5300	5400	5500	5600
6200	6300	▲	6500	6600
7200	7300	7400	7500	7600

45 ↓, →는 각각 몇씩 뛰어 센 것일까요?

↓ ( )

→ ( )

46 ★, ▲에 알맞은 수를 각각 구해 보세요.

★ ( )

▲ ( )

47 뛰어 센 것입니다. ㉠에 알맞은 수를 구해 보세요.

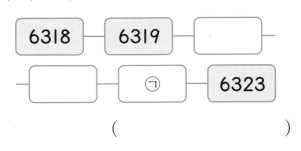

( )

48 거꾸로 뛰어 센 것입니다. 빈칸에 알맞은 수를 써넣으세요.

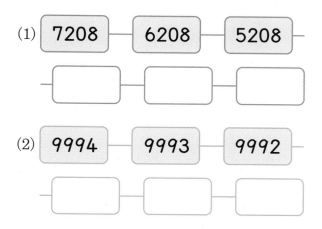

(1) 7208 · 6208 · 5208

(2) 9994 · 9993 · 9992

49 4265에서 100씩 3번 뛰어 센 수는 얼마일까요?

(   )

50 예나와 준서가 나눈 대화를 읽고 물음에 답하세요.

> 예나: 5400에서 출발하여 10씩 뛰어 세었어.
>
> 준서: 5400에서 출발하여 100씩 거꾸로 뛰어 세었어.

(1) 예나의 방법으로 뛰어 세어 보세요.

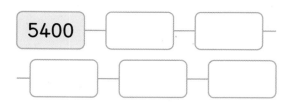

5400

(2) 준서의 방법으로 뛰어 세어 보세요.

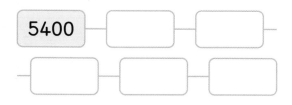

5400

51 수에 해당하는 글자를 찾아 숨겨진 낱말을 완성해 보세요.

· 1000씩 뛰어 세어 보세요.

① 2318	해	모	대	인

· 100씩 뛰어 세어 보세요.

② 3218	래	기	바	어

· 10씩 뛰어 세어 보세요.

③ 4328	공	라	시	만

· 1씩 뛰어 세어 보세요.

④ 5228	기	성	계	주

①	②	③	④
5318	3418	4368	5230
↓	↓	↓	↓

서술형
52 어떤 수에서 100씩 커지도록 4번 뛰어 세었더니 7254가 되었습니다. 어떤 수는 얼마인지 풀이 과정을 쓰고 답을 구해 보세요.

풀이 ....

....

....

답

6 수의 크기 비교하기

53 수직선을 보고 ○ 안에 > 또는 <를 알맞게 써넣으세요.

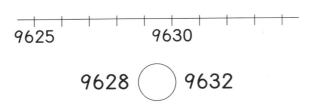

9628 ◯ 9632

54 두 수의 크기를 비교하여 ○ 안에 > 또는 <를 알맞게 써넣으세요.

(1) 6570 ◯ 5910

(2) 3258 ◯ 3602

(3) 7010 ◯ 7001

55 왼쪽 수보다 작은 수를 모두 찾아 ○표 하세요.

4763	4901	4085
	4727	4780

56 놀이공원에 토요일에는 6529명, 일요일에는 6473명이 입장했습니다. 토요일과 일요일 중에서 어느 요일에 더 많이 입장했는지 풀이 과정을 쓰고 답을 구해 보세요.

풀이

답

57 주유소 표지판에는 휘발유 1리터의 가격이 쓰여 있습니다. 가 주유소와 나 주유소 중에서 휘발유의 가격이 더 싼 곳은 어디일까요?

가
휘발유	1709
경 유	1298

나
휘발유	1706
경 유	1301

(   )

58 가장 큰 수를 찾아 써 보세요.

5165	5206	5118

(   )

59 더 작은 수를 찾아 기호를 써 보세요.

> ㉠ 칠천오백삼십육
> ㉡ 1000이 7개, 100이 5개, 10이 6개, 1이 3개인 수

(   )

60 4468보다 크고 4473보다 작은 수를 모두 써 보세요.

(   )

61 □ 안에 들어갈 수 있는 수를 모두 찾아 ○표 하세요.

$$5382 < \square 582$$

1	2	3	4	5
6	7	8	9	

62 수 카드 4장을 한 번씩만 사용하여 네 자리 수를 만들려고 합니다. 만들 수 있는 수 중에서 가장 큰 수와 가장 작은 수를 각각 구해 보세요.

5	4	7	0

가장 큰 수 (   )

가장 작은 수 (   )

[63~64] 산의 높이를 조사하여 표로 나타냈습니다. 물음에 답하세요.

산	높이(m*)	산	높이(m)
한라산	1950	지리산	1915
소백산	1439	설악산	1708
백두산	2744	덕유산	1614

*m(미터): 길이의 단위로, 1m를 1미터라고 읽습니다.

63 가장 높은 산과 가장 낮은 산을 각각 찾아 써 보세요.

가장 높은 산 (   )

가장 낮은 산 (   )

64 산의 높이가 1800 m보다 낮은 산을 모두 찾아 써 보세요.

(   )

65 8175의 각 자리 숫자의 위치를 바꾸어 8571보다 큰 수를 모두 만들어 보세요.

(   )

1 응용유형 물건의 가격 구하기

현정이는 크레파스를 사고 1000원짜리 지폐 4장과 500원짜리 동전 10개를 냈습니다. 현정이가 낸 돈은 얼마일까요?

(   )

● 핵심 NOTE   ·500원짜리 동전 10개는 1000원짜리 지폐 몇 장과 같은지 알아봅니다.

1-1 은선이는 티셔츠를 사고 1000원짜리 지폐 2장과 500원짜리 동전 12개를 냈습니다. 은선이가 낸 돈은 얼마일까요?

(   )

1-2 다음은 윤호가 인형을 사고 낸 돈입니다. 윤호가 낸 돈은 얼마일까요?

> ·1000원짜리 지폐 1장
> ·500원짜리 동전 10개
> ·100원짜리 동전 20개

(   )

□ 안에 들어갈 수 있는 수 구하기

네 자리 수의 크기를 비교한 것입니다. 0부터 9까지의 수 중에서 □ 안에 들어갈 수 있는 수를 모두 써 보세요.

$$1543 > 1\square 68$$

(   )

● 핵심 NOTE
 • 천의 자리 수가 같으므로 백의 자리 수를 비교합니다.
 • 천의 자리, 백의 자리 수가 같을 때 십의 자리 수를 비교하여 크기 비교가 옳게 되는지 알아봅니다.

2-1 네 자리 수의 크기를 비교한 것입니다. 0부터 9까지의 수 중에서 □ 안에 들어갈 수 있는 수를 모두 써 보세요.

$$6\square 18 < 6342$$

(   )

2-2 네 자리 수의 크기를 비교한 것입니다. 0부터 9까지의 수 중에서 □ 안에 들어갈 수 있는 수는 모두 몇 개인지 구해 보세요.

$$3\square 25 > 3471$$

(   )

저금한 금액 구하기

응용유형 3

지호와 수연이가 저금하는 방법입니다. 두 사람이 2주 동안 저금한 금액은 각각 얼마일까요? (단, 일주일은 7일입니다.)

지호	하루에 150원씩
수연	일주일에 1500원씩

지호 (   ), 수연 (   )

● 핵심 NOTE
• 일주일 동안 저금한 금액은 하루에 저금하는 금액을 0원에서 7번 뛰어 센 것입니다.
• 2주 동안 저금한 금액은 일주일에 저금하는 금액을 0원에서 2번 뛰어 센 것입니다.

3-1 은석이와 현아가 저금하는 방법입니다. 두 사람이 3주 동안 저금한 금액은 각각 얼마일까요? (단, 일주일은 7일입니다.)

은석	하루에 300원씩
현아	일주일에 2500원씩

은석 (   ), 현아 (   )

3-2 영우와 진영이가 용돈을 받는 방법입니다. 두 사람이 4주 동안 받는 용돈은 각각 얼마일까요? (단, 일주일은 7일입니다.)

영우	하루에 200원씩
진영	일주일에 2000원씩

영우 (   ), 진영 (   )

심화유형 4 수 카드로 수 만들기

수 카드 4장을 한 번씩만 사용하여 네 자리 수를 만들려고 합니다. 만들 수 있는 수 중에서 4500보다 크고 5400보다 작은 수는 모두 몇 개인지 구해 보세요.

$$\boxed{3} \quad \boxed{5} \quad \boxed{7} \quad \boxed{4}$$

1단계 천의 자리와 백의 자리에 올 수 있는 수 구하기

....

....

2단계 4500보다 크고 5400보다 작은 수를 모두 만들고 몇 개인지 구하기

....

....

....

(   )

● **핵심 NOTE** **1단계** 먼저 천의 자리 수를 비교하여 천의 자리에 올 수 있는 수를 구한 다음, 천의 자리 수에 따라 백의 자리에 올 수 있는 수를 모두 구합니다.
2단계 남은 수를 십의 자리와 일의 자리에 넣어 수를 만듭니다.

4-1 수 카드 4장을 한 번씩만 사용하여 네 자리 수를 만들려고 합니다. 만들 수 있는 수 중에서 2600보다 크고 3600보다 작은 수는 모두 몇 개인지 구해 보세요.

(   )

단원 평가 Level ❶

1 돈은 모두 얼마일까요?

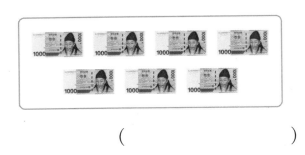

(   )

2 수로 나타내 보세요.

(1) 칠천구십 ➡ (   )

(2) 천육백삼 ➡ (   )

3 ☐ 안에 알맞은 수를 써넣으세요.

5018은
┌ 1000이 ☐개
├ 100이 ☐개
├ 10이 ☐개
└ 1이 ☐개

4 왼쪽과 오른쪽을 연결하여 1000이 되도록 이어 보세요.

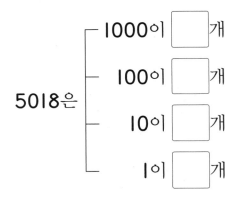

300 ·   · 500

800 ·   · 200

500 ·   · 700

5 보기 와 같이 덧셈식으로 나타내 보세요.

> 보기
>
> 6274 = 6000 + 200 + 70 + 4

8953 = _____

6 1000, 100 을 이용하여 3400을 나타내 보세요.

7 다음 수를 쓰고 읽어 보세요.

> 1000이 4개, 100이 9개,
> 10이 1개, 1이 6개인 수

쓰기 (   )

읽기 (   )

8 100씩 뛰어 세어 보세요.

7408 ─ 7508 ─ ☐

☐ ─ ☐ ─ ☐

9 주어진 수 6970, 7000을 수직선에 표시하고 크기를 비교하여 ○ 안에 > 또는 <를 알맞게 써넣으세요.

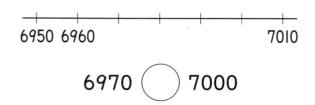

6950 6960   7010

6970 ◯ 7000

10 숫자 6이 60을 나타내는 수에 모두 ○표 하세요.

2650	8365	6103
4962	7216	6478

11 단추가 한 상자에 100개씩 들어 있습니다. 40상자에 들어 있는 단추는 모두 몇 개일까요?

( )

12 가장 큰 수를 찾아 기호를 써 보세요.

㉠ 5394	㉡ 오천사백일
㉢ 4987	㉣ 사천팔백육십구

( )

13 수 배열표를 보고 물음에 답하세요.

4100	4200	4300	4400	4500
5100	5200	5300	♥	5500
6100	6200	6300	6400	6500
7100	★	7300	7400	7500

(1) ➡, ⬇는 각각 몇씩 뛰어 센 것일까요?

➡ ( )

⬇ ( )

(2) ♥와 ★에 알맞은 수를 각각 구해 보세요.

♥ ( )

★ ( )

14 연주의 통장에는 9월 현재 2000원이 들어 있습니다. 10월부터 12월까지 매달 1000원씩 저금한다면 모두 얼마가 될까요?

( )

15 수 카드 5, 2, 7, 0을 한 번씩만 사용하여 만들 수 있는 가장 작은 네 자리 수를 구해 보세요.

( )

16 네 자리 수를 비교하여 다음과 같이 나타냈습니다. 0부터 9까지의 수 중에서 □ 안에 들어갈 수 있는 수는 모두 몇 개인지 구해 보세요.

$$1973 > 19\square8$$

(   )

17 설명하는 수를 구해 보세요.

1000이 6개, 100이 17개, 10이 0개, 1이 18개인 수

(   )

18 조건을 만족하는 네 자리 수를 구해 보세요.

- 천의 자리 숫자가 나타내는 수는 6000입니다.
- 십의 자리 숫자는 천의 자리 숫자보다 2만큼 더 작습니다.
- 백의 자리 숫자와 일의 자리 숫자의 합은 7입니다.
- 일의 자리 수는 2보다 크고 4보다 작습니다.

(   )

19 나타내는 수가 다른 하나를 찾아 기호를 쓰려고 합니다. 풀이 과정을 쓰고 답을 구해 보세요.

⊙ 999보다 1만큼 더 큰 수
ⓛ 700보다 300만큼 더 큰 수
ⓒ 980보다 20만큼 더 작은 수

풀이 ....

....

....

답 ....

20 구슬 공장에서 오늘 생산한 구슬은 6139개입니다. 앞으로 구슬을 1000개씩 3번 더 생산한다면 구슬은 모두 몇 개가 되는지 풀이 과정을 쓰고 답을 구해 보세요.

풀이 ....

....

....

답 ....

단원 평가 Level ❷

1 1000이 되도록 묶어 보세요.

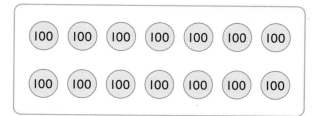

2 수를 쓰고 읽어 보세요.

> 1000이 8개인 수

쓰기 ( )

읽기 ( )

3 수를 읽거나 수로 써 보세요.

(1) 6704 ➡ ( )

(2) 이천팔십오 ➡ ( )

4 ☐ 안에 알맞은 수를 써넣으세요.

5 1000에 대한 설명이 아닌 것은 어느 것일까요? ( )

① 995보다 5만큼 더 큰 수

② 10이 100개인 수

③ 990보다 10만큼 더 큰 수

④ 900보다 100만큼 더 작은 수

⑤ 950보다 50만큼 더 큰 수

6 ☐ 안에 알맞은 수를 써넣으세요.

(1) 100이 10개인 수는 [ ]입니다.

(2) 100이 20개인 수는 [ ]입니다.

7 두 수의 크기를 비교하여 ○ 안에 > 또는 <를 알맞게 써넣으세요.

(1) 5843 ◯ 6027

(2) 3851 ◯ 3829

8 빈칸에 알맞은 수를 써넣어 1000을 만들어 보세요.

600	

750	

9 뛰어 세는 규칙을 찾아 빈칸에 알맞은 수를 써넣으세요.

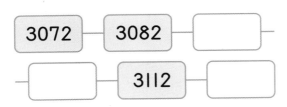

10 숫자 6이 나타내는 수가 가장 작은 것은 어느 것일까요? (   )

① 1672   ② 6435   ③ 8067
④ 5406   ⑤ 4698

11 밑줄 친 숫자가 나타내는 수를 표에서 찾아 낱말을 만들어 보세요.

| 2561 ➡ ① | | 3759 ➡ ② |
| 8024 ➡ ③ | | 6103 ➡ ④ |

수	4	6	300	100
글자	공	합	왕	주
수	3000	40	60	1000
글자	설	자	백	부

낱말	①	②	③	④

12 2000에서 500씩 거꾸로 3번 뛰어 세면 얼마가 될까요?

(   )

13 재영이는 100원짜리 동전을 60개 모았습니다. 이 돈은 1000원짜리 지폐 몇 장과 바꿀 수 있을까요?

(   )

14 큰 수부터 차례로 기호를 써 보세요.

> ㉠ 3627
> ㉡ 삼천팔십오
> ㉢ 1000이 3개, 100이 4개, 1이 2개인 수

(   )

15 수진이의 통장에는 3720원이 들어 있습니다. 이번 주부터 매주 1000원씩 4주 동안 저금을 하면 통장에 들어 있는 돈은 모두 얼마가 될까요?

(   )

16 현주는 동화책을 사고 1000원짜리 지폐 **7**장, 100원짜리 동전 **13**개, 10원짜리 동전 **8**개를 냈습니다. 현주가 낸 돈은 얼마일까요?

(　　　　　　　　)

17 네 자리 수가 적힌 카드가 찢어진 것입니다. 두 수의 크기를 비교할 수 있는 것을 찾아 기호를 써 보세요.

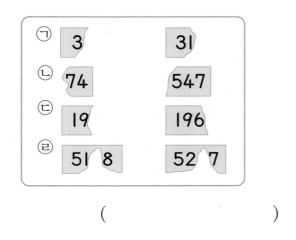

(　　　　　　　　)

18 수 카드를 한 번씩만 사용하여 7400보다 큰 네 자리 수를 모두 만들어 보세요.

| 4 | 0 | 1 | 7 |

(　　　　　　　　)

19 구슬 3000개를 사려고 합니다. 한 봉지에 100개씩 들어 있는 구슬을 몇 봉지 사야 하는지 풀이 과정을 쓰고 답을 구해 보세요.

풀이 _____

_____

_____

답 _____

20 뛰어 센 것입니다. ★과 ◆에 알맞은 수 중 더 큰 수는 얼마인지 풀이 과정을 쓰고 답을 구해 보세요.

| 4832 | 5832 | 6832 | ★ |
| 7806 | 7816 | 7826 | ◆ |

풀이 _____

_____

_____

_____

답 _____

2 곱셈구구

같은 수를 여러 번 더할 때는 곱셈으로 간단하게 나타낼 수 있어.

그렇다면 곱셈을 빠르게 계산할 수는 없을까?

2단부터 9단까지 곱셈구구를 이용하면 돼~

■단 곱셈구구는 ■씩 더해가는 거야!

	2 × 1 = 2
	2 × 2 = 4
	2 × 3 = 6
	2 × 4 = 8
	2 × 5 = 10
	2 × 6 = 12
	2 × 7 = 14
	2 × 8 = 16
	2 × 9 = 18

● 2단 곱셈구구는 2씩 더해가는 거야!

×	1	2	3	4	5	6	7	8	9
2	2	4	6	8	10	12	14	16	18

+2 +2 +2 +2 +2 +2 +2 +2

① 2단 곱셈구구를 알아볼까요

● **2단 곱셈구구 알아보기**

신발 그림	묶음	식
👟	2씩 **1**묶음	$2 \times 1 = 2$
👟 👟	2씩 **2**묶음	$2 \times 2 = 4$
👟 👟 👟	2씩 **3**묶음	$2 \times 3 = 6$
👟 👟 👟 👟	2씩 **4**묶음	$2 \times 4 = 8$
👟 👟 👟 👟 👟	2씩 **5**묶음	$2 \times 5 = 10$

└······• 2씩 ■묶음은 2의 ■배입니다.

×	1	2	3	4	5	6	7	8	9
2	2	4	6	8	10	12	14	16	18

+2 +2 +2 +2 +2 +2 +2 +2

➡ 2단 곱셈구구에서 곱하는 수가 1씩 커지면 그 곱은 2씩 커집니다.

● **2×8의 크기 알아보기**

2×6 ⚅⚅⚅⚅⚅⚅

2×8 ⚅⚅⚅⚅⚅⚅⚅⚅

➡ 2×8은 2×6보다 2씩 [ ]묶음이 더 많으므로 [ ]만큼 더 큽니다.

● **2단 곱셈구구 완성하기**

×	1	2	3	4	5	6	7	8	9
2	2	4			10		14		

1 ☐ 안에 알맞은 수를 써넣으세요.

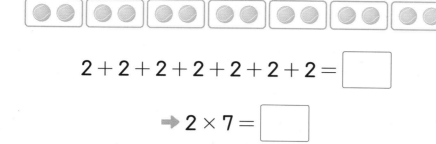

$$2 + 2 + 2 + 2 + 2 + 2 + 2 = \boxed{}$$

➡ $2 \times 7 = \boxed{}$

1학기 때 배웠어요

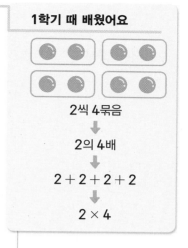

2씩 4묶음

⬇

2의 4배

⬇

2+2+2+2

⬇

2×4

2

2 ☐ 안에 알맞은 수를 써넣으세요.

🍒 🍒 🍒	$2 \times 3 = \boxed{}$
🍒 🍒 🍒 🍒	$2 \times \boxed{} = 8$
🍒 🍒 🍒 🍒 🍒	$2 \times 5 = \boxed{}$

2단 곱셈구구에서 곱하는 수가 1씩 커지면 그 곱은 2씩 커집니다.

3 2×6을 계산하는 방법입니다. ☐ 안에 알맞은 수를 써넣으세요.

방법 1 2씩 6번 더합니다.

$2 \times 6 = \boxed{} + \boxed{} + \boxed{} + \boxed{} + \boxed{} + \boxed{}$

$= \boxed{}$

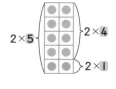

방법 2 2×5에 $\boxed{}$ 을/를 더합니다.

$2 \times 5 = 10$

$2 \times 6 = \boxed{} + \boxed{}$

2 5단 곱셈구구를 알아볼까요

● **5단 곱셈구구 알아보기**

✳	5씩 **1**묶음	$5 \times 1 = 5$
✳ ✳	5씩 **2**묶음	$5 \times 2 = 10$
✳ ✳ ✳	5씩 **3**묶음	$5 \times 3 = 15$
✳ ✳ ✳ ✳	5씩 **4**묶음	$5 \times 4 = 20$
✳ ✳ ✳ ✳ ✳	5씩 **5**묶음	$5 \times 5 = 25$

×	1	2	3	4	5	6	7	8	9
5	5	10	15	20	25	30	35	40	45

+5 +5 +5 +5 +5 +5 +5 +5

➡ 5단 곱셈구구에서 곱하는 수가 1씩 커지면 그 곱은 5씩 커집니다.

● **5×6의 크기 알아보기**

5×4 ❀ ❀ ❀ ❀

5×6 ❀ ❀ ❀ ❀ ❀ ❀

➡ 5×6은 5×4보다 5씩 ☐ 묶음이 더 많으므로 ☐ 만큼 더 큽니다.

● **5단 곱셈구구 완성하기**

×	1	2	3	4	5	6	7	8	9
5	5	10		20			35	40	

1 접시 한 개에 과자가 5개씩 놓여 있습니다. ☐ 안에 알맞은 수를 써넣으세요.

▶ 5단 곱셈구구에서 곱하는 수가 1씩 커지면 그 곱은 5씩 커집니다.

$5 \times \boxed{} = \boxed{}$ (개)

$5 \times \boxed{} = \boxed{}$ (개)

➡ 접시가 한 개씩 늘어날수록 과자는 $\boxed{}$ 개씩 더 많아집니다.

2 ☐ 안에 알맞은 수를 써넣으세요.

▶ 5단 곱셈구구의 곱의 일의 자리 숫자는 5, 0이 반복됩니다.

2

⚄⚄⚄⚄	$5 \times 4 = \boxed{}$
⚄⚄⚄⚄⚄	$5 \times \boxed{} = 25$
⚄⚄⚄⚄⚄⚄	$5 \times 6 = \boxed{}$

3 5×7을 계산하는 방법입니다. ☐ 안에 알맞은 수를 써넣으세요.

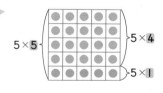

방법 1 5씩 7번 더합니다.

5×7

$= \boxed{} + \boxed{} + \boxed{} + \boxed{} + \boxed{} + \boxed{} + \boxed{} = \boxed{}$

방법 2 5×6에 $\boxed{}$ 을/를 더합니다.

$5 \times 6 = 30$

$5 \times 7 = \boxed{} + \boxed{}$

3 3단, 6단 곱셈구구를 알아볼까요

● **3단 곱셈구구 알아보기**

🎈	3씩 **1**묶음	$3 \times 1 = 3$
🎈🎈	3씩 **2**묶음	$3 \times 2 = 6$
🎈🎈🎈	3씩 **3**묶음	$3 \times 3 = 9$
🎈🎈🎈🎈	3씩 **4**묶음	$3 \times 4 = 12$

×	1	2	3	4	5	6	7	8	9
3	3	6	9	12	15	18	21	24	27

+3 +3 +3 +3 +3 +3 +3 +3

➡ 3단 곱셈구구에서 곱하는 수가 1씩 커지면 그 곱은 3씩 커집니다.

● **6단 곱셈구구 알아보기**

🍫	6씩 **1**묶음	$6 \times 1 = 6$
🍫🍫	6씩 **2**묶음	$6 \times 2 = 12$
🍫🍫🍫	6씩 **3**묶음	$6 \times 3 = 18$
🍫🍫🍫🍫	6씩 **4**묶음	$6 \times 4 = 24$

×	1	2	3	4	5	6	7	8	9
6	6	12	18	24	30	36	42	48	54

+6 +6 +6 +6 +6 +6 +6 +6

➡ 6단 곱셈구구에서 곱하는 수가 1씩 커지면 그 곱은 6씩 커집니다.

1 그림을 보고 ☐ 안에 알맞은 수를 써넣으세요.

$6 \times 4 = $ ☐ $6 \times 5 = $ ☐

➡ 6×5는 6×4보다 ☐ 만큼 더 큽니다.

2 3×5를 계산하는 방법입니다. ☐ 안에 알맞은 수를 써넣으세요.

방법 1 3씩 5번 더합니다.

$3 \times 5 = $ ☐ $+$ ☐ $+$ ☐ $+$ ☐ $+$ ☐ $= $ ☐

방법 2 3×4에 ☐ 을/를 더합니다.

$3 \times 4 = 12$

$3 \times 5 = $ ☐ $+$ ☐

3 인형의 수를 알아보려고 합니다. ☐ 안에 알맞은 수를 써넣으세요.

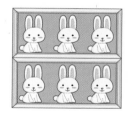 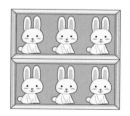

(1) 6단 곱셈구구를 이용하여 인형의 수를 알아보세요.

$6 \times $ ☐ $= $ ☐

(2) 3단 곱셈구구를 이용하여 인형의 수를 알아보세요.

$3 \times $ ☐ $= $ ☐

▶ 6단 곱셈구구를 5단 곱셈구구로 바꾸어 보기

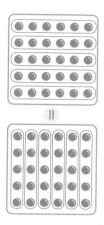

6의 5배는 5의 6배와 같습니다. ➡ $6 \times 5 = 5 \times 6$

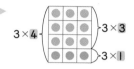

▶ 같은 수를 여러 가지 곱셈식으로 나타낼 수 있습니다.

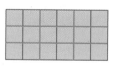

$2 \times 9 = 18$
$3 \times 6 = 18$
$6 \times 3 = 18$

2

1 2단 곱셈구구

1 ☐ 안에 알맞은 수를 써넣으세요.

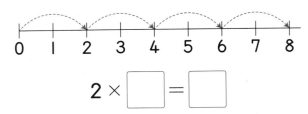

$$2 \times \boxed{} = \boxed{}$$

2 빈칸에 알맞은 수를 써넣으세요.

×	1	4	6	9
2	2			

3 ☐ 안에 알맞은 수를 써넣으세요.

⑴ $2 \times 2 = \boxed{}$

⑵ $2 \times \boxed{} = 16$

4 운동장에서 2명씩 짝을 짓는 놀이를 하고 있습니다. 놀이를 하고 있는 학생은 모두 몇 명인지 곱셈식으로 나타내 보세요.

$$\boxed{} \times \boxed{} = \boxed{}$$

5 2×7은 2×5보다 얼마나 더 큰지 ○를 그려서 나타내고, ☐ 안에 알맞은 수를 써넣으세요.

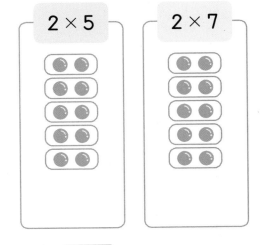

$2 \times 5 = \boxed{}$ 입니다.

2×7은 2×5보다 $\boxed{}$씩 $\boxed{}$ 묶음

이 더 많으므로 $\boxed{}$ 만큼 더 큽니다.

6 2단 곱셈구구의 값을 찾아 이어 보세요.

2×3 ·		· 18
2×6 ·		· 6
2×9 ·		· 12

7 2단 곱셈구구의 값을 모두 찾아 ○표 하세요.

16	7	11	4	8

② 5단 곱셈구구

8 오른쪽 소시지는 모두 몇 개인지 곱셈식으로 나타내 보세요.

$$5 \times \boxed{} = \boxed{}$$

9 구슬이 몇 개인지 곱셈식으로 나타내 보세요.

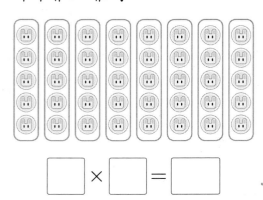 구슬 3묶음	$5 \times 3 = 15$
구슬 4묶음	
구슬 6묶음	

10 붙임딱지는 모두 몇 장인지 곱셈식으로 나타내 보세요.

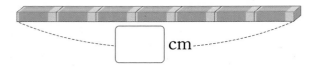

$$\boxed{} \times \boxed{} = \boxed{}$$

11 지우개 한 개의 길이는 5cm입니다. 지우개 7개의 길이는 몇 cm일까요?

$$\boxed{} \text{ cm}$$

12 □ 안에 알맞은 수를 써넣으세요.

$$5 \times 2 = 2 \times \boxed{}$$

13 그림을 보고 □ 안에 알맞은 수를 써넣으세요.

귤의 수는 5씩 $\boxed{}$ 번 더하면 구할 수 있어.

귤의 수는 5×5에 $\boxed{}$ 을/를 더해서 구할 수 있어.

귤의 수는 5×$\boxed{}$ = $\boxed{}$ (이)라서 모두 $\boxed{}$ 개야.

14 5단 곱셈식으로 나타내 보세요.

(1) $35 = \boxed{} \times \boxed{}$

(2) $45 = \boxed{} \times \boxed{}$

15 1부터 9까지의 수 중에서 □ 안에 들어갈 수 있는 수를 모두 구해 보세요.

$$5 \times \boxed{} < 20$$

(   )

3 3단 곱셈구구

16 구슬은 모두 몇 개인지 곱셈식으로 나타내 보세요.

(1)

$3 \times \boxed{} = \boxed{}$

(2)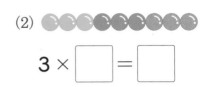

$3 \times \boxed{} = \boxed{}$

17 자전거의 바퀴는 모두 몇 개인지 곱셈식으로 나타내 보세요.

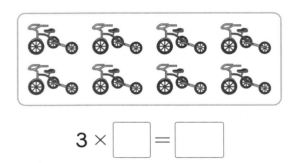

$3 \times \boxed{} = \boxed{}$

18 □ 안에 알맞은 수를 써넣으세요.

3×6은 $3 \times \boxed{}$ 보다 **3**만큼 더 큽니다.

19 빈칸에 알맞은 수를 써넣으세요.

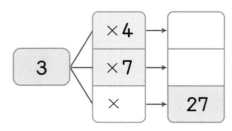

20 □ 안에 알맞은 수를 써넣으세요.

(1) $3 \times 2 = 2 \times \boxed{}$

(2) $3 \times 5 = 5 \times \boxed{}$

21 □ 안에 알맞은 수가 가장 큰 것을 찾아 기호를 써 보세요.

㉠ $2 \times \boxed{} = 18$　　㉡ $3 \times \boxed{} = 24$

㉢ $5 \times \boxed{} = 30$　　㉣ $3 \times \boxed{} = 15$

(　　　　　　　　　　)

4 6단 곱셈구구

22 떡은 모두 몇 개인지 곱셈식으로 나타내 보세요.

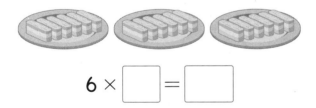

$6 \times \boxed{} = \boxed{}$

23 수직선을 보고 □ 안에 알맞은 수를 써넣으세요.

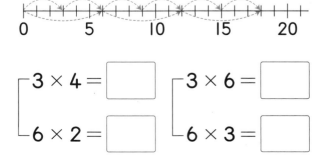

$\begin{cases} 3 \times 4 = \boxed{} \\ 6 \times 2 = \boxed{} \end{cases}$　　$\begin{cases} 3 \times 6 = \boxed{} \\ 6 \times 3 = \boxed{} \end{cases}$

24 □ 안에 알맞은 수를 써넣으세요.

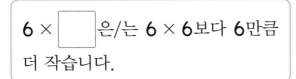

6 × □ 은/는 6 × 6보다 6만큼 더 작습니다.

25 빈칸에 알맞은 수를 써넣으세요.

×	l	4		9
6	6		36	

26 공깃돌의 수를 구하는 방법을 바르게 말한 사람을 모두 찾아 이름을 써 보세요.

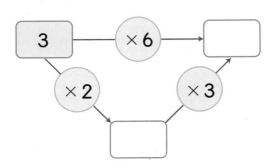

지은: 6씩 5번 더해서 구할 수 있어.

서하: 3씩 8번 더해서 구할 수 있어.

연준: 3 × 6에 3을 더해서 구할 수 있어.

은수: 6 × 4의 곱으로 구할 수 있어.

( )

27 빈칸에 알맞은 수를 써넣으세요.

3 → ×6 → □

×2

×3

28 윤정이와 수호 중에서 사탕을 더 많이 가지고 있는 사람은 누구인지 풀이 과정을 쓰고 답을 구해 보세요.

나는 사탕을 34개 가지고 있어.

나는 사탕을 한 봉지에 6개씩 5봉지 가지고 있어.

윤정   수호

풀이 _____

_____

_____

답 _____

29 문구점에서 다음과 같이 학용품을 묶어서 할인하여 판매하고 있습니다. 물음에 답하세요.

연필 6자루씩 l묶음	공책 6권씩 l묶음
스케치북 3권씩 l묶음	지우개 3개씩 l묶음

(1) 지호는 연필 8묶음을 샀다면 지호가 산 연필은 모두 몇 자루일까요?

( )

(2) 사고 싶은 학용품을 고르고 □ 안에 알맞은 수를 써넣으세요.

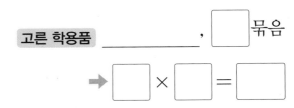

고른 학용품 _____, □ 묶음

→ □ × □ = □

4 4단, 8단 곱셈구구를 알아볼까요

● **4단 곱셈구구 알아보기**

🍀	4씩 **1**묶음	$4 \times 1 = 4$
🍀 🍀	4씩 **2**묶음	$4 \times 2 = 8$
🍀 🍀 🍀	4씩 **3**묶음	$4 \times 3 = 12$
🍀 🍀 🍀 🍀	4씩 **4**묶음	$4 \times 4 = 16$

×	1	2	3	4	5	6	7	8	9
4	4	8	12	16	20	24	28	32	36

$+4$ $+4$ $+4$ $+4$ $+4$ $+4$ $+4$ $+4$

➡ 4단 곱셈구구에서 곱하는 수가 1씩 커지면 그 곱은 4씩 커집니다.

● **8단 곱셈구구 알아보기**

🍫	8씩 **1**묶음	$8 \times 1 = 8$
🍫 🍫	8씩 **2**묶음	$8 \times 2 = 16$
🍫 🍫 🍫	8씩 **3**묶음	$8 \times 3 = 24$
🍫 🍫 🍫 🍫	8씩 **4**묶음	$8 \times 4 = 32$

×	1	2	3	4	5	6	7	8	9
8	8	16	24	32	40	48	56	64	72

$+8$ $+8$ $+8$ $+8$ $+8$ $+8$ $+8$ $+8$

➡ 8단 곱셈구구에서 곱하는 수가 1씩 커지면 그 곱은 8씩 커집니다.

1 그림을 보고 ☐ 안에 알맞은 수를 써넣으세요.

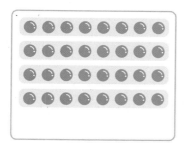 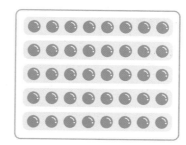

$8 \times 4 = \boxed{}$　　　　$8 \times 5 = \boxed{}$

➡ 8×5는 8×4보다 $\boxed{}$ 만큼 더 큽니다.

2 4×6을 계산하는 방법입니다. ☐ 안에 알맞은 수를 써넣으세요.

방법 1 4씩 6번 더합니다.

$4 \times 6 = \boxed{} + \boxed{} + \boxed{} + \boxed{} + \boxed{} + \boxed{}$

$ = \boxed{}$

방법 2 4×5에 $\boxed{}$ 을/를 더합니다.

$4 \times 5 = 20$

$4 \times 6 = \boxed{} + \boxed{}$

3 송편의 수를 알아보려고 합니다. ☐ 안에 알맞은 수를 써넣으세요.

(1) 8단 곱셈구구를 이용하여 송편의 수를 알아보세요.

$8 \times \boxed{} = \boxed{}$

(2) 4단 곱셈구구를 이용하여 송편의 수를 알아보세요.

$4 \times \boxed{} = \boxed{}$

▶ 8단 곱셈구구를 5단 곱셈구구로 바꾸어 보기

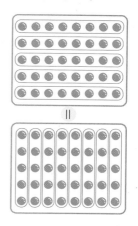

8의 5배는 5의 8배와 같습니다. ➡ $8 \times 5 = 5 \times 8$

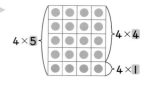

▶ 같은 수라도 뛰어 세는 방법에 따라 곱셈식은 달라집니다.

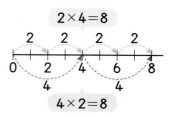

5 7단 곱셈구구를 알아볼까요

● **7단 곱셈구구 알아보기**

🌿	7씩 **1**묶음	**7 × 1 = 7**
🌿 🌿	7씩 **2**묶음	**7 × 2 = 14**
🌿 🌿 🌿	7씩 **3**묶음	**7 × 3 = 21**
🌿 🌿 🌿 🌿	7씩 **4**묶음	**7 × 4 = 28**
🌿 🌿 🌿 🌿 🌿	7씩 **5**묶음	**7 × 5 = 35**

×	1	2	3	4	5	6	7	8	9
7	7	14	21	28	35	42	49	56	63

+7 +7 +7 +7 +7 +7 +7 +7

➡ 7단 곱셈구구에서 곱하는 수가 1씩 커지면 그 곱은 7씩 커집니다.

● **7 × 7의 크기 알아보기**

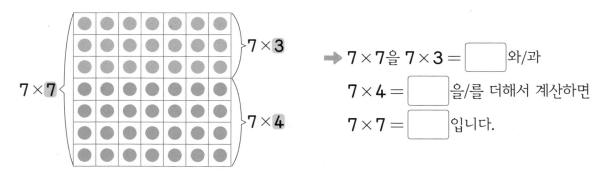

➡ 7×7을 7×3 = ☐ 와/과

7×4 = ☐ 을/를 더해서 계산하면

7×7 = ☐ 입니다.

● **7단 곱셈구구 완성하기**

×	1	2	3	4	5	6	7	8	9
7	7		21			42	49		63

1 ☐ 안에 알맞은 수를 써넣으세요.

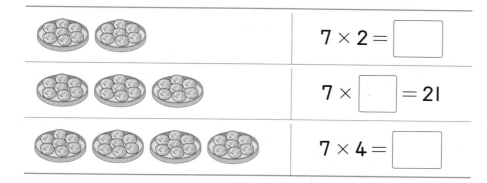

▶ 7단 곱셈구구에서 곱하는 수가 1씩 커지면 그 곱은 7씩 커집니다.

2 7 × 5를 계산하는 방법입니다. ☐ 안에 알맞은 수를 써넣으세요.

방법 1

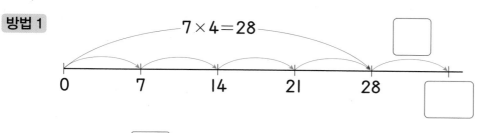

7 × 4에 ☐ 을/를 더합니다.

방법 2

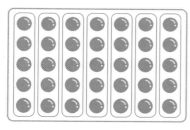

5개씩 ☐ 줄 있다고 생각

하여 5 × ☐ = ☐

(으)로 계산합니다.

▶ 곱셈에서는 곱하는 두 수의 순서를 바꾸어 곱해도 곱은 같습니다.

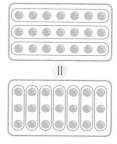

7씩 3줄 = 3씩 7줄
➡ 7 × 3 = 3 × 7

3 7단 곱셈구구의 값을 찾아 선으로 이어 보세요.

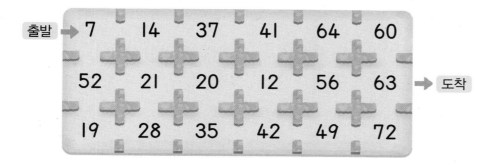

6 9단 곱셈구구를 알아볼까요

● 9단 곱셈구구 알아보기

		9씩 1묶음	$9 \times 1 = 9$
		9씩 2묶음	$9 \times 2 = 18$
		9씩 3묶음	$9 \times 3 = 27$
		9씩 4묶음	$9 \times 4 = 36$
		9씩 5묶음	$9 \times 5 = 45$

×	1	2	3	4	5	6	7	8	9
9	9	18	27	36	45	54	63	72	81

+9 +9 +9 +9 +9 +9 +9 +9

➡ 9단 곱셈구구에서 곱하는 수가 1씩 커지면 그 곱은 9씩 커집니다.

1 한 상자에 사탕이 **9**개씩 들어 있습니다. ☐ 안에 알맞은 수를 써넣으세요.

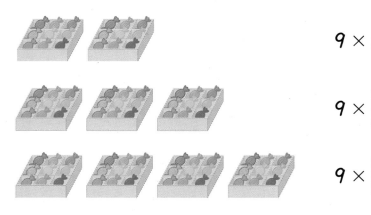

$9 \times 2 = \boxed{}$ (개)

$9 \times \boxed{} = \boxed{}$ (개)

$9 \times \boxed{} = \boxed{}$ (개)

➡ 상자가 한 개씩 늘어날수록 사탕은 ☐ 개씩 더 많아집니다.

2 □ 안에 알맞은 수를 써넣으세요.

9단 곱셈구구에서 곱하는 수가 1씩 커지면 그 곱은 9씩 커집니다.

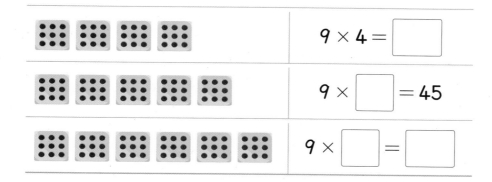

$9 \times 4 = \boxed{}$

$9 \times \boxed{} = 45$

$9 \times \boxed{} = \boxed{}$

3 9×7을 계산하는 방법입니다. □ 안에 알맞은 수를 써넣으세요.

방법 1

$9 \times 6 = 54$ $\boxed{}$

```
0    9   18   27   36   45   54   63
```

9×6에 $\boxed{}$ 을/를 더합니다.

방법 2

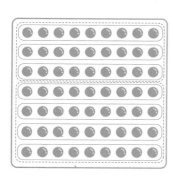

$9 \times 3 = \boxed{}$ 와/과

$9 \times 4 = \boxed{}$ 을/를

더해서 계산합니다.

9×5 계산하기

방법 1 9×4에 9 더하기
방법 2 9×2와 9×3의 합 구하기

4 구슬은 모두 몇 개인지 두 가지 곱셈식으로 써 보세요.

곱하는 두 수의 순서를 서로 바꾸어도 곱은 같습니다.

$\blacktriangle \times \bullet = \bullet \times \blacktriangle$

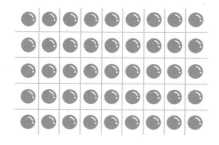

$9 \times \boxed{} = \boxed{}$

$5 \times \boxed{} = \boxed{}$

5 4단 곱셈구구

30 곱셈식을 보고 접시에 ◯를 그려 보세요.

$$4 \times 3 = 12$$

31 야구공은 모두 몇 개인지 곱셈식으로 나타내 보세요.

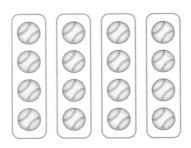

$$4 \times \boxed{} = \boxed{}$$

32 ☐ 안에 알맞은 수를 써넣으세요.

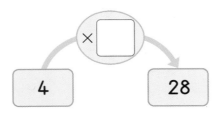

33 ☐ 안에 알맞은 수를 써넣으세요.

$$2 \times 2 = 4 \times \boxed{}$$

$$2 \times 4 = 4 \times \boxed{}$$

$$2 \times 6 = 4 \times \boxed{}$$

34 곱이 큰 것부터 차례로 기호를 써 보세요.

| ㉠ 2 × 9 | ㉡ 6 × 2 |
| ㉢ 3 × 7 | ㉣ 4 × 5 |

(   )

35 36을 서로 다른 곱셈식으로 나타내 보세요.

$$36 = \boxed{} \times \boxed{}$$

$$36 = \boxed{} \times \boxed{}$$

6 8단 곱셈구구

36 ☐ 안에 알맞은 수를 써넣으세요.

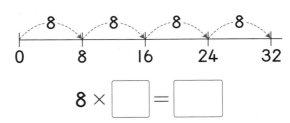

$$8 \times \boxed{} = \boxed{}$$

37 빈칸에 알맞은 수를 써넣으세요.

×	1	4	6	9
4	4			
8	8			

38 4단 곱셈구구의 값에는 ○표, 8단 곱셈구구의 값에는 △표 하세요.

1	2	3	4	5	6
7	8	9	10	11	12
13	14	15	16	17	18
19	20	21	22	23	24
25	26	27	28	29	30

39 8×3과 곱이 같은 것을 모두 찾아 ○표 하세요.

$$6 \times 4 \qquad 2 \times 9 \qquad 6 \times 6$$
$$5 \times 6 \qquad 3 \times 8 \qquad 4 \times 6$$

40 □ 안에 알맞은 수를 써넣으세요.

(1) 주스는 $4 \times \boxed{} = \boxed{}$ 이므로

모두 $\boxed{}$ 병입니다.

(2) 주스는 $8 \times \boxed{} = \boxed{}$ 이므로

모두 $\boxed{}$ 병입니다.

41 □ 안에 알맞은 수를 써넣으세요.

$$8 \times \boxed{} = 4 \times 2$$

$$8 \times \boxed{} = 4 \times 4$$

$$8 \times \boxed{} = 4 \times 6$$

42 문어 한 마리의 다리는 8개입니다. 문어 다리의 수를 구하는 방법으로 옳은 것을 모두 찾아 기호를 써 보세요.

ㄱ 8 × 5로 구합니다.
ㄴ 8씩 4번 더해서 구합니다.
ㄷ 4와 8의 곱으로 구합니다.
ㄹ 8 × 4에 8을 더해서 구합니다.

(   )

43 곱의 크기를 비교하여 ○ 안에 >, =, <를 알맞게 써넣으세요.

(1) $8 \times 7 \bigcirc 6 \times 9$

(2) $4 \times 8 \bigcirc 8 \times 4$

7 7단 곱셈구구

44 수직선을 보고 □ 안에 알맞은 수를 써 넣으세요.

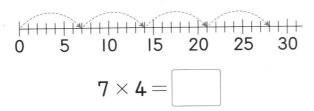

$$7 \times 4 = \boxed{}$$

45 연필꽂이에 연필이 7자루씩 꽂혀 있습니다. 연필은 모두 몇 자루인지 곱셈식으로 나타내 보세요.

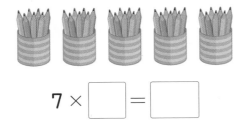

$$7 \times \boxed{} = \boxed{}$$

46 7단 곱셈구구의 값을 찾아 이어 보세요.

7×7 •	• 42
7×9 •	• 49
7×6 •	• 63

47 개구리가 뛴 전체 거리를 곱셈식으로 나타내 보세요.

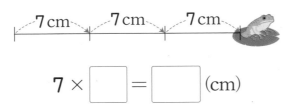

$$7 \times \boxed{} = \boxed{} \ (cm)$$

48 7단 곱셈구구의 값을 모두 찾아 색칠하여 완성되는 숫자를 써 보세요.

6	34	13	24	62
65	42	56	21	1
26	14	60	63	57
44	25	8	35	68
59	38	51	49	15
27	41	20	17	43

( )

49 초콜릿의 수를 구하는 방법을 잘못 설명한 것을 찾아 기호를 써 보세요.

> ㉠ 초콜릿의 수는 7씩 8번 더해서 구할 수 있습니다.
>
> ㉡ 초콜릿의 수는 $7 \times 8 = 49$이므로 모두 49개입니다.
>
> ㉢ 초콜릿의 수는 7×7에 7을 더해서 구할 수 있습니다.

( )

50 □ 안에 알맞은 수를 써넣으세요.

$$7 \times 2 = \boxed{}$$
$$7 \times 4 = \boxed{}$$
$$7 \times 6 = \boxed{}$$

51 7단 곱셈식으로 나타내 보세요.

(1) $49 = \boxed{} \times \boxed{}$

(2) $56 = \boxed{} \times \boxed{}$

8 9단 곱셈구구

52 구슬은 모두 몇 개인지 곱셈식으로 나타내 보세요.

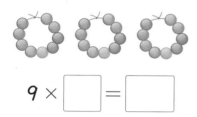

$9 \times \boxed{} = \boxed{}$

53 □ 안에 알맞은 수를 써넣으세요.

(1) $9 \times 9 = \boxed{}$

(2) $9 \times \boxed{} = 63$

54 빈칸에 알맞은 수를 써넣으세요.

18	27		
9×2	9×3	9×4	9×5
81	72		
9×9	9×8	9×7	9×6

55 수 카드를 한 번씩만 사용하여 □ 안에 알맞은 수를 써넣으세요.

(1) $\boxed{2}$ $\boxed{7}$ $\boxed{8}$

$9 \times \boxed{} = \boxed{}\boxed{}$

(2) $\boxed{3}$ $\boxed{4}$ $\boxed{6}$

$9 \times \boxed{} = \boxed{}\boxed{}$

서술형
56 바둑돌은 모두 몇 개인지 두 가지 방법으로 구해 보세요.

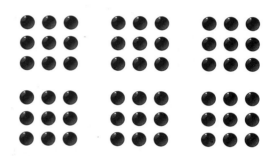

방법 1 _____

_____

방법 2 _____

_____

57 □ 안에 알맞은 수를 써넣으세요.

$9 \times \boxed{} = 45$

$9 \times \boxed{} < 45$

$9 \times \boxed{} > 45$

답은 여러 가지가 될 수 있습니다.

7 1단 곱셈구구와 0의 곱을 알아볼까요

● **1단 곱셈구구 알아보기**

	1씩 2묶음	$1 \times 2 = 2$
	1씩 3묶음	$1 \times 3 = 3$
	1씩 4묶음	$1 \times 4 = 4$

↓

$1 \times ($어떤 수$) = ($어떤 수$)$
$($어떤 수$) \times 1 = ($어떤 수$)$

×	1	2	3	4	5	6	7	8	9
1	1	2	3	4	5	6	7	8	9

+1 +1 +1 +1 +1 +1 +1 +1

➡ 곱하는 수가 1씩 커지면 그 곱은 1씩 커집니다.

● **0의 곱 알아보기**

	0씩 2묶음	$0 \times 2 = 0$
	0씩 3묶음	$0 \times 3 = 0$
	0씩 4묶음	$0 \times 4 = 0$

↓

$0 \times ($어떤 수$) = 0$
$($어떤 수$) \times 0 = 0$

- 1과 어떤 수의 곱은 항상 (1 , 어떤 수)입니다.
- 0과 어떤 수의 곱은 항상 (0 , 어떤 수)입니다.

1 ☐ 안에 알맞은 수를 써넣으세요.

l × (어떤 수) = (어떤 수)입니다.

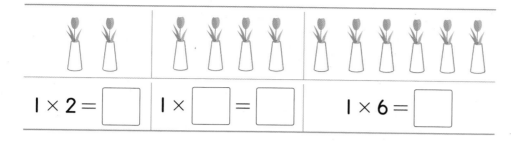

$1 \times 2 = \boxed{}$ | $1 \times \boxed{} = \boxed{}$ | $1 \times 6 = \boxed{}$

2 ☐ 안에 알맞은 수를 써넣으세요.

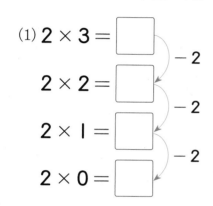

(1) $2 \times 3 = \boxed{}$
$\quad\quad\quad\quad\quad -2$
$2 \times 2 = \boxed{}$
$\quad\quad\quad\quad\quad -2$
$2 \times 1 = \boxed{}$
$\quad\quad\quad\quad\quad -2$
$2 \times 0 = \boxed{}$

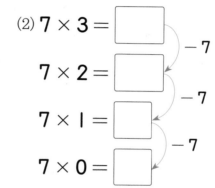

(2) $7 \times 3 = \boxed{}$
$\quad\quad\quad\quad\quad -7$
$7 \times 2 = \boxed{}$
$\quad\quad\quad\quad\quad -7$
$7 \times 1 = \boxed{}$
$\quad\quad\quad\quad\quad -7$
$7 \times 0 = \boxed{}$

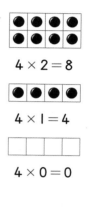

$4 \times 2 = 8$

$4 \times 1 = 4$

$4 \times 0 = 0$

3 ☐ 안에 알맞은 수를 써넣으세요.

0×5
$= 0 + 0 + 0 + 0 + 0$

(1) $0 \times 3 = \boxed{}$　　(2) $6 \times 0 = \boxed{}$　　(3) $0 \times 0 = \boxed{}$

4 곱셈 결과를 찾아 이어 보세요.

어떤 수와 0의 곱은 항상 0입니다.
어떤 수와 l의 곱은 항상 어떤 수입니다.

| 5×0 | 8×1 | 0×4 | 1×9 |

| 8 | 9 | 0 |

8 곱셈표를 만들어 볼까요

● **곱셈표 만들기**

세로줄과 가로줄의 수가 만나는 칸에 두 수의 곱을 써넣습니다.

×	0	1	2	3	4	5	6	7	8	9
0	0	0	0	0	0	0	0	0	0	0
1	0	1	2	3	4	5	6	7	8	9
2	0	2	4	6	8	10	12	14	16	18
3	0	3	6	9	12	15	18	21	24	27
4	0	4	8	12	16	20	24	28	32	36
5	0	5	10	15	20	25	30	35	40	45
6	0	6	12	18	24	30	36	42	48	54
7	0	7	14	21	28	35	42	49	56	63
8	0	8	16	24	32	40	48	56	64	72
9	0	9	18	27	36	45	54	63	72	81

- ■단 곱셈구구는 곱이 ■씩 커집니다.
- 곱하는 두 수의 순서를 바꾸어도 곱은 같습니다.
  ➡ $3 \times 8 = 8 \times 3 = 24$
- 점선을 따라 접었을 때 만나는 곱셈구구의 곱이 같습니다.

- 6단 곱셈구구에서는 곱이 ☐씩 커집니다.

- 5단 곱셈구구는 곱의 일의 자리 숫자가 ☐, ☐(으)로 반복됩니다.

1 위의 곱셈표를 보고 ☐ 안에 알맞은 수를 써넣으세요.

(1) 5씩 커지는 곱셈구구는 ☐ 단입니다.

(2) 4×6과 6×4의 곱은 ☐ (으)로 같습니다.

[2~5] 곱셈표를 보고 물음에 답하세요.

×	3	4	5	6	7	8	9
3	9	12	15		21	24	
4	12	16	20	24		32	36
5	15	20	25	30	35		45
6	18	24	30		42	48	54
7	21	28		42	49	56	63
8		32	40	48	56	64	72
9	27	36		54	63	72	81

2 빈칸에 알맞은 수를 써넣어 곱셈표를 완성해 보세요.

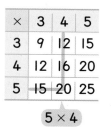

3 □ 안에 알맞은 수를 써넣고 알맞은 말에 ○표 하세요.

(1) **4**단 곱셈구구에서는 곱이 □씩 커집니다.

(2) **9**단 곱셈구구에서는 곱이 □씩 커집니다.

(3) 점선을 따라 접었을 때 만나는 수는 (같습니다 , 다릅니다).

$3 \times 4 = 12 = 4 \times 3$
$5 \times 4 = 20 = 4 \times 5$

4 5 × 7과 7 × 5의 곱을 비교해 보세요.

$5 \times 7 =$ □ $7 \times 5 =$ □

➡ 5 × 7과 7 × 5는 (같습니다 , 다릅니다).

곱셈에서는 곱하는 두 수의 순서를 서로 바꾸어 곱해도 곱은 같습니다.

5 곱셈표에서 9 × 8과 곱이 같은 곱셈구구를 찾아 써 보세요.

(　　　　　　　　)

9 곱셈구구를 이용하여 문제를 해결해 볼까요

● **곱셈구구를 이용하여 양배추의 수와 당근의 수 구하기**

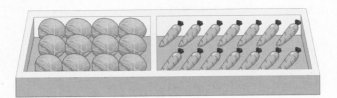

● **양배추의 수 구하기**

4씩 3줄이므로 4단 곱셈구구를
이용합니다.

4 × 3 = 12 → 12개

3씩 4줄로 생각하여 3단 곱셈구구를
이용할 수도 있습니다.

3 × 4 = 12 → 12개

● **당근의 수 구하기**

7씩 2줄이므로 7단 곱셈구구를
이용합니다.

7 × 2 = 14 → 14개

2씩 7줄로 생각하여 2단 곱셈구구를
이용할 수도 있습니다.

2 × 7 = 14 → 14개

1 클립 한 개의 길이는 3 cm입니다. 클립 4개의 길이는 몇 cm일까요?

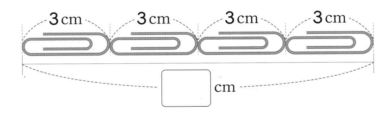

cm

2 접시 한 개에 딸기가 7개씩 있습니다. 접시 5개에 있는 딸기는 모두 몇 개일까요?

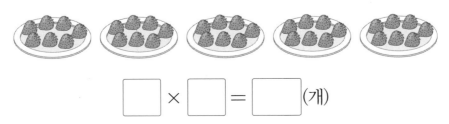

☐ × ☐ = ☐ (개)

3 달걀을 **6**개씩 넣을 수 있는 달걀판이 있습니다. 달걀판 **3**개에 넣을 수 있는 달걀은 모두 몇 개일까요?

곱셈식 ....

답 ....

▶ 곱셈식은 ■ × ● = ▲로 나타냅니다.

4 리모컨 한 개에 건전지가 **2**개씩 들어갑니다. 리모컨 **6**개에 필요한 건전지는 모두 몇 개일까요?

( )

5 한 칸에 **9**권씩 꽂을 수 있는 책꽂이가 있습니다. 책꽂이 **5**칸에 꽂을 수 있는 책은 모두 몇 권일까요?

( )

6 연결 모형의 수를 구해 보세요.

▶ 연결 모형을 여러 가지 방법으로 나누어 구할 수 있습니다.

• 노란색 연결 모형의 수:
 2 × 2
• 초록색 연결 모형의 수:
 3 × 5
• 파란색 연결 모형의 수:
 1 × 3

(1) 노란색 연결 모형은 몇 개일까요?

( )

(2) 초록색 연결 모형은 몇 개일까요?

( )

(3) 연결 모형은 모두 몇 개일까요?

( )

9 1단 곱셈구구

58 상자에 트로피가 한 개씩 있습니다. 트로피는 모두 몇 개인지 곱셈식으로 나타내 보세요.

$$1 \times \boxed{} = \boxed{}$$

59 □ 안에 알맞은 수를 써넣으세요.

(1) $\boxed{} \times 7 = 7$

(2) $1 \times \boxed{} = 9$

60 빈칸에 알맞은 수를 써넣으세요.

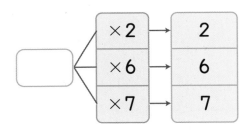

61 ○ 안에 + 또는 ×를 알맞게 써넣으세요.

$$1 \bigcirc 8 = 9$$

$$1 \bigcirc 8 = 8$$

62 ㉠ × ㉡의 값을 구하려고 합니다. 풀이 과정을 쓰고 답을 구해 보세요.

$$4 \times ㉠ = 4 \qquad ㉡ \times 3 = 3$$

풀이

답

10 0과 어떤 수의 곱

63 어항에 들어 있는 금붕어는 모두 몇 마리인지 곱셈식으로 나타내 보세요.

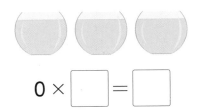

$$0 \times \boxed{} = \boxed{}$$

64 □ 안에 알맞은 수를 써넣으세요.

(1) $5 \times 0 = \boxed{}$

(2) $\boxed{} \times 6 = 0$

(3) $1 \times \boxed{} = 0$

65 □ 안에 공통으로 들어갈 수를 구해 보세요.

$$2 \times \boxed{} = 0 \qquad \boxed{} \times 8 = 0$$

(   )

66 계산한 값이 나머지 넷과 다른 하나는 어느 것일까요? (   )

① 0×6 ② 1×0
③ $1 + 0$ ④ 3×0
⑤ $3 - 3$

67 ＝의 양쪽이 같아지도록 □ 안에 알맞은 수를 써넣으세요.

$$10 \times 0 = 10 - \boxed{}$$

68 선우가 투호 놀이를 했습니다. 화살을 넣으면 1점, 넣지 못하면 0점입니다. □ 안에 알맞은 수를 써넣으세요.

넣은 화살은 5개, 넣지 못한 화살은 3개입니다. 따라서 선우가 받은 점수는 $\boxed{} \times 5 = \boxed{}$,

$\boxed{} \times 3 = \boxed{}$ 이므로 총 $\boxed{}$ 점입니다.

69 공을 꺼내어 공에 적힌 수만큼 점수를 얻는 놀이를 하였습니다. 은석이가 공을 다음과 같이 꺼냈을 때 은석이가 얻은 점수는 모두 몇 점일까요?

꺼낸 공	0	1	2
꺼낸 횟수(번)	4	2	1

(   )

11 **곱셈표 만들기**

[70~71] 곱셈표를 보고 물음에 답하세요.

×	1	2	3	4	5	6	7
1	1	2	3	4		6	7
2	2		6		10	12	14
3	3	6		12	15		21
4	4	8	12	16		24	28
5	5	10	15		25	30	
6		12	18	24		36	42
7	7		21	28	35	42	49

70 빈칸에 알맞은 수를 써넣어 곱셈표를 완성해 보세요.

71 곱셈표에서 2×6과 곱이 같은 곱셈구구를 써 보세요.

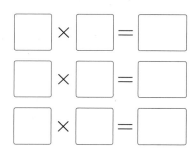

[72~74] 곱셈표를 보고 물음에 답하세요.

×	1	2	3	4	5	6	7	8	9
1	1	2	3	4	5	6	7	8	9
2	2	4	6	8	10	12	14	16	18
3	3	6	9	12	15	18	21	24	27
4	4	8	12	16	20	24	28	32	36
5	5	10	15	20	25	30	35	40	45
6	6	12	18	24	30	36	42	48	54
7	7	14	21	28	35	42	49	56	63
8	8	16	24	32	40	48	56	64	72
9	9	18	27	36	45	54	63	72	81

72 곱의 일의 자리 숫자가 다음과 같은 것은 몇 단 곱인지 구해 보세요.

(1) 2, 4, 6, 8, 0의 순서로 되어 있는 단

(   )

(2) 일의 자리 숫자가 1씩 작아지는 단

(   )

(3) 5, 0으로만 되어 있는 단

(   )

73 오른쪽과 같이 표의 일부를 떼어 내서 네 수를 화살표 방향으로 곱하면 어떤 규칙이 있는지 써 보세요.

3	6
4	8

규칙 _____

74 곱셈표에서 설명하는 수를 찾아 써 보세요.

- 4단 곱셈구구에 있는 수입니다.
- 5 × 5보다 큽니다.
- 8단 곱셈구구에도 있는 수입니다.

(   )

75 곱셈표에서 점선을 따라 접었을 때 ★과 만나는 칸에 알맞은 수를 써넣으세요.

×	2	3	4	5	6	7
2						
3				★		
4						
5						
6						
7						

76 어떤 수인지 구해 보세요.

- 7단 곱셈구구의 수입니다.
- 짝수입니다.
- 십의 자리 숫자는 40을 나타냅니다.

(   )

12 곱셈구구를 이용하여 문제 해결하기

77 한 대에 5명씩 탈 수 있는 자동차가 5대 있습니다. 자동차에 탈 수 있는 사람은 모두 몇 명일까요?

( )

78 은우의 나이는 9살입니다. 은우 이모의 나이는 은우 나이의 5배입니다. 은우 이모의 나이는 몇 살일까요?

( )

79 리본의 길이는 9 cm입니다. 밧줄의 길이는 리본 길이의 4배보다 2 cm 더 짧습니다. 밧줄의 길이는 몇 cm일까요?

( )

서술형
80 사탕을 한 사람에게 8개씩 5명에게 나누어 주었더니 4개가 남았습니다. 처음에 있던 사탕은 모두 몇 개인지 풀이 과정을 쓰고 답을 구해 보세요.

풀이

답

81 가게에서 감자는 한 봉지에 8개씩, 고구마는 한 봉지에 5개씩 담아서 팔고 있습니다. 어머니께서 감자 2봉지와 고구마 7봉지를 사 오셨습니다. 어머니께서 사 오신 감자와 고구마는 모두 몇 개일까요?

( )

82 단추가 모두 몇 개인지 구하려고 합니다. □ 안에 알맞은 수를 써넣으세요.

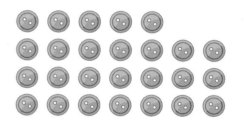

7 × □ 에서 2를 빼면 모두 □ 개입니다.

83 가위바위보를 하여 이기면 8점을 얻는 놀이를 했습니다. 해인이가 얻은 점수를 구해 보세요.

| 해인 | ✊ | ✋ | ✋ | ✌ | ✋ | ✊ |
| 은채 | ✋ | ✊ | ✋ | ✊ | ✌ | ✋ |

( )

응용유형 1 ■씩 ▲줄로 나타내기

귤이 한 줄에 8개씩 3줄로 놓여 있습니다. 이 귤을 한 줄에 6개씩 놓으면 몇 줄이 될까요?

( )

● 핵심 NOTE • 먼저 귤이 모두 몇 개인지 구한 다음, 6단 곱셈구구에서 귤의 수가 되는 곱을 찾아봅니다.

1-1 바둑판에 바둑돌이 한 줄에 9개씩 2줄로 놓여 있습니다. 이 바둑돌을 한 줄에 3개씩 놓으면 몇 줄이 될까요?

( )

1-2 야구공이 한 상자에 6개씩 2상자 있습니다. 이 야구공을 한 상자에 4개씩 담으면 몇 상자가 될까요?

( )

곱이 가장 큰(작은) 곱 만들기

응용유형 2

수 카드 5장 중에서 2장을 뽑아 카드에 적힌 두 수의 곱을 구하려고 합니다. 곱이 가장 클 때의 곱을 구해 보세요.

0 8 2 6 7

(   )

● **핵심 NOTE**
- 곱하는 두 수가 클수록 곱이 큽니다.
- 곱하는 두 수가 작을수록 곱이 작습니다.

2-1 수 카드 5장 중에서 2장을 뽑아 카드에 적힌 두 수의 곱을 구하려고 합니다. 곱이 가장 작을 때의 곱을 구해 보세요.

4 9 1 5 3

(   )

2

2-2 수 카드 5장 중에서 2장을 뽑아 카드에 적힌 두 수의 곱을 구하려고 합니다. 곱이 둘째로 클 때의 곱과 둘째로 작을 때의 곱을 각각 구해 보세요.

7 5 2 9 6

둘째로 큰 곱 (   )

둘째로 작은 곱 (   )

설명하는 수 구하기

어떤 수인지 구해 보세요.

- 7단 곱셈구구의 수입니다.
- 9 × 4의 곱보다 작습니다.
- 4 × 5의 곱과 4 × 3의 곱을 더한 값보다 큽니다.

(   )

● **핵심 NOTE**   • 먼저 7단 곱셈구구의 수를 모두 찾은 다음, 나머지 두 조건을 만족하는 수를 찾아봅니다.

3-1   어떤 수인지 구해 보세요.

- 8단 곱셈구구의 수입니다.
- 7 × 5의 곱보다 큽니다.
- 6 × 3의 곱과 4 × 7의 곱을 더한 값보다 작습니다.

(   )

3-2   어떤 수인지 구해 보세요.

- 9단 곱셈구구의 수입니다.
- 5 × 8의 곱보다 큽니다.
- 8 × 3을 두 번 더한 값보다 작습니다.

(   )

4 규칙을 찾아 빈칸 채우기

심화유형

보기 와 같은 규칙으로 빈칸을 채우려고 합니다. ㉠, ㉡, ㉢, ㉣에 알맞은 수를 구해 보세요. (단, ◯ 안의 수는 모두 한 자리 수입니다.)

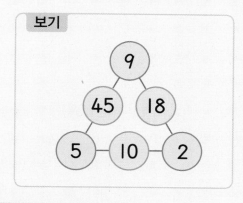

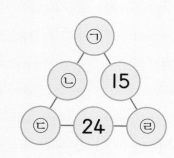

1단계 보기 에서 규칙 찾기

....

....

2단계 ㉠, ㉣의 값 구하기

....

....

3단계 ㉡, ㉢의 값 구하기

....

....

㉠ (   ), ㉡ (   ), ㉢ (   ), ㉣ (   )

● 핵심 NOTE   **1단계** 곱셈구구를 이용하여 보기 에서 규칙을 찾아봅니다.

                 2단계 ㉠과 ㉣, ㉢과 ㉣의 관계를 알아보고 ㉠, ㉣의 값을 구합니다.

                 3단계 ㉢과 ㉣, ㉠과 ㉡의 관계를 알아보고 ㉡, ㉢의 값을 구합니다.

4-1 위의 보기 와 같은 규칙으로 빈칸을 채워 보세요. (단, ◯ 안의 수는 모두 한 자리 수입니다.)

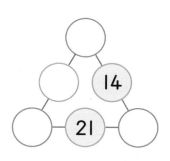

단원 평가 Level ❶

1 풍선은 모두 몇 개인지 곱셈식으로 나타내 보세요.

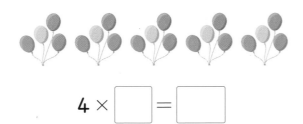

$$4 \times \boxed{} = \boxed{}$$

2 ☐ 안에 알맞은 수를 써넣으세요.

$$7 \times 5 = \boxed{}$$
$$7 \times 6 = \boxed{} \quad + \boxed{}$$

3 ☐ 안에 알맞은 수를 써넣으세요.

(1) $2 \times 2 = \boxed{}$

(2) $6 \times \boxed{} = 30$

(3) $9 \times 8 = \boxed{}$

(4) $\boxed{} \times 7 = 0$

4 수직선을 보고 알맞은 곱셈식을 써 보세요.

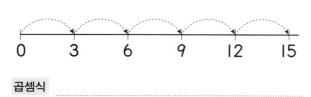

곱셈식

5 ●에 알맞은 수를 구해 보세요.

$$\boxed{● \times 1 = 9}$$

( )

[6~8] 곱셈표를 보고 물음에 답하세요.

×	2	3	4	5	6
2	4		8	10	12
3	6	9	12	15	
4	8	12		20	24
5	10		20	25	30
6		18	24	30	36

6 빈칸에 알맞은 수를 써넣어 곱셈표를 완성해 보세요.

7 알맞은 말에 ○표 하세요.

점선을 따라 접었을 때 만나는 수는 (같습니다 , 다릅니다).

8 곱셈표에서 5×3과 곱이 같은 곱셈구구를 찾아 써 보세요.

( )

9 딸기의 수를 알아보려고 합니다. □ 안에 알맞은 수를 써넣으세요.

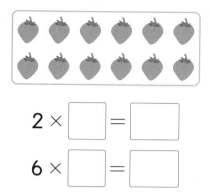

$$2 \times \boxed{} = \boxed{}$$

$$6 \times \boxed{} = \boxed{}$$

10 □ 안에 알맞은 수를 써넣으세요.

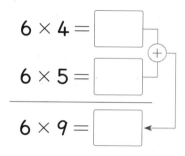

$$6 \times 4 = \boxed{}$$

$$6 \times 5 = \boxed{}$$

$$6 \times 9 = \boxed{}$$

11 4×5는 4×2보다 얼마나 더 큰지 ○를 그려서 나타내고, □ 안에 알맞은 수를 써넣으세요.

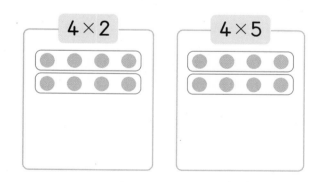

➡ 4×5는 4×2보다 $\boxed{}$ 만큼 더 큽니다.

12 5×8을 계산하는 방법으로 알맞은 것을 모두 찾아 기호를 써 보세요.

> ㉠ 5×7에 5를 더합니다.
> ㉡ 5×5에 5×2를 더합니다.
> ㉢ 5×4를 두 번 더합니다.

(   )

13 두 곱의 합을 구해 보세요.

(   )

14 상자 한 개의 길이는 $7\,\text{cm}$입니다. 상자 4개의 길이는 몇 cm인지 □ 안에 알맞은 수를 써넣으세요.

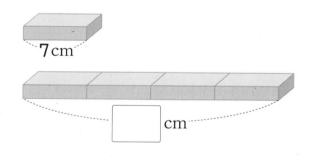

15 도넛이 한 상자에 8개씩 들어 있습니다. 7상자에 들어 있는 도넛은 모두 몇 개일까요?

곱셈식 ....

답 ....

16 경민이네 반 학생들이 한 줄에 **9**명씩 **3**줄로 섰습니다. 경민이네 반 학생은 모두 몇 명일까요?

( )

17 곱셈구구를 이용하여 쿠키의 수를 구해 보세요.

$$\boxed{} \times \boxed{} \text{ 와/과 } \boxed{} \times \boxed{} \text{ 을/를}$$

더하면 모두 $\boxed{}$ 개입니다.

18 공을 꺼내어 공에 적힌 수만큼 점수를 얻는 놀이를 했습니다. 빈칸에 알맞은 곱셈식을 써넣고 얻은 점수는 모두 몇 점인지 구해 보세요.

꺼낸 공	4	2	0
꺼낸 횟수(번)	2	1	3
점수(점)	4×2 $= 8$		

( )

19 동물원에 사슴은 **5**마리 있고 타조는 사슴의 **3**배보다 **2**마리 더 많이 있습니다. 타조는 몇 마리인지 풀이 과정을 쓰고 답을 구해 보세요.

풀이

답

20 ☐ 안에 알맞은 수는 얼마인지 풀이 과정을 쓰고 답을 구해 보세요.

$$\boxed{} \times 9 = 6 \times 6$$

풀이

답

단원 평가 Level ❷

점수

확인

1 체리는 모두 몇 개인지 곱셈식으로 나타내 보세요.

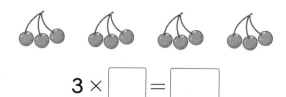

$3 \times \boxed{} = \boxed{}$

2 □ 안에 알맞은 수를 써넣으세요.

(1) $2 \times 6 = \boxed{}$

(2) $8 \times 5 = \boxed{}$

3 빈칸에 알맞은 수를 써넣으세요.

×	2	4		9
6			42	

4 □ 안에 알맞은 수를 구해 보세요.

$7 \times 6 = 6 \times \boxed{}$

( )

5 다음 중 틀린 것을 모두 고르세요.

( )

① $1 \times 3 = 3$ ② $8 \times 1 = 1$
③ $5 \times 0 = 0$ ④ $0 \times 7 = 0$
⑤ $4 \times 0 = 4$

6 ○ 안에 >, =, <를 알맞게 써넣으세요.

$5 \times 5 \bigcirc 3 \times 9$

7 그림을 보고 □ 안에 알맞은 수를 써넣으세요.

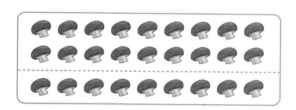

9×3은 9×2에 $\boxed{}$을/를 더한 것과 같습니다.

8 ㉠ × ㉡의 값을 구해 보세요.

$1 \times 5 = ㉠, \ 0 \times 7 = ㉡$

( )

9 □ 안에 알맞은 수를 써넣으세요.

4 × 8은 4 × 6보다 4 × □ 만큼 더 큽니다.

10 수 카드를 한 번씩만 써넣어 만들 수 있는 곱셈식을 모두 써 보세요.

2   3   4

8 × □ = □ □

8 × □ = □ □

11 빈칸에 알맞은 수를 써넣으세요.

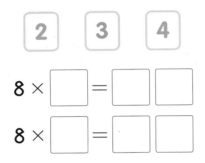

×	8	4
		9
	56	

[12~13] 곱셈표를 보고 물음에 답하세요.

×	1	2	3	4	5	6	7	8	9
2	2	4	6	8	10	12	14	16	18
3	3	6	9	12	15	18	21	24	27
4	4	8	12	16	20	24	28	32	36
5	5	10	15	20	25	30	35	40	45
6	6	12	18	24	30	36	42	48	54

12 잘못 설명한 사람의 이름을 써 보세요.

지수: 6단 곱셈구구는 곱이 6씩 커져.

현호: 5단 곱셈구구는 곱의 일의 자리 숫자가 5, 0으로 반복되고 있어.

민경: 3 × 4와 곱이 같은 곱셈구구는 4 × 3뿐이야.

(   )

13 곱셈표에서 설명하는 수를 찾아 써 보세요.

3단 곱셈구구에 있는 수야.

4 × 5보다 커.

6단 곱셈구구에도 있어.

(   )

14 곶감이 상자 안에 8개씩 6줄로 들어 있습니다. 상자 안에 들어 있는 곶감은 모두 몇 개일까요?

(   )

15 □ 안에 들어갈 수 있는 수 중에서 가장 큰 수를 구해 보세요.

$$\square < 4 \times 8$$

(   )

16 세발자전거 4대와 두발자전거 5대가 있습니다. 바퀴는 모두 몇 개일까요?

(   )

17 선아의 나이는 8살이고 삼촌의 나이는 선아의 나이의 5배보다 3살 적습니다. 삼촌의 나이는 몇 살일까요?

(   )

18 어떤 수에 7을 곱해야 하는데 잘못하여 더했더니 16이 되었습니다. 바르게 계산하면 얼마인지 구해 보세요.

(   )

19 곱셈구구를 이용하여 연결 모형의 수를 구하려고 합니다. 두 가지 방법으로 설명해 보세요.

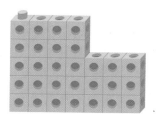

방법 1 _____

_____

방법 2 _____

_____

20 혜진이는 사탕을 50개 가지고 있었습니다. 이 사탕을 친구 7명에게 3개씩 주었습니다. 혜진이에게 남은 사탕은 몇 개인지 풀이 과정을 쓰고 답을 구해 보세요.

풀이 _____

_____

_____

_____

답 _____

3 길이 재기

10000 cm처럼 0을 많이 쓰지 않고

길이를 간단하게 나타낼 수 있을까?

cm보다 큰 단위인 m를 이용하면 돼!

큰 단위를 쓰면 수가 간단해져!

집에서 놀이터까지의 거리를 m를 사용하여
다른 방법으로 나타낼 수 있어.

$$10000 \text{ cm} = 100 \text{ m}$$

● 1 m 약속하기

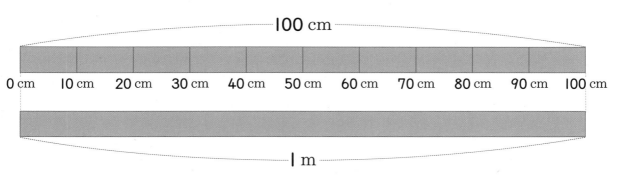

$$100 \text{ cm} = 1 \text{ m}$$

1 m ➡ 1 미터

① cm보다 더 큰 단위를 알아볼까요

● **1 m 알아보기**

100 cm는 1 m와 같습니다. 1 m는 1미터라고 읽습니다.

100 cm = 1 m

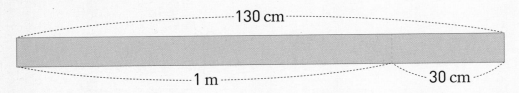

	m	cm		쓰기	읽기
	일	십	일		
100 cm	1	0	0	1 m	1미터

● **1 m보다 긴 길이 알아보기**

130 cm는 1 m보다 30 cm 더 깁니다.
130 cm를 1 m 30 cm라고도 씁니다.
1 m 30 cm를 1미터 30센티미터라고 읽습니다.

130 cm = 1 m 30 cm

	m	cm		쓰기	읽기
	일	십	일		
130 cm	1	3	0	1 m 30 cm	1미터 30센티미터

- 1 m는 1 cm를 [ ] 번 이은 길이와 같습니다.

- 1 m보다 **20 cm** 더 긴 길이를 [ ]라 쓰고, [ ] (이)라고 읽습니다.

1 길이를 써 보세요.

1 m

2 m

2 막대의 길이를 알아보세요.

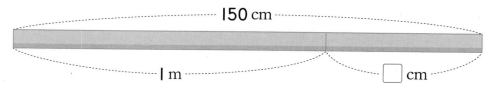

(1) 막대의 길이는 1 m보다 얼마나 더 긴가요?

(   )

(2) 막대의 길이는 몇 m 몇 cm인가요?

(   )

▶ 120 cm
= 100 cm + 20 cm
= 1 m + 20 cm
= 1 m 20 cm

3 길이를 바르게 읽어 보세요.

(1) 7 m 60 cm ➡ ....

(2) 5 m 34 cm ➡ ....

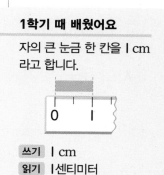

1학기 때 배웠어요

자의 큰 눈금 한 칸을 1 cm 라고 합니다.

쓰기 1 cm
읽기 1센티미터

4 ☐ 안에 알맞은 수를 써넣으세요.

m	cm		쓰기
일	십	일	
6	0	3	☐ cm = ☐ m ☐ cm
8	6	7	☐ cm = ☐ m ☐ cm
2	1	0	☐ cm = ☐ m ☐ cm

5 ☐ 안에 알맞은 수를 써넣으세요.

(1) 265 cm = ☐ m ☐ cm

(2) 4 m 9 cm = ☐ cm

(3) 307 cm = ☐ m ☐ cm

▶ 몇 m 몇 cm를 몇 cm로 나타낼 때 십의 자리 숫자에 주의합니다.

5 m 3 cm

✖ 53 cm   ⭕ 503 cm

2 자로 길이를 재어 볼까요

● **줄자와 곧은 자 비교하기**

	줄자	곧은 자
모양	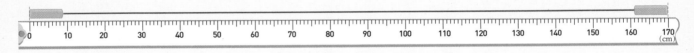	
같은 점	• 눈금이 있습니다. • 길이를 잴 때 사용합니다.	
다른 점	• 긴 물건의 길이를 잴 때 사용합니다. • 접히거나 휘어집니다.	• 짧은 물건의 길이를 잴 때 사용합니다. • 곧은 모양입니다.

● **자의 눈금 읽기**

100 cm = 1 m   **155 cm = 1 m 55 cm**   **230 cm = 2 m 30 cm**

```
90  100  110  120  130  140  150  160  170  180  190  200  210  220  230  240  250
```

└▶ 큰 눈금 한 칸의 크기는
10 cm입니다.

● **줄자를 사용하여 길이 재는 방법**

```
0   10   20   30   40   50   60   70   80   90  100  110  120  130  140  150  160  170
                                                                                  (cm)
```

① 줄넘기의 한끝을 줄자의 눈금 0에 맞춥니다.

② 줄넘기의 다른 쪽 끝에 있는 줄자의 눈금을 읽습니다.

➡ 눈금이 170이므로 줄넘기의 길이는 <u>1 m 70 cm</u>입니다.
      =170 cm

---

1 줄자를 사용하여 끈의 길이를 재어 보려고 합니다.
□ 안에 알맞은 수를 써넣으세요.

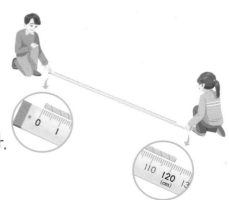

(1) 끈의 한끝을 줄자의 눈금 [ ] 에 맞춥니다.

(2) 끈의 다른 쪽 끝에 있는 줄자의 눈금을 읽으면 [ ] 입니다.

(3) 끈의 길이는 [ ] m [ ] cm입니다.

2 교실 칠판 긴 쪽의 길이를 재는 데 알맞은 자에 ○표 하세요.

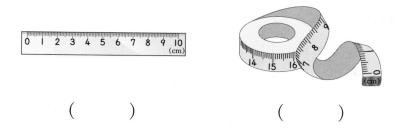

(   )   (   )

▶ 1 m가 넘는 긴 길이를 잴 때에는 줄자를 사용하면 편리합니다.

3 밧줄의 길이를 두 가지 방법으로 나타내 보세요.

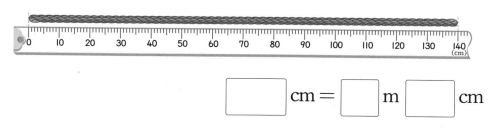

☐ cm = ☐ m ☐ cm

▶ 물건의 한끝이 자의 눈금 0에 맞추어져 있는지 반드시 확인합니다.

4 자의 눈금을 읽어 보세요.

☐ cm   ☐ m ☐ cm

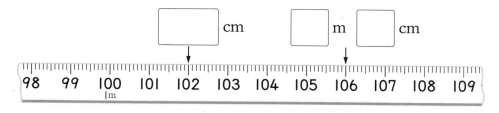

▶ 자의 눈금은 cm 단위의 길이입니다.

5 한 줄로 놓인 물건들의 길이를 자로 재었습니다. 전체 길이는 얼마일까요?

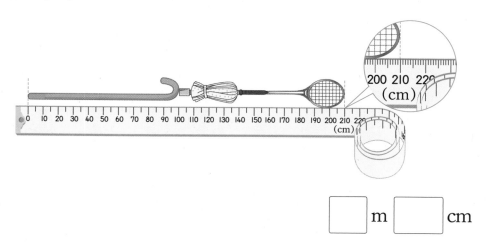

☐ m ☐ cm

▶ 단위에 주의하여 길이를 나타냅니다.

3 길이의 합을 구해 볼까요

● **길이의 합 구하기**

● **그림으로 알아보기**

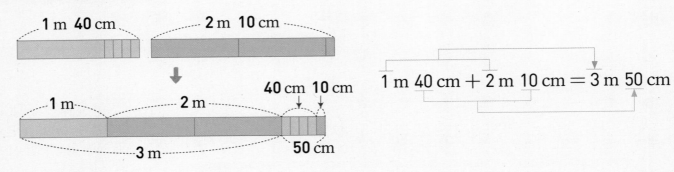

1 m 40 cm + 2 m 10 cm = 3 m 50 cm

● **m는 m끼리, cm는 cm끼리 더하기**

같은 단위끼리 자연수의 덧셈과 같은 방법으로 계산합니다.

m	cm	
일	십	일
1	4	0
+ 2	1	0

→

m	cm	
일	십	일
1	4	0
+ 2	1	0
	5	0

→

m	cm	
일	십	일
1	4	0
+ 2	1	0
3	5	0

① 같은 단위끼리 자리를 맞추어 씁니다.

② cm끼리 더합니다.

③ m끼리 더합니다.

1 빈칸에 알맞은 수를 써넣어 길이의 합을 구해 보세요.

(1)
$$1 \text{ m } 60 \text{ cm} \\ + 2 \text{ m } 30 \text{ cm}$$

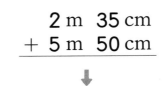

m	cm	
일	십	일
1	6	0
+		

(2)
$$2 \text{ m } 35 \text{ cm} \\ + 5 \text{ m } 50 \text{ cm}$$

m	cm	
일	십	일
+		

2 그림을 보고 □ 안에 알맞은 수를 써넣으세요.

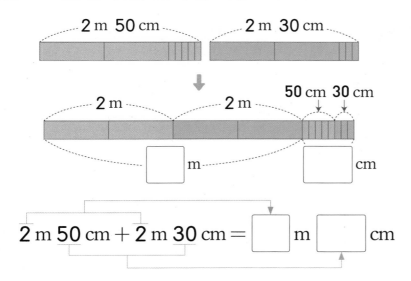

같은 단위끼리 계산하는 까닭

같은 숫자라도 길이 단위에 따라 다른 길이를 나타내기 때문입니다.

2 m   2 cm
↓   ↓
200 cm   2 cm

3 □ 안에 알맞은 수를 써넣으세요.

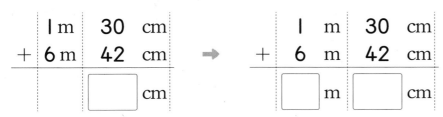

m는 m끼리, cm는 cm끼리 더합니다.

	4	m	12	cm
+	2	m	5	cm
	6	m	17	cm

3

4 □ 안에 알맞은 수를 써넣으세요.

(1) $5 \, m \, 27 \, cm + 4 \, m \, 51 \, cm = \boxed{} \, m \, \boxed{} \, cm$

(2) $7 \, m \, 25 \, cm + 3 \, m \, 12 \, cm = \boxed{} \, m \, \boxed{} \, cm$

1 m 10 cm + 2 m 15 cm
= (1 + 2) m
   + (10 + 15) cm
= 3 m 25 cm

5 길이의 합을 구해 보세요.

(1)
		m		cm
	3	m	80	cm
+	1	m	14	cm
		m		cm

(2)
		m		cm
	12	m	63	cm
+	45	m	2	cm
		m		cm

	m	cm
	1	40
+	2	30
	3	70

단위를 생각하지 않고 숫자만 보면 자연수의 덧셈과 같습니다.

4 길이의 차를 구해 볼까요

● **길이의 차 구하기**

● 그림으로 알아보기

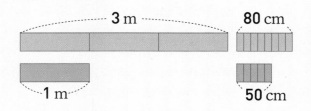

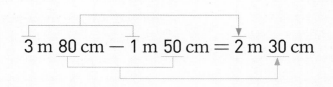

● m는 m끼리, cm는 cm끼리 빼기

같은 단위끼리 자연수의 뺄셈과 같은 방법으로 계산합니다.

m	cm	
일	십	일
3	8	0
− 1	5	0

→

m	cm	
일	십	일
3	8	0
− 1	5	0
	3	0

→

m	cm	
일	십	일
3	8	0
− 1	5	0
2	3	0

① 같은 단위끼리 자리를
맞추어 씁니다.

② cm끼리 뺍니다.

③ m끼리 뺍니다.

---

1 빈칸에 알맞은 수를 써넣어 길이의 차를 구해 보세요.

(1)

$$8 \text{ m } 70 \text{ cm} - 1 \text{ m } 20 \text{ cm}$$

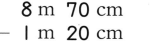

m	cm	
일	십	일
8	7	0
−		

(2)

$$9 \text{ m } 36 \text{ cm} - 5 \text{ m } 22 \text{ cm}$$

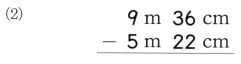

m	cm	
일	십	일
−		

2 그림을 보고 □ 안에 알맞은 수를 써넣으세요.

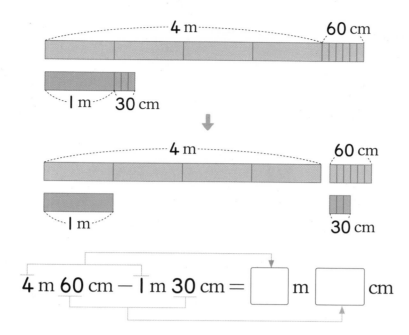

$$4\,m\,60\,cm - 1\,m\,30\,cm = \boxed{}\,m\,\boxed{}\,cm$$

3 □ 안에 알맞은 수를 써넣으세요.

	7 m	55 cm
−	2 m	10 cm
		□ cm

➡

	7 m	55 cm
−	2 m	10 cm
	□ m	□ cm

m는 m끼리, cm는 cm끼리 뺍니다.

	2 m	90 cm
−	1 m	40 cm
	□ m	50 cm

3

4 □ 안에 알맞은 수를 써넣으세요.

(1) $8\,m\,49\,cm - 6\,m\,25\,cm = \boxed{}\,m\,\boxed{}\,cm$

(2) $5\,m\,30\,cm - 2\,m\,15\,cm = \boxed{}\,m\,\boxed{}\,cm$

2 m 20 cm − 1 m 5 cm
= (2 − 1) m
 + (20 − 5) cm
= 1 m 15 cm

5 길이의 차를 구해 보세요.

(1)
	7 m	63 cm
−	2 m	40 cm
	□ m	□ cm

(2)
	30 m	89 cm
−	16 m	57 cm
	□ m	□ cm

	m	cm
	5	79
−	2	24
	3	55

단위를 생각하지 않고 숫자만 보면 자연수의 뺄셈과 같습니다.

5 길이를 어림해 볼까요

길이 어림하기(1)

• 내 몸의 부분으로 1m 재어 보기

약 1번

약 2걸음

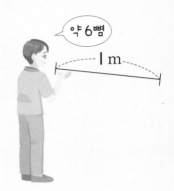
약 6뼘

1 m = 100 cm이므로 10 cm가 10개인 길이입니다.
10 cm가 10개인 길이를 생각하며 1 m를 어림해 봅니다.

길이 어림하기(2)

• 내 몸의 부분으로 긴 길이 어림하기

→ 양팔을 벌린 길이가 약 1 m이므로 축구 골대 긴 쪽의 길이는 약 5 m입니다.

└→ • 어림한 길이를 말할 때는 숫자 앞에
약을 붙여서 말합니다.

1 밧줄의 길이를 어림하고 자로 재어 보세요.

(1)

├──────────┤ 1 m

1 m가 4번 정도 들어갈 것으로 생각하여 약 ☐ m라고 어림했습니다.

(2)

0   100   200   300   400
(cm)

자로 재어 보면 ☐ m입니다.

2 지수가 양팔을 벌린 길이가 약 l m일 때 신발장의 길이는 약 몇 m일까요?

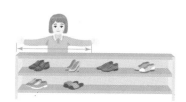

1학기 때 배웠어요
길이를 잴 때 사용할 수 있는 몸의 일부분

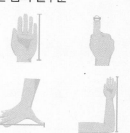

약 [ ] m

3 정우의 두 걸음이 약 l m일 때 시소의 길이는 약 몇 m일까요?

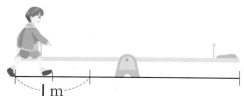

l m

약 [ ] m

▶ 시소의 길이는 정우의 걸음으로 몇 번 정도인지 알아봅니다.

4 무대의 길이는 약 몇 m일까요?

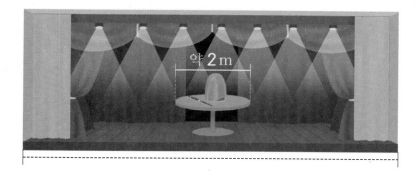

약 2 m

약 [ ] m

▶ 무대의 길이는 탁자의 길이의 몇 배 정도인지 알아봅니다.

5 실제 길이에 가까운 것을 찾아 이어 보세요.

버스의 길이	•	•	l m
야구 방망이의 길이	•	•	3 m
농구대의 높이	•	•	12 m

▶ l m의 길이를 생각한 다음 각각 l m가 몇 번 들어갈지 생각해 봅니다.

기본기 다지기

1 cm보다 더 큰 단위 알아보기

1 길이를 바르게 읽어 보세요.

8 m 6 cm

(   )

2 ☐ 안에 알맞은 수를 써넣으세요.

(1) 300 cm = ☐ m

(2) 5 m 40 cm = ☐ cm

3 같은 길이끼리 이어 보세요.

| 4 m 70 cm | • | • | 407 cm |
| 4 m 7 cm | • | • | 470 cm |

4 ☐ 안에 cm와 m 중 알맞은 단위를 써 보세요.

(1) 필통의 길이는 약 18 ☐ 입니다.

(2) 피아노 긴 쪽의 길이는 약 2 ☐ 입니다.

(3) 옷장의 높이는 약 220 ☐ 입니다.

5 승혁이의 키는 1 m보다 43 cm 더 큽니다. 승혁이의 키는 몇 cm인지 풀이 과정을 쓰고 답을 구해 보세요.

풀이 _____

_____

_____

답 _____

6 1 m를 바르게 만든 사람은 누구일까요?

길이가 1 cm인 모형 10개를 한 줄로 이어 붙였어.

종이띠를 길게 놓고 10 cm 간격으로 10번 표시하고 남는 부분을 잘랐어.

태하   선우

(   )

7 길이를 잘못 나타낸 것을 찾아 기호를 쓰고, 길이를 바르게 써 보세요.

㉠ 3 m 27 cm = 327 cm
㉡ 5 m 8 cm = 58 cm

(   ), (   )

8 높이가 3 m 25 cm보다 낮은 트럭만 지나갈 수 있는 도로가 있습니다. 이 도로를 통과할 수 있는 트럭을 모두 찾아 기호를 써 보세요.

트럭	㉠	㉡	㉢
높이(cm)	319	327	323

( )

9 길이가 긴 것부터 차례로 기호를 써 보세요.

㉠ 4 m 11 cm	㉡ 396 cm
㉢ 2 m 80 cm	㉣ 409 cm

( )

10 수 카드 3장을 한 번씩만 사용하여 가장 긴 길이를 써 보세요.

4 7 2

☐ m ☐ ☐ cm

2 자로 길이 재기

11 서랍장의 길이를 두 가지 방법으로 나타내 보세요.

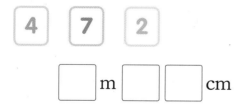

☐ cm = ☐ m ☐ cm

12 액자의 길이는 몇 m 몇 cm일까요?

( )

13 책상의 길이를 줄자로 재었습니다. 길이 재기가 잘못된 까닭을 써 보세요.

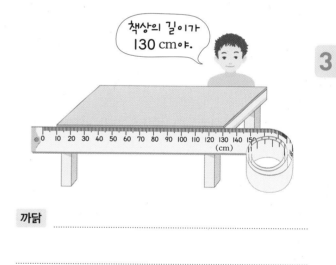

책상의 길이가 130 cm야.

까닭 _____

14 물건의 길이를 자로 재고 잰 길이를 두 가지 방법으로 나타내 보세요.

물건	☐ cm	☐ m ☐ cm
냉장고의 높이		
소파의 길이		

3 길이의 합 구하기

15 길이의 합을 구해 보세요.

(1)
$$2 \text{ m} \quad 14 \text{ cm}$$
$$+ \quad 6 \text{ m} \quad 15 \text{ cm}$$
$$\boxed{} \text{ m} \quad \boxed{} \text{ cm}$$

(2)
$$1 \text{ m} \quad 30 \text{ cm}$$
$$+ \quad 4 \text{ m} \quad 50 \text{ cm}$$
$$\boxed{} \text{ m} \quad \boxed{} \text{ cm}$$

16 □ 안에 알맞은 수를 써넣으세요.

$$7 \text{ m } 40 \text{ cm} + 2 \text{ m } 35 \text{ cm}$$

$$= \boxed{} \text{ m} \boxed{} \text{ cm}$$

17 □ 안에 알맞은 수를 써넣으세요.

$$3 \text{ m } 50 \text{ cm} + \boxed{} \text{ m } 20 \text{ cm}$$

$$= 8 \text{ m} \boxed{} \text{ cm}$$

18 더 긴 길이에 ○표 하세요.

| 6 m | 227 cm + 3 m 52 cm |

(   )   (   )

19 창문 긴 쪽의 길이와 짧은 쪽의 길이의 합은 몇 m 몇 cm일까요?

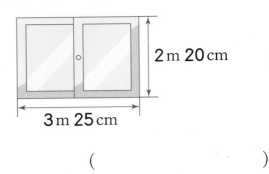

(   )

20 가장 긴 길이와 가장 짧은 길이의 합은 몇 m 몇 cm일까요?

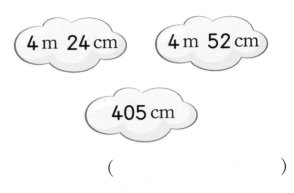

(   )

21 두 색 테이프를 겹치지 않게 이어 붙였습니다. 이어 붙인 색 테이프의 전체 길이는 몇 m 몇 cm일까요?

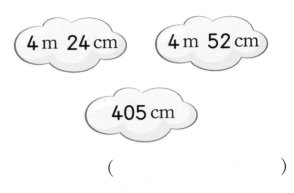

(   )

22 길이가 더 짧은 것을 찾아 기호를 써 보세요.

| ㉠ 17 m 45 cm + 48 m 52 cm |
| ㉡ 29 m 27 cm + 36 m 65 cm |

(   )

서술형

23 철사를 성훈이는 12m 80cm 가지고 있고 규태는 성훈이보다 6m 15cm 더 길게 가지고 있습니다. 규태가 가지고 있는 철사의 길이는 몇 m 몇 cm인지 풀이 과정을 쓰고 답을 구해 보세요.

풀이

답

24 연서는 선을 따라 굴렁쇠를 굴렸습니다. 출발점에서 도착점까지 굴렁쇠가 굴러간 거리는 몇 m 몇 cm일까요?

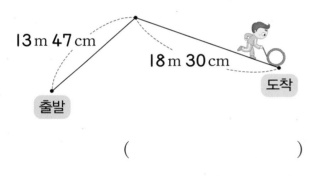

( )

4 길이의 차 구하기

25 길이의 차를 구해 보세요.

(1)
```
    5  m    60  cm
 -  2  m    10  cm
   ┌──┐ m ┌──┐ cm
```

(2)
```
    9  m    35  cm
 -  5  m    20  cm
   ┌──┐ m ┌──┐ cm
```

26 □ 안에 알맞은 수를 써넣으세요.

7 m 56 cm − 5 m 23 cm

= ☐ m ☐ cm

27 두 길이의 차는 몇 m 몇 cm일까요?

| 3m 12cm | 8m 64cm |

( )

28 □ 안에 알맞은 수를 써넣으세요.

55m 71cm

☐ m ☐ cm 　 20m 19cm

29 주영이와 민희가 가지고 있는 끈의 길이입니다. 누구의 끈이 몇 m 몇 cm 더 짧을까요?

주영	민희
26 m 85 cm	32 m 90 cm

( ), ( )

30 길이가 2m 61cm인 고무줄이 있습니다. 이 고무줄을 양쪽에서 잡아당겼더니 3m 80cm가 되었습니다. 고무줄은 몇 m 몇 cm 늘어났을까요?

(   )

31 수 카드 3장을 한 번씩만 사용하여 알맞은 길이를 만들어 보세요.

5   6   7

8 m 36 cm와 2 m 5 cm의 차보다 긴 길이

☐ m ☐ ☐ cm

---

5   **길이 어림하기**

---

32 길이가 1m보다 긴 것을 모두 찾아 ○표 하세요.

방문의 높이	동생의 발 길이
( )	( )

젓가락의 길이	교실 긴 쪽의 길이
( )	( )

---

33 주어진 1m의 길이로 끈의 길이를 어림하였습니다. 끈의 길이는 약 몇 m일까요?

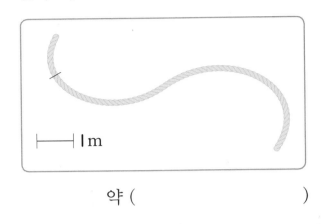

약 (   )

34 화분의 높이가 50cm일 때 옷장의 높이는 약 몇 m일까요?

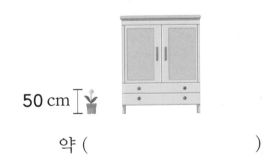

약 (   )

35 집에서 길이가 약 2m인 물건을 찾아보고, 자로 재어 확인해 보세요.

약 2m인 물건	자로 잰 길이

36 긴 길이를 어림한 사람부터 순서대로 이름을 써 보세요.

> 윤주: 내 양팔을 벌린 길이가 약 1m 인데 사물함의 길이는 양팔로 3번 잰 길이와 같았어.
>
> 태호: 내 두 걸음이 약 1m인데 칠판 의 길이가 8걸음과 같았어.
>
> 서하: 내 6뼘이 약 1m인데 식탁의 길이가 12뼘과 같았어.

( )

37 알맞은 길이를 골라 문장을 완성해 보세요.

> 180 cm   3 m   30 m   2 cm

(1) 농구 골대의 높이는 약 [   ] 입니다.

(2) 냉장고의 높이는 약 [   ] 입니다.

(3) 수영장 긴 쪽의 길이는 약 [   ] 입니다.

38 지호의 한 걸음의 길이를 재어 보니 50 cm입니다. 교실에서 화장실까지의 거리가 지호의 걸음으로 약 10걸음 이었습니다. 교실에서 화장실까지의 거리는 약 몇 m일까요?

약 ( )

39 길이가 10 m보다 더 긴 것을 모두 찾아 기호를 써 보세요.

> ㉠ 방문의 높이
> ㉡ 축구장 긴 쪽의 길이
> ㉢ 건물 10층의 높이
> ㉣ 리코더 10개를 이어 놓은 길이

( )

40 현아와 상호는 교탁의 높이를 각각 다음과 같이 어림하였습니다. 실제로 잰 교탁의 높이가 1 m 15 cm일 때 실제 길이에 더 가깝게 어림한 사람의 이름을 써 보세요.

현아	상호
약 1 m 3 cm	약 124 cm

( )

41 설명을 보고 가로등과 가로등 사이의 거리를 구해 보세요.

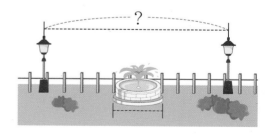

> • 분수대의 길이는 약 6 m입니다.
> • 울타리 한 칸의 길이는 약 2 m입니다.

약 [   ] m

응용유형 1 □ 안에 들어갈 수 있는 수 구하기

0부터 9까지의 수 중에서 □ 안에 들어갈 수 있는 수를 모두 써 보세요.

$$5 \boxed{} 2 \, \text{cm} > 5 \, \text{m} \, 74 \, \text{cm}$$

( )

● **핵심 NOTE** • ■ m ▲ cm로 나타낸 길이를 ● cm로 나타낸 다음 세 자리 수의 크기 비교를 이용합니다.

1-1 0부터 9까지의 수 중에서 □ 안에 들어갈 수 있는 수를 모두 써 보세요.

$$7 \boxed{} 4 \, \text{cm} < 7 \, \text{m} \, 36 \, \text{cm}$$

( )

1-2 0부터 9까지의 수 중에서 □ 안에 들어갈 수 있는 수는 모두 몇 개일까요?

$$8 \boxed{} 5 \, \text{cm} > 8 \, \text{m} \, 61 \, \text{cm}$$

( )

응용유형 2 길이의 합과 차의 활용

민성이의 키는 133 cm이고 형의 키는 민성이의 키보다 12 cm 더 큽니다. 민성이와 형의 키의 합은 몇 m 몇 cm일까요?

(   )

● 핵심 NOTE   • 먼저 형의 키를 구한 다음, 민성이와 형의 키의 합을 구합니다.

2-1 태희가 가진 막대의 길이는 1 m 57 cm이고 영호가 가진 막대의 길이는 태희가 가진 막대보다 39 cm 더 짧습니다. 두 사람이 가진 막대의 길이의 합은 몇 m 몇 cm일까요?

(   )

3

2-2 선우가 가진 끈의 길이는 27 m 16 cm입니다. 유하가 가진 끈의 길이는 선우가 가진 끈보다 22 cm 더 길고, 민주가 가진 끈의 길이는 선우가 가진 끈보다 13 cm 더 짧습니다. 유하와 민주가 가진 끈의 길이의 합은 몇 m 몇 cm일까요?

(   )

3 응용유형

수 카드로 만든 길이의 합과 차 구하기

수 카드 6장을 한 번씩만 사용하여 가장 긴 길이와 가장 짧은 길이를 만들고, 그 합을 구해 보세요.

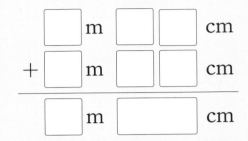

● 핵심 NOTE • m 단위의 수가 클수록 길이가 깁니다.

• m 단위의 수가 작을수록 길이가 짧습니다.

3-1 수 카드 6장을 한 번씩만 사용하여 가장 긴 길이와 가장 짧은 길이를 만들고, 그 차를 구해 보세요.

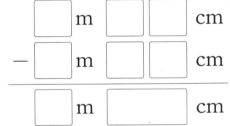

3-2 수 카드 6장을 한 번씩만 사용하여 둘째로 긴 길이와 둘째로 짧은 길이를 만들고, 그 합을 구해 보세요.

| 1 | 4 | 3 | 6 | 5 | 7 |

둘째로 긴 길이: ▢ m ▢ ▢ cm

둘째로 짧은 길이: ▢ m ▢ ▢ cm

(   )

심화유형 4 이어 붙인 색 테이프의 전체 길이

길이가 2 m 28 cm인 색 테이프 3장을 그림과 같이 32 cm씩 겹치게 이어 붙였습니다. 이어 붙인 색 테이프의 전체 길이는 몇 m 몇 cm일까요?

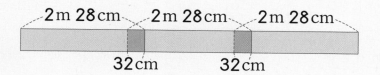

1단계 색 테이프 3장의 길이의 합 구하기

....

....

2단계 겹쳐진 부분의 길이의 합 구하기

....

3단계 이어 붙인 색 테이프의 전체 길이 구하기

....

....

(   )

● 핵심 NOTE   **1단계** 색 테이프 3장의 길이의 합을 구합니다.

                 2단계 겹쳐진 부분 두 군데의 길이의 합을 구합니다.

                 3단계 색 테이프 3장의 길이의 합에서 겹쳐진 부분의 길이의 합을 뺍니다.

4-1 길이가 1 m 20 cm인 색 테이프 4장을 그림과 같이 16 cm씩 겹치게 이어 붙였습니다. 이어 붙인 색 테이프의 전체 길이는 몇 m 몇 cm일까요?

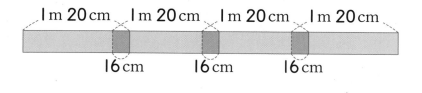

(   )

단원 평가 Level ❶

점수

확인

1 다음 길이는 몇 m 몇 cm인지 쓰고 읽어 보세요.

> 1 m보다 49 cm 더 긴 길이

쓰기 ( )

읽기 ( )

2 보기 에서 알맞은 수를 찾아 □ 안에 써넣으세요.

> 보기
>
> 1   10   100   1000

(1) 1 cm를 겹치지 않게 100번 이으면 □ m가 됩니다.

(2) 10 cm를 겹치지 않게 □ 번 이으면 1 m가 됩니다.

3 □ 안에 알맞은 수를 써넣으세요.

(1) 708 cm = □ m □ cm

(2) 4 m 53 cm = □ cm

4 빗자루의 길이는 몇 m 몇 cm일까요?

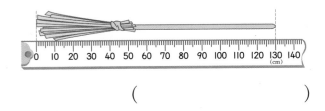

( )

5 □ 안에 cm와 m 중 알맞은 단위를 써 보세요.

(1) 트럭의 길이는 약 7 □ 입니다.

(2) 국기 게양대의 높이는 약 4 □ 입니다.

(3) 소파의 길이는 약 190 □ 입니다.

6 길이가 1 m인 색 테이프로 끈의 길이를 어림하였습니다. 끈의 길이는 약 몇 m일까요?

약 □ m

7 책상의 길이를 두 가지 방법으로 나타내 보세요.

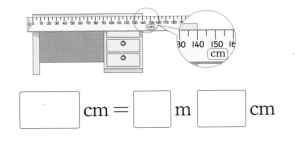

□ cm = □ m □ cm

8 더 긴 길이를 말한 사람에 ○표 하세요.

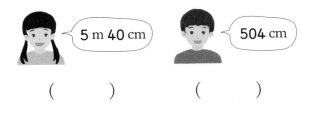

( )   ( )

9 계산해 보세요.

(1) 3 m 56 cm + 2 m 30 cm

(2) 8 m 47 cm − 5 m 22 cm

10 다음 중 길이가 10m보다 긴 것을 모두 고르세요. (   )

① 우산의 길이

② 기차의 길이

③ 교실 문의 높이

④ 줄넘기의 길이

⑤ 운동장 긴 쪽의 길이

11 ☐ 안에 알맞은 수를 써넣으세요.

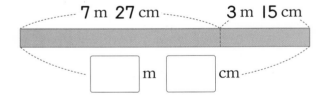

7 m 27 cm   3 m 15 cm

☐ m ☐ cm

12 가장 긴 길이와 가장 짧은 길이의 합은 몇 m 몇 cm일까요?

| 28 m 90 cm | 21 m 9 cm | 309 cm |

(   )

13 윤서의 두 걸음이 약 1 m일 때 자동차의 길이는 약 몇 m일까요?

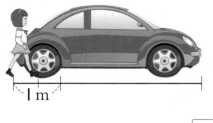

1 m

약 ☐ m

14 유진이의 키는 1 m 42 cm이고, 성아의 키는 139 cm입니다. 누구의 키가 몇 cm 더 큰지 구해 보세요.

(   ), (   )

15 출발점에서 도착점까지 달팽이가 이동한 거리는 몇 m 몇 cm일까요?

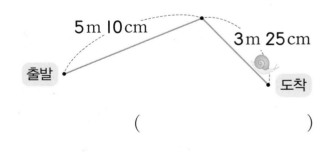

5 m 10 cm   3 m 25 cm

출발   도착

(   )

16 옷을 만드는 데 실 72 m 60 cm 중에서 59 m 43 cm를 사용했습니다. 남은 실은 몇 m 몇 cm일까요?

(   )

17 ●와 ★에 알맞은 수를 각각 구해 보세요.

$$
\begin{array}{r}
● \text{ m } 47 \text{ cm} \\
- \quad 3 \text{ m } ★ \text{ cm} \\
\hline
3 \text{ m } 22 \text{ cm}
\end{array}
$$

● (   )

★ (   )

18 수 카드 3장을 한 번씩만 사용하여 알맞은 길이를 모두 만들어 보세요.

$$\boxed{2} \quad \boxed{3} \quad \boxed{7}$$

9 m 85 cm와 7 m 24 cm의 차보다 길고, 3 m 45 cm보다 짧은 길이

$\boxed{}$ m $\boxed{}$ $\boxed{}$ cm

$\boxed{}$ m $\boxed{}$ $\boxed{}$ cm

19 끈을 어림하여 3 m만큼 자르고 자로 재어 보았습니다. 3 m에 더 가깝게 어림한 사람은 누구인지 풀이 과정을 쓰고 답을 구해 보세요.

지윤: 내 끈은 305 cm야.

민우: 내 끈은 2 m 90 cm야.

풀이 _____

_____

_____

_____

_____

답 _____

20 민아의 털실의 길이는 2 m 13 cm이고, 현수의 털실의 길이는 민아의 털실보다 155 cm 더 깁니다. 현수의 털실의 길이는 몇 m 몇 cm인지 풀이 과정을 쓰고 답을 구해 보세요.

풀이 _____

_____

_____

_____

답 _____

단원 평가 Level ❷

1 ☐ 안에 알맞은 수를 써넣으세요.

(1) 400 cm = ☐ m

(2) 5 m 72 cm = ☐ cm

2 길이가 1 cm인 모형 100개를 한 줄로 겹치지 않게 이어 붙이면 몇 m가 될까요?

( )

3 같은 길이끼리 이어 보세요.

3 m 3 cm ·		· 333 cm
3 m 30 cm ·		· 303 cm
3 m 33 cm ·		· 330 cm

4 계산해 보세요.

(1)
```
    5 m   40 cm
 +  3 m   25 cm
 ─────────────
   ☐ m    ☐ cm
```

(2)
```
    4 m   67 cm
 -  2 m   30 cm
 ─────────────
   ☐ m    ☐ cm
```

5 책장의 길이는 몇 m 몇 cm일까요?

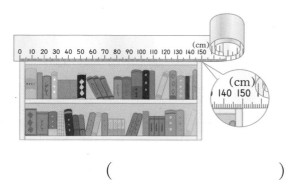

( )

6 다음 중 m를 사용하여 길이를 나타내기에 알맞은 것을 모두 고르세요.

( )

① 신발의 길이
② 필통의 길이
③ 자동차의 길이
④ 공책 긴 쪽의 길이
⑤ 2층짜리 건물의 높이

7 도연이가 양팔을 벌린 길이가 약 1 m일 때 담장의 길이는 약 몇 m일까요?

약 ☐ m

8 ○ 안에 >, =, <를 알맞게 써넣으세요.

930 cm ◯ 9 m 23 cm

9 길이가 1 m보다 긴 것에는 ○표, 1 m보다 짧은 것에는 △표 하세요.

(1) 교실 문의 높이 ( )

(2) 실로폰의 길이 ( )

(3) 숟가락의 길이 ( )

(4) 축구 골대의 길이 ( )

10 보기 에서 알맞은 길이를 골라 문장을 완성해 보세요.

> 보기
> 20 cm   5 m   1 m 50 cm

(1) 승용차의 길이는 약 [   ] 입니다.

(2) 내 운동화의 길이는 약 [   ] 입니다.

(3) 자전거의 길이는 약 [   ] 입니다.

11 길이가 긴 것부터 차례로 기호를 써 보세요.

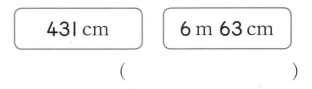

( )

12 두 길이의 차는 몇 m 몇 cm일까요?

| 431 cm | 6 m 63 cm |

( )

13 서아와 지우 중에서 더 긴 길이를 어림한 사람은 누구일까요?

( )

14 길이가 4 m 53 cm인 막대를 두 도막으로 잘랐더니 한 도막의 길이가 2 m 49 cm였습니다. 다른 한 도막의 길이는 몇 m 몇 cm일까요?

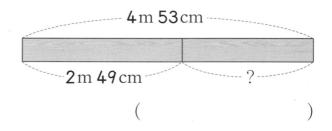

( )

15 길이가 더 짧은 것에 ◯표 하세요.

32 m 50 cm + 413 cm (   )

36 m 58 cm (   )

16 영민이의 키는 1 m 32 cm이고 아버지의 키는 영민이의 키보다 46 cm 더 큽니다. 아버지의 키는 몇 m 몇 cm일까요?

(   )

17 형준이네 집 앞 나무의 높이는 10 m 58 cm이고 가로등의 높이는 나무의 높이보다 5 m 27 cm 낮습니다. 가로등의 높이는 몇 m 몇 cm일까요?

(   )

18 ☐ 안에 알맞은 수를 써넣으세요.

$$\begin{array}{r} \boxed{}\ \text{m}\ \ 19\ \ \text{cm} \\ +\ \ 5\ \ \text{m}\ \boxed{}\ \text{cm} \\ \hline 7\ \ \text{m}\ \ 78\ \ \text{cm} \end{array}$$

19 민호는 책장의 길이를 1 m 20 cm라고 재었습니다. 길이를 바르게 재었는지 쓰고, 그 까닭을 써 보세요.

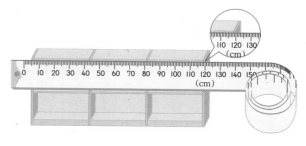

답 ....

까닭 ....

....

....

20 초록색 리본은 24 m 72 cm이고 노란색 리본은 17 m 43 cm입니다. 무슨 색 리본이 몇 m 몇 cm 더 긴지 풀이 과정을 쓰고 답을 구해 보세요.

풀이 ....

....

....

답 ....,.............

4. 시각과 시간

짧은바늘은 시, 긴바늘은 분

긴바늘이 **6**을 가리키면 **30**분인 것은 배웠는데 시계에는 다른 눈금도 있어!

그렇다면 **긴바늘이 1을 가리키면 몇 분을** 나타낼까?

긴바늘이 시계 한 바퀴를 돌면 60분이 지나.

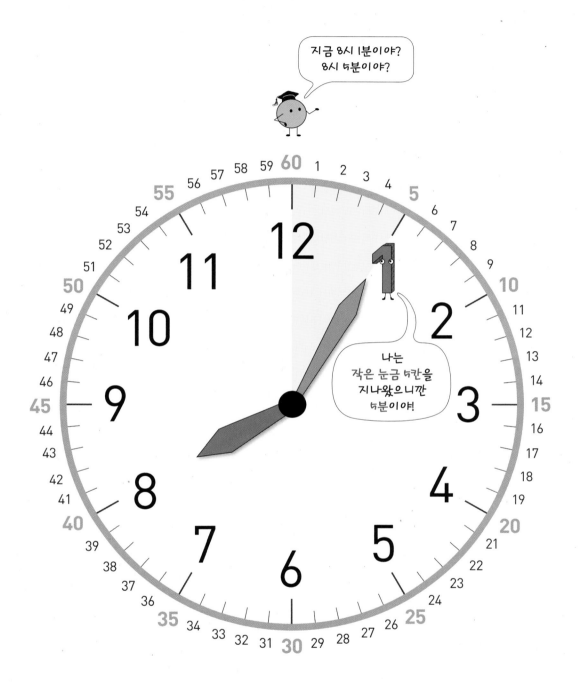

❶ 몇 시 몇 분을 읽어 볼까요(1)

● **긴바늘이 나타내는 시각 알아보기**

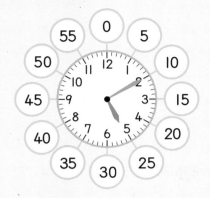

- 시계에서 긴바늘이 가리키는 작은 눈금 한 칸은 1분을 나타냅니다.
- 시계의 긴바늘이 가리키는 숫자가 1이면 **5분**, 2이면 **10분**, 3이면 **15분**, …을 나타냅니다.

● **시각 읽기**

- 짧은바늘: **7**과 8 사이 ➡ **7시**
- 긴바늘: 4 ➡ **20분**

7시 20분

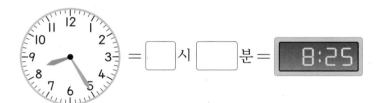

1 시계에서 각각의 숫자가 몇 분을 나타내는지 써넣으세요.

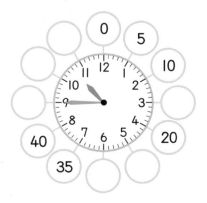

2 오른쪽 시계를 보고 □ 안에 알맞은 수를 써넣으세요.

(1) 짧은바늘은 □ 와/과 □ 사이에 있습니다.

(2) 긴바늘은 □ 을/를 가리키고 있습니다.

(3) 시계가 나타내는 시각은 □ 시 □ 분입니다.

> 긴바늘이 숫자를 가리킬 때의 분을 5단 곱셈구구로 알 수 있습니다.
> 숫자 1 ➡ 5 × 1 = 5(분)
> 숫자 2 ➡ 5 × 2 = 10(분)
> 숫자 3 ➡ 5 × 3 = 15(분)
> 숫자 4 ➡ 5 × 4 = 20(분)
> 숫자 5 ➡ 5 × 5 = 25(분)
> ⋮

3 시계를 보고 몇 시 몇 분인지 써 보세요.

(1)

□ 시 □ 분

(2)

□ 시 □ 분

(3)

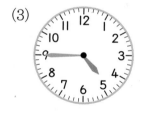

□ 시 □ 분

(4)

□ 시 □ 분

> **1학년 때 배웠어요**
>
> 몇 시 읽기
>
>
>
> 짧은바늘이 3, 긴바늘이 12를 가리킬 때 시계는 3시를 나타냅니다.

4 시계에 시각을 나타내 보세요.

(1)

3:50

(2)

11:25

> 디지털시계에서 ':'의 왼쪽의 수는 '시'를 나타내고 오른쪽의 수는 '분'을 나타냅니다.
>
> 10:15 ➡ 10시 15분

② 몇 시 몇 분을 읽어 볼까요(2)

● **긴바늘이 두 숫자 사이를 가리킬 때 시각 읽기**

● 긴바늘이 가리키는 눈금과 가까운 숫자를 알아봅니다.

● 짧은바늘: **5**와 6 사이 ➡ **5**시
● 긴바늘: <u>7</u>에서 작은 눈금으로 <u>2칸</u> 더 간 곳

35분 ┌   ┐ 2분
➡ 35분 + 2분 = 37분

5시 37분

긴바늘이 숫자 7에서 작은 눈금으로 2칸 더 간 곳을 가리키므로 35분 + 2분 = 37분이고 긴바늘이 숫자 8에서 작은 눈금으로 3칸 덜 간 곳을 가리키므로 40분 − 3분 = 37분입니다.

● 긴바늘이 가리키는 눈금에서 가까운 숫자는 ☐ 입니다.

● 긴바늘은 ☐ 에서 작은 눈금으로 한 칸 더 간 곳을 가리키므로 ☐ 분입니다.

---

1 오른쪽 시계를 보고 ☐ 안에 알맞은 수를 써넣으세요.

(1) 긴바늘이 가리키는 작은 눈금 한 칸은 ☐ 분입니다.

(2) 긴바늘이 가리키는 눈금은 가까운 숫자 ☐ 에서 작은 눈금으로

☐ 칸 더 간 곳입니다.

(3) 시계가 나타내는 시각은 ☐ 시 ☐ 분입니다.

2 시계를 보고 몇 시 몇 분인지 써 보세요.

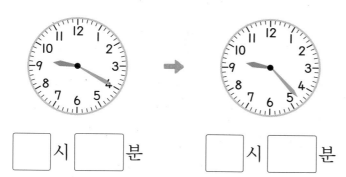

[ ]시[ ]분   [ ]시[ ]분

▶ 긴바늘이 가리키는 눈금과 가
까운 숫자에서 작은 눈금 몇
칸을 더 갔는지 세어 봅니다.

3 시계를 보고 몇 시 몇 분인지 써 보세요.

(1)

(2)

[ ]시[ ]분   [ ]시[ ]분

(3)

(4)

[ ]시[ ]분   [ ]시[ ]분

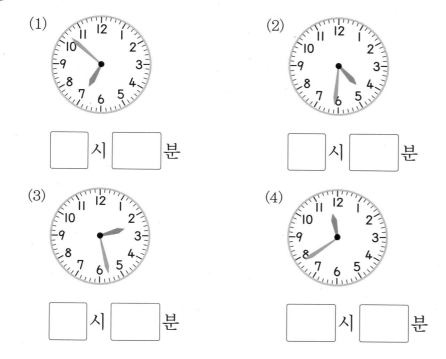

▶ 두 가지 방법으로 13분 읽기

① 긴바늘이 2에서 작은 눈금
으로 3칸 더 간 곳을 가리
키므로 10 + 3 = 13(분)
입니다.

② 긴바늘이 3에서 작은 눈금
으로 2칸 덜 간 곳을 가리
키므로 15 − 2 = 13(분)
입니다.

4

4 □ 안에 알맞은 수를 써넣고 시계에 시각을 나타내 보세요.

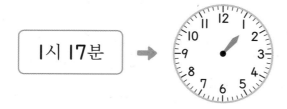

| I시 I7분 | → |

• 짧은바늘: [ ]와/과 [ ]사이

• 긴바늘: 숫자 **3**에서 작은 눈금으로 [ ]칸 더 간 곳

3 여러 가지 방법으로 시각을 읽어 볼까요

● **몇 시 몇 분 전 알아보기**

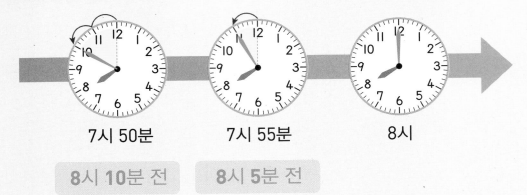

7시 50분   7시 55분   8시

8시 10분 전   8시 5분 전

● **여러 가지 방법으로 시각 읽기**

- 시계가 나타내는 시각은 11시 50분입니다.
- 12시가 되려면 <u>10분</u>이 더 지나야 합니다.
  └────── 숫자 눈금으로 2칸
- 이 시각은 **12시 10분 전**입니다.

- 7시 5분 전의 시각은 (,)입니다.

- 3시 10분 전의 시각은 (,)입니다.

---

1 여러 가지 방법으로 시계의 시각을 읽어 보려고 합니다.
  ☐ 안에 알맞은 수를 써넣으세요.

(1) 시계가 나타내는 시각은 ☐ 시 ☐ 분입니다.

(2) **6**시가 되려면 ☐ 분이 더 지나야 합니다.

(3) 이 시각은 ☐ 시 ☐ 분 전입니다.

2 시각을 두 가지 방법으로 읽어 보세요.

(1)

☐ 시 ☐ 분

☐ 시 ☐ 분 전

(2)

☐ 시 ☐ 분

☐ 시 ☐ 분 전

2시 55분

5분 후 ↓ ↑ 5분 전

3시

3 ☐ 안에 알맞은 수를 써넣으세요.

(1) 6시 50분은 7시 ☐ 분 전입니다.

(2) 10시 5분 전은 ☐ 시 ☐ 분입니다.

4 같은 시각을 나타낸 것끼리 이어 보세요.

•

•

8:45

•

4시 5분 전

•

•

3:55

•

9시 15분 전

•

•

•

2시 10분 전

▶ 몇 시를 기준으로 하여 시계 반대 방향으로 작은 눈금 ● 칸을 이동하면 ●분 전입니다.

1 몇 시 몇 분 읽기 (1)

1 □ 안에 알맞은 수를 써넣으세요.

> 시계의 긴바늘이 **8**을 가리키면
> □ 분을 나타냅니다.

2 시계를 보고 □ 안에 알맞은 수를 써넣
으세요.

> 짧은바늘이 □ 와/과 □ 사이를
> 가리키고, 긴바늘이 □ 을/를 가
> 리키므로 시계가 나타내는 시각은
> □ 시 □ 분입니다.

3 시계를 보고 몇 시 몇 분인지 써 보세요.

(1)

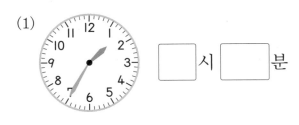

□ 시 □ 분

(2)

□ 시 □ 분

4 지우가 아침에 일어나서 시계를 보니
7시 **45**분이었습니다. 지우가 일어난
시각을 나타내는 시계에 ○표 하세요.

( )　　　( )　　　( )

5 설명하는 시각을 써 보세요.

> • 시계의 짧은바늘이 **10**과 **11** 사이를
> 가리킵니다.
> • 시계의 긴바늘이 **3**을 가리킵니다.

( )

6 시계에 시각을 나타내 보세요.

(1)

> 9시 10분

(2)

> 6시 55분

7 태희가 읽은 시각이 맞으면 ➡, 틀리면 ⬇로 가서 만나는 친구의 이름을 써 보세요.

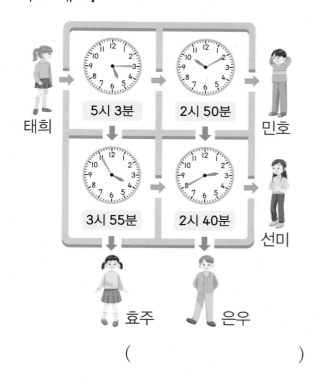

(   )

서술형
8 동우가 시각을 잘못 읽은 까닭을 쓰고 바르게 읽어 보세요.

8시 4분입니다.

동우

까닭

답

2 몇 시 몇 분 읽기 ⑵

9 시계를 보고 몇 시 몇 분인지 써 보세요.

(1)

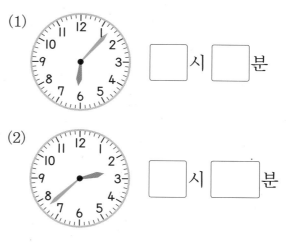

☐ 시 ☐ 분

(2)

☐ 시 ☐ 분

10 같은 시각끼리 이어 보세요.

| 3:08 | 9:37 | 5:46 |

11 4시 9분을 시계에 바르게 나타낸 사람은 누구일까요?

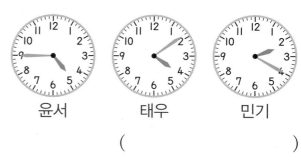

윤서   태우   민기

(   )

[12~13] 수지와 현우가 학교에 도착한 시각을 나타낸 것입니다. 물음에 답하세요.

수지

현우

12 수지와 현우가 학교에 도착한 시각은 각각 몇 시 몇 분일까요?

수지 (   )

현우 (   )

13 수지와 현우 중에서 학교에 더 먼저 도착한 사람은 누구일까요?

(   )

14 몇 시 몇 분에 무엇을 하는지 써 보세요.

(1)

□ 시 □ 분에

(2)

□ 시 □ 분에

15 시계에 시각을 나타내 보세요.

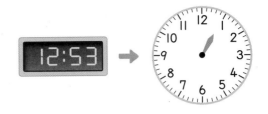

16 □ 안에 1부터 4까지 수 중에서 하나를 써넣고, 두 사람이 본 시계의 시각을 써 보세요.

짧은바늘은 4와 5 사이를 가리키고 있어.

긴바늘은 5에서 작은 눈금으로 □ 칸을 더 간 곳을 가리키고 있어.

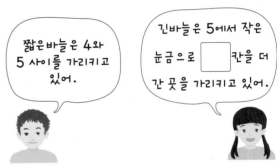

(   )

3   여러 가지 방법으로 시각 읽기

17 □ 안에 알맞은 수를 써넣으세요.

(1) 4시 50분은 5시 □ 분 전입니다.

(2) 12시 5분 전은 11시 □ 분입니다.

18 8시 5분 전의 시각과 5분 후의 시각을 각각 써 보세요.

8시 5분 전 (   )

8시 5분 후 (   )

19 시각을 두 가지 방법으로 읽어 보세요.

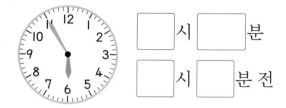

☐ 시 ☐ 분

☐ 시 ☐ 분 전

20 시계에 시각을 나타내 보세요.

4시 5분 전

21 지우네 가족은 영화를 보러 갔습니다. 지우네 가족이 영화관에 입장할 수 있는 시각은 몇 시 몇 분부터일까요?

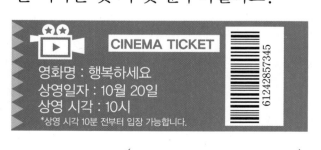

CINEMA TICKET

영화명 : 행복하세요
상영일자 : 10월 20일
상영 시각 : 10시
*상영 시각 10분 전부터 입장 가능합니다.

61242857345

(   )

22 시계를 보고 잘못 쓴 시각을 바르게 고쳐 보세요.

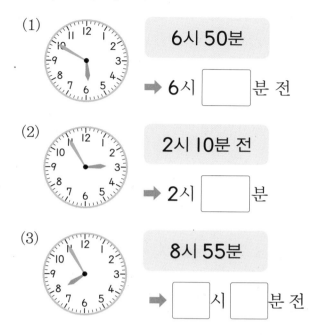

(1) 6시 50분

➡ 6시 ☐ 분 전

(2) 2시 10분 전

➡ 2시 ☐ 분

(3) 8시 55분

➡ ☐ 시 ☐ 분 전

서술형

23 주희와 민기가 학교에서 집으로 돌아온 시각입니다. 집에 더 빨리 도착한 사람은 누구인지 풀이 과정을 쓰고 답을 구해 보세요.

주희	3시 15분 전
민기	2시 50분

풀이 ....

....

....

....

답 _____

4 1시간을 알아볼까요

● **1시간 알아보기**

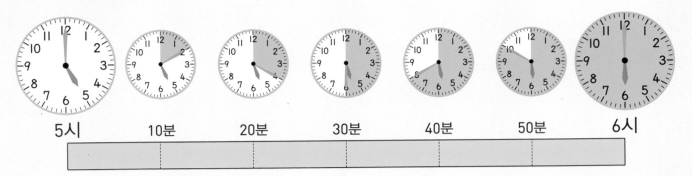

5시   10분   20분   30분   40분   50분   6시

긴바늘이 시계를
한 바퀴 도는 데 걸린 시간

60분 = 1시간

짧은바늘이 5에서 6으로
움직이는 데 걸린 시간

8시에서 60분 후의 시각은 ☐ 시입니다.

---

1 비행기를 타고 이동하는 데 걸린 시간을 구하려고 합니다. 물음에 답하세요.

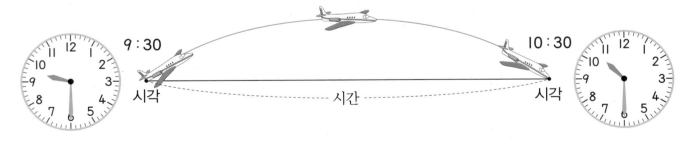

9 : 30   시간   10 : 30
시각   시각

(1) 비행기를 타고 이동하는 데 걸린 시간을 시간 띠에 색칠해 보세요.

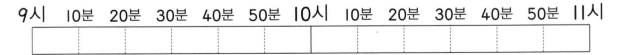

9시 10분 20분 30분 40분 50분 10시 10분 20분 30분 40분 50분 11시

(2) 비행기를 타고 이동하는 데 걸린 시간을 구해 보세요.

☐ 분 = ☐ 시간

2 ☐ 안에 알맞은 수를 써넣으세요.

(1) **60분** = ☐ 시간

(2) **|시간** = ☐ 분

(3) **|20분** = $\underset{\text{|시간}}{60분}$ + $\underset{\text{|시간}}{60분}$ = ☐ 시간

▶ **시간 알아보기**
시각과 시각 사이를 시간이라고 합니다.

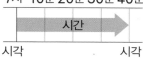

9시 10분 20분 30분 40분
시각 ─── 시간 ───▶ 시각

3 만화 영화를 **60분** 동안 봤습니다. 만화 영화를 보기 시작한 시각을 보고 끝난 시각을 나타내 보세요.

시작한 시각	끝난 시각

▶ • 시계의 긴바늘이 한 바퀴 도는 데 걸린 시간은 60분입니다.
• 긴바늘이 한 바퀴 도는 동안 짧은바늘은 숫자 눈금 한 칸을 움직입니다.

4 윤정이가 집에서 나간 시각과 들어온 시각을 보고 물음에 답하세요.

나간 시각	들어온 시각

(1) 윤정이가 집에서 나갔다가 들어오는 데 걸린 시간은 몇 시간일까요?

(   )

(2) 윤정이가 집에서 나갔다가 들어오는 동안 시계의 긴바늘은 몇 바퀴 돌았나요?

(   )

▶ 시계의 긴바늘은
|시간 동안 ➡ |바퀴
2시간 동안 ➡ 2바퀴
3시간 동안 ➡ 3바퀴
⋮
돕니다.

5 걸린 시간을 알아볼까요

● **걸린 시간 알아보기**

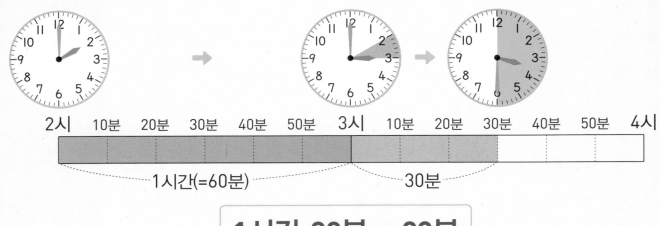

━ •60분＋30분 ＝ 90분

7시에서 **70**분 후의 시각은 □시 □분입니다.

1 재민이가 숙제를 하는 데 걸린 시간을 구하려고 합니다. 물음에 답하세요.

(1) 숙제를 하는 데 걸린 시간을 시간 띠에 색칠해 보세요.

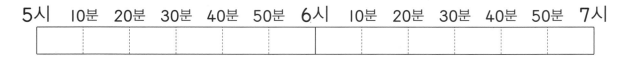

(2) 숙제를 하는 데 걸린 시간을 구해 보세요.

□분 ＝ □시간 □분

2 □ 안에 알맞은 수를 써넣으세요.

(1) 1시간 30분 = [   ]분 + 30분 = [   ]분

(2) 140분 = $\underset{\text{1시간}}{\underline{60분}}$ + $\underset{\text{1시간}}{\underline{60분}}$ + [   ]분 = [   ]시간 [   ]분

▶ • 1시간 10분
  = 1시간 + 10분
  = 60분 + 10분
  = 70분
• 100분
  = 60분 + 40분
  = 1시간 + 40분
  = 1시간 40분

3 기차를 타고 이동하는 데 걸린 시간을 시간 띠에 색칠하고 구해 보세요.

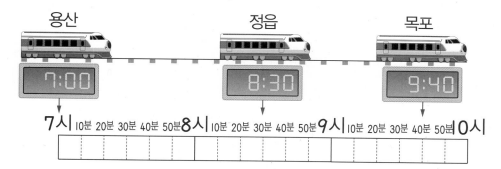

용산   정읍   목포

7:00   8:30   9:40

7시 10분 20분 30분 40분 50분 8시 10분 20분 30분 40분 50분 9시 10분 20분 30분 40분 50분 10시

(1) 용산에서 정읍까지 걸린 시간을 시간 띠에 색칠하고 구해 보세요.

[   ]시간 [   ]분

(2) 정읍에서 목포까지 걸린 시간을 시간 띠에 색칠하고 구해 보세요.

[   ]시간 [   ]분

4 다음은 하윤이네 학교 운동회 시간표입니다. 물음에 답하세요.

시간	활동
9:10~10:00	이어달리기
10:00~11:40	줄다리기
11:40~12:50	공 굴리기

(1) 줄다리기를 몇 시간 몇 분 동안 했나요?

(   )

(2) 한 시간이 넘지 않는 활동은 무엇일까요?

(   )

▶ 걸린 시간을 구할 때 꼭 시간 띠에 나타내지 않아도 됩니다.
• 1시 30분부터 2시 40분까지 걸린 시간 구하기

방법 1
1시 30분 $\xrightarrow{60분 후}$ 2시 30분
$\xrightarrow{10분 후}$ 2시 40분
➡ 60분 + 10분 = 70분

방법 2
1시 30분 $\xrightarrow{30분 후}$ 2시
$\xrightarrow{40분 후}$ 2시 40분
➡ 30분 + 40분 = 70분

6 하루의 시간을 알아볼까요

하루의 시간 알아보기

- 오전: 전날 밤 12시부터 낮 12시까지
- 오후: 낮 12시부터 밤 12시까지
- 하루는 **24시간**입니다. ──── 시계의 짧은바늘은 하루에 시계를 2바퀴 돕니다.

- 아침 **8**시 ➡ (오전 , 오후)
- 저녁 **6**시 ➡ (오전 , 오후)

1 민준이의 생활 계획표를 보고 하루의 시간을 알아보려고 합니다. 물음에 답하세요.

(1) 민준이가 계획한 일을 하는 데 걸리는 시간을 구해 보세요.

하는 일	아침 식사	학교 생활	점심 식사	운동	놀기	저녁 식사	독서	휴식 및 잠
걸린 시간 (시간)								

(2) 하루는 몇 시간인지 구해 보세요.

(   )

2  안에 알맞은 수를 써넣으세요.

(1) **2**일 = ☐ 시간

(2) **l**일 **3**시간 = ☐ 시간 + **3**시간 = ☐ 시간

(3) **35**시간 = **24**시간 + ☐ 시간 = ☐ 일 ☐ 시간

3 원희가 사슴벌레를 관찰한 시간을 시간 띠에 색칠하고 구해 보세요.

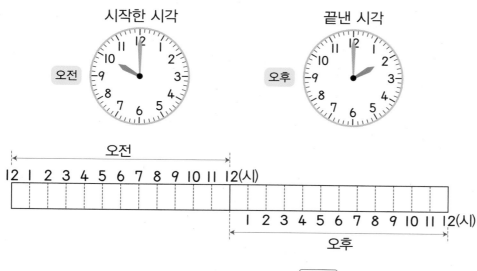

원희가 사슴벌레를 관찰한 시간은 ☐ 시간입니다.

오전과 오후 알아보기

오후 **l**시를 **13**시, 오후 **2**시를 **14**시, ...라고도 합니다.

4 주하네 가족이 여행한 시간을 구하여  안에 써넣고, 알맞은 말에 ○표 하세요.

출발한 시각 첫날 오전 **7**시

도착한 시각 다음날 오전 **l0**시

주하네 가족은 ☐ 시간 동안 여행을 했습니다.

하루보다 더 (긴 , 짧은) 시간입니다.

오늘 오전 **9**시부터 내일 오전 **9**시까지는 **24**시간입니다.

4

7 달력을 알아볼까요

● 달력 알아보기

10월

일	월	화	수	목	금	토
		1	2	3	4	5
6	7	8	9	10	11	12
13	14	15	16	17	18	19
20	21	22	23	24	25	26
27	28	29	30	31	1	2

+7일
+7일
+7일
+7일

• 11월 1일은 금요일입니다.

• 같은 요일이 7일마다 반복됩니다.
• 10월 25일은 넷째 금요일입니다.
• 색칠된 기간은 1주일입니다.

1주일 = 7일

• 시작하는 요일과 관계없이 7일 동안의 시간이 1주일입니다.

● 각 월의 날수 알아보기

월	1	2	3	4	5	6	7	8	9	10	11	12
날수(일)	31	28(29)	31	30	31	30	31	31	30	31	30	31

• 2월은 4년에 한 번씩 29일까지 있습니다.

1년 = 12개월

• 10월 2일의 일주일 후는 [ ]월 [ ]일입니다.

---

1 달력을 알아보려고 합니다. 물음에 답하세요.

11월

일	월	화	수	목	금	토
					1	2
3	4	5	6	7	8	9
10	11	12	13	14	15	16
17	18	19	20	21	22	23
24	(25)	26	27	28	29	30

(1) 이달은 모두 며칠인가요?

( )

(2) 1주일은 며칠인가요?

( )

(3) 색칠한 날의 요일을 순서대로 써 보세요.

( )

(4) ○표 한 날은 몇 월 며칠이고 무슨 요일인가요?

(,)

2 어느 해의 6월 달력을 보고 물음에 답하세요.

일	월	화	수	목	금	토
	1	2	3	4	5	6
7	8	9	10	11	12	13
14	15	16	17	18	19	20
21	22	23	24	25	26	27
28	29	30				

▶ 달력에서 같은 세로줄에 있는 날짜는 같은 요일입니다.

(1) 화요일이 몇 번 있나요?

(   )

(2) 6월 6일 현충일은 무슨 요일인가요?

(   )

▶ 1주일 = 7일
1개월 = 28(29)일 또는
        30일 또는 31일
1년 = 365일(4년에 한 번씩
        366일)

(3) 현충일의 일주일 후는 며칠인가요?

(   )

3 물음에 답하세요.

(1) 표를 완성해 보세요.

월	1	2	3	4	5	6	7	8	9	10	11	12
날수(일)	31	28(29)		30	31		31	31		31	30	

(2) 날수가 31일인 월을 모두 써 보세요.

(   )

▶ **주먹으로 각 월의 날수 알기**

주먹을 쥐었을 때 올라온 부분은 31일, 내려간 부분은 30일 또는 28일로 생각합니다.

4 ☐ 안에 알맞은 수를 써넣으세요.

(1) 2주일 = ☐ 일   (2) 2년 = ☐ 개월

(3) 18일 = 7일 + 7일 + ☐ 일 = ☐ 주일 ☐ 일

(4) 30개월 = 12개월 + 12개월 + ☐ 개월

       = ☐ 년 ☐ 개월

4 1시간 알아보기

24 퍼즐을 맞추는 데 걸린 시간을 시간 띠에 색칠하고 구해 보세요.

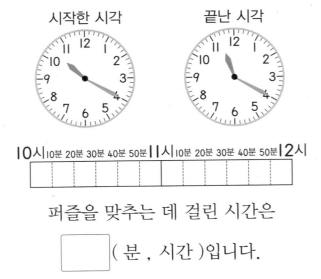

시작한 시각　　　끝난 시각

|10시|10분|20분|30분|40분|50분|11시|10분|20분|30분|40분|50분|12시|

퍼즐을 맞추는 데 걸린 시간은

[　　] (분 , 시간)입니다.

25 시간이 얼마나 흘렀는지 구해 보세요.

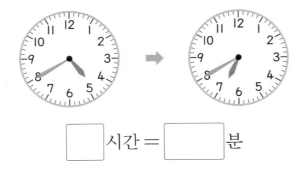

[　] 시간 = [　] 분

26 해인이는 1시간 동안 줄넘기를 하려고 합니다. 시계를 보고 몇 분 더 해야 하는지 구해 보세요.

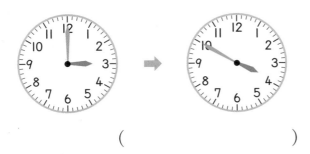

(　　　　　　　　)

27 수지네 집의 시계가 멈춰서 다시 시각을 맞추려고 합니다. 긴바늘을 몇 바퀴만 돌리면 되는지 구해 보세요.

멈춘 시계　　　　현재 시각

(　　　　　　　　)

28 예성이는 30분씩 4가지 전통놀이를 체험했습니다. 체험이 끝난 시각을 나타내고 걸린 시간을 구해 보세요.

시작한 시각　　　　끝난 시각

(　　　　　　　　)

29 윤주네 학교는 오늘 50분 수업을 하고 10분을 쉽니다. 9시 5분에 1교시 수업이 시작한다면 3교시 수업이 시작하는 시각은 몇 시 몇 분일까요?

(　　　　　　　　)

5 걸린 시간 알아보기

30 틀린 것을 찾아 기호를 써 보세요.

> ㉠ 1시간 50분＝110분
> ㉡ 3시간＝180분
> ㉢ 150분＝1시간 50분

( )

31 동주가 수영을 시작한 시각과 끝낸 시각을 나타낸 것입니다. 물음에 답하세요.

시작한 시각　　　끝낸 시각
`1:00`　　　`2:10`

(1) 동주가 수영을 한 시간을 시간 띠에 색칠해 보세요.

1시　20분　40분　2시　20분　40분　3시

(2) 동주가 수영을 한 시간을 구해 보세요.

□ 분 ＝ □ 시간 □ 분

32 대한이가 그림을 그리는 데 걸린 시간은 몇 시간 몇 분일까요?

시작한 시각　　　끝낸 시각

( )

33 걸린 시간이 같은 것끼리 이어 보세요.

| 페이스 페인팅 11:30~12:00 | ● | ● | 로봇 만들기 1:00~2:20 |
| 마술 쇼 4:20~5:40 | ● | ● | 드론 날리기 10:00~10:30 |

34 효주가 본 공연 시간표입니다. 효주가 공연장에서 보낸 시간은 몇 시간 몇 분일까요?

공연 시간표	
1부	7:30~8:50
쉬는 시간	20분
2부	9:10~10:20

( )

35 연아와 정우가 책을 읽기 시작한 시각과 끝낸 시각입니다. 책을 더 오래 읽은 사람은 누구일까요?

	시작한 시각	끝낸 시각
연아	`2:30`	`4:10`
정우		

( )

36 수호는 2시간 20분 동안 연극을 봤습니다. 연극이 끝난 시각이 5시 10분이라면 연극이 시작된 시각은 몇 시 몇 분인지 풀이 과정을 쓰고 답을 구해 보세요.

풀이 _____

_____

_____

답 _____

6 하루의 시간 알아보기

37 ☐ 안에 알맞은 수를 써넣으세요.

(1) 1일 6시간 = ☐ 시간

(2) 45시간 = ☐ 일 ☐ 시간

(3) 2일 6시간 = ☐ 시간

38 ( ) 안에 오전과 오후를 알맞게 써 보세요.

(1) 아침 9시 ( )

(2) 저녁 7시 ( )

(3) 낮 3시 ( )

(4) 새벽 4시 ( )

[39~40] 인하가 야구장에 들어간 시각과 야구장에서 나온 시각입니다. 물음에 답하세요.

들어간 시각   나온 시각

39 인하가 야구장에 있었던 시간을 시간 띠에 색칠해 보세요.

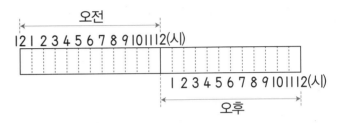

40 인하가 야구장에 있었던 시간은 몇 시간일까요?

( )

41 다음 시각에서 긴바늘이 한 바퀴 돌았을 때와 짧은바늘이 한 바퀴 돌았을 때 가리키는 시각을 각각 구해 보세요.

오후

(1) 긴바늘이 한 바퀴 돌았을 때

➡ (오전 , 오후) ☐ 시 ☐ 분

(2) 짧은바늘이 한 바퀴 돌았을 때

➡ (오전 , 오후) ☐ 시 ☐ 분

[42~43] 지호네 학교 체험학습 일정표를 보고 물음에 답하세요.

첫날	
시간	일정
9:00~11:00	체험학습장으로 이동
11:00~12:00	조랑말 타기 체험
12:00~1:00	점심 식사
1:00~2:30	팽이 만들기 체험
2:30~4:00	휴식 시간
⋮	⋮

다음날	
시간	일정
8:00~9:00	아침 식사
9:00~10:30	등산
10:30~12:00	○, × 퀴즈
12:00~1:00	점심 식사
⋮	⋮
4:00~6:00	집으로 이동

42 바르게 말한 사람을 모두 찾아 이름을 써 보세요.

> 은성: 첫날 오전에 팽이 만들기 체험을 했어.
> 태인: 첫날 오후에 휴식 시간을 가졌어.
> 도윤: 다음날 오전에 등산을 했어.
> 지선: 다음날 오후에 ○, × 퀴즈를 했어.

( )

43 지호네 학교에서 체험학습을 다녀오는데 걸린 시간은 몇 시간인지 구해 보세요.

첫날 출발한 시각 다음날 도착한 시각

오전 **9:00**   오후 **6:00**

( )

44 주은이가 쓴 글을 보고 도서관에 있었던 시간을 구해 보세요.

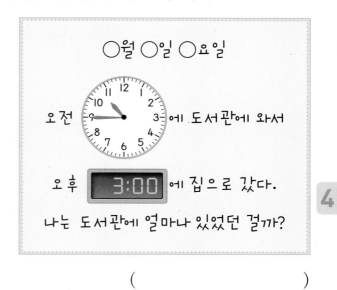

○월 ○일 ○요일

오전 [시계: 9:50쯤] 에 도서관에 와서

오후 **3:00** 에 집으로 갔다.

나는 도서관에 얼마나 있었던 걸까?

( )

45 지금은 **9**일 오후 **2**시입니다. 짧은바늘이 두 바퀴 돌면 며칠 몇 시일까요?

□ 일 (오전 , 오후) □ 시

46 서울역에서 대구로 가는 첫 기차가 오전 6시 10분에 출발합니다. 첫 기차가 출발한 후 1시간마다 기차가 출발한다면 오전에 출발하는 기차는 모두 몇 대일까요?

( )

7 달력 알아보기

47 □ 안에 알맞은 수를 써넣으세요.

(1) 2주일 3일 = □ 일

(2) 25일 = □ 주일 □ 일

48 다음 중 틀린 것은 어느 것일까요?

( )

① 2년 2개월 = 26개월
② 19개월 = 1년 7개월
③ 1년 3개월 = 13개월
④ 30개월 = 2년 6개월
⑤ 3년 = 36개월

49 날수가 같은 월끼리 짝 지어지지 않은 것을 모두 고르세요. ( )

① 1월, 11월   ② 3월, 10월
③ 2월, 6월   ④ 4월, 9월
⑤ 5월, 7월

50 태건이는 7월과 8월에 매일 줄넘기를 했습니다. 태건이가 두 달 동안 줄넘기를 한 날은 모두 며칠일까요?

( )

[51~54] 어느 해의 8월 달력을 보고 물음에 답하세요.

일	월	화	수	목	금	토
				1	2	3
4	5	6	7 민호생일	8	9	10
11	12	13	14	15	16	17
18	19	20	21	22	23	24
25	26	27	28	29	30	31

51 월요일이 몇 번 있나요?

( )

52 8월 15일 광복절은 무슨 요일일까요?

( )

53 현우의 생일은 민호 생일의 일주일 전입니다. 몇 월 며칠일까요?

( )

54 성아의 생일은 민호 생일의 10일 후입니다. 몇 월 며칠이고 무슨 요일일까요?

(,)

[55~56] 어느 해의 10월 달력을 보고 물음에 답하세요.

일	월	화	수	목	금	토
		1	2	3	4	5
6	7	8	9	10	11	12
13	14	15	16	17	18	19
20	21	22	23	24	25	26
27	28	29	30	31		

55 민주는 매주 화요일과 목요일에 쉬는 날 없이 수영장에 간다고 합니다. 10월 한 달 동안 민주가 수영장에 가는 날은 모두 며칠일까요?

(   )

56 민주는 11월 둘째 일요일에 열리는 수영 대회에 참가합니다. 수영 대회가 열리는 날은 몇 월 며칠일까요?

(   )

57 어느 해의 2월 달력의 일부분입니다. 2월 27일은 무슨 요일일까요?

일	월	화	수	목	금	토
					1	2
3	4	5	6	7	8	9

(   )

[58~59] 어느 해의 9월 달력을 보고 물음에 답하세요.

일	월	( )	수	목	( )	토
					3	4
5			8			
	13			16		18
		21		24		
			29			

58 달력을 완성해 보세요.

59 대화를 읽고 나눔장터를 하는 날을 찾아 달력에 ○표 하세요.

은희야, 둘째 목요일에 나눔장터를 하니?

아니야. 셋째 금요일에 하기로 했어.

이서   은희

서술형
60 5월 21일부터 6월 8일까지 '등굣길 음악회'를 열기로 했습니다. 음악회를 하는 기간은 며칠인지 풀이 과정을 쓰고 답을 구해 보세요.

풀이 _____

_____

_____

_____

답 _____

1 거울에 비친 시계가 나타내는 시각 구하기

응용유형

오른쪽은 거울에 비친 시계의 모습입니다. 시계가 나타내는 시각은 몇 시 몇 분일까요?

( )

● 핵심 NOTE
• 거울에 비친 시계는 왼쪽과 오른쪽이 바뀌어 보입니다.
• 짧은바늘과 긴바늘이 가리키는 곳을 알아봅니다.

1-1 오른쪽은 거울에 비친 시계의 모습입니다. 시계가 나타내는 시각은 몇 시 몇 분일까요?

( )

1-2 오른쪽은 거울에 비친 시계의 모습입니다. 시계가 나타내는 시각은 몇 시 몇 분 전일까요?

( )

끝나는 시각 구하기

정민이네 학교는 40분 동안 수업을 한 다음 10분 동안 쉽니다. 오전 9시 20분에 I교시 수업을 시작할 때 4교시 수업이 끝나는 시각을 구해 보세요.

(   )

● 핵심 NOTE
- I교시가 끝나는 시각부터 순서대로 알아봅니다.
- 4교시가 끝난 다음에는 쉬는 시간이 없습니다.

2-1 동호네 학교는 오늘 단축 수업을 하여 35분 동안 수업을 한 다음 10분 동안 쉽니다. 오전 8시 50분에 I교시 수업을 시작할 때 4교시 수업이 끝나는 시각을 구해 보세요.

(   )

2-2 선우네 학교는 40분 동안 수업을 하고 10분 동안 쉽니다. 3교시와 4교시 사이에 점심 시간이 50분 있습니다. 오전 9시에 I교시 수업을 시작할 때 4교시 수업이 끝나는 시각을 구해 보세요. (단, 3교시가 끝난 후 쉬는 시간 없이 점심 시간이 시작됩니다.)

(   )

4

빨라지는(늦어지는) 시계가 가리키는 시각 구하기

지수의 시계는 하루에 5분씩 늦어진다고 합니다. 오늘 오전 8시에 지수의 시계를 정확하게 맞추어 놓았습니다. 내일 오전 8시에 지수의 시계가 가리키는 시각을 구해 보세요.

( )

● 핵심 NOTE
· 12시보다 ■분 늦은 시각은 12시에서 ■분 전의 시각입니다.
· 12시보다 ■분 빠른 시각은 12시에서 ■분 후의 시각입니다.

3-1 준호의 시계는 하루에 5분씩 빨라진다고 합니다. 오늘 오전 9시에 준호의 시계를 정확하게 맞추어 놓았습니다. 오늘부터 2일 후 오전 9시에 준호의 시계가 가리키는 시각을 구해 보세요.

( )

3-2 태연이의 시계는 1시간에 1분씩 늦어진다고 합니다. 오늘 오후 11시에 태연이의 시계를 정확하게 맞추어 놓았습니다. 내일 오전 11시에 태연이의 시계가 가리키는 시각을 구해 보세요.

( )

4 기념일 구하기

심화유형

백일잔치는 아기가 태어난 지 100일째 되는 날을 기념하기 위한 잔치로, 백일 동안 무사히 자란 것을 축하해 주던 풍습이 전해져 내려온 것입니다. 올해 4월 1일 화요일에 선미의 동생이 태어났다면 선미 동생의 백일잔치를 하는 날은 몇 월 며칠이고, 무슨 요일인지 구해 보세요.

1단계 백일잔치를 하는 날은 몇 월 며칠인지 구하기

2단계 백일잔치를 하는 날은 무슨 요일인지 구하기

(,)

● 핵심 NOTE **1단계** 4월, 5월, 6월의 날짜가 모두 며칠인지 알아봅니다.

2단계 100일은 몇 주일 며칠인지 알아봅니다.

4-1 어느 초등학교에서는 1학년 학생들이 입학한 기념으로 입학한 지 50일째 되는 날 케이크를 준비합니다. 올해 1학년 학생들이 3월 2일 월요일에 입학했다면 케이크를 준비해야 하는 날은 몇 월 며칠이고, 무슨 요일인지 구해 보세요.

(,)

1 시계를 보고 몇 시 몇 분인지 써 보세요.

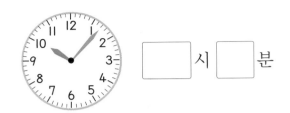

☐ 시 ☐ 분

2 시계에 시각을 나타내 보세요.

3 ☐ 안에 오전, 오후를 알맞게 써넣으세요.

(1) 밤 9시 ➡ ☐

(2) 새벽 2시 ➡ ☐

4 시계에 시각을 나타내 보세요.

| 11시 32분 |

5 같은 시각을 나타낸 것끼리 이어 보세요.

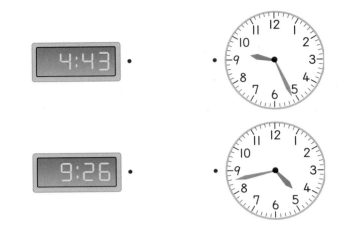

6 설명하는 시각을 구해 보세요.

- 시계의 짧은바늘이 2와 3 사이를 가리킵니다.
- 시계의 긴바늘이 7을 가리킵니다.

(   )

7 ☐ 안에 알맞은 수를 써넣으세요.

(1) 16개월 = ☐ 년 ☐ 개월

(2) 2년 5개월 = ☐ 개월

8 학교에 더 일찍 도착한 학생은 누구일 까요?

난 8시 50분에 도착했어.

난 9시 5분 전에 도착했어.

은희   유미

(   )

9 다음은 소희가 청소를 시작한 시각입 니다. 1시간 10분 동안 청소를 했다면 청소를 끝낸 시각은 몇 시 몇 분인지 구해 보세요.

(   )

10 연우는 3시 50분에 박물관에 들어갔 습니다. 박물관에서 나와서 시계를 보 니 다음과 같았습니다. 연우가 박물관 에 있는 동안 시계의 긴바늘은 몇 바퀴 돌았는지 구해 보세요.

(   )

11 지금은 11일 오후 8시 30분입니다. 시계의 짧은바늘이 한 바퀴 돌면 며칠 몇 시 몇 분일까요?

☐ 일 (오전 , 오후)

☐ 시 ☐ 분

12 다음 중 틀린 것은 어느 것일까요?

(   )

① 2시간 = 120분
② 1일 6시간 = 30시간
③ 25일 = 3주일 4일
④ 1년 7개월 = 19개월
⑤ 28개월 = 2년 6개월

13 윤지는 3월에 하루도 빠짐없이 달리기 를 했습니다. 윤지가 3월에 달리기를 한 날은 모두 며칠일까요?

(   )

14 공연이 시작된 시각과 끝난 시각입니 다. 공연은 몇 분 동안 했을까요?

시작된 시각   끝난 시각

(   )

[15~16] 어느 과학관의 주말 체험 활동 일정표입니다. 물음에 답하세요.

시간	체험 활동
10:00~10:30	가상 현실 극장
10:30~12:00	드론 만들기
1:00~2:00	로켓 만들기
2:50~4:10	무선 충전 자동차 만들기

15 오후에 할 수 있는 활동을 모두 써 보세요.

( )

16 가장 오래 걸리는 활동을 써 보세요.

( )

17 어제 오후 3시부터 오늘 오전 10시까지 비가 내렸습니다. 비가 내린 시간은 모두 몇 시간일까요?

( )

18 서윤이가 10분 전에 거울에 비친 시계를 본 것입니다. 지금 시각을 구해 보세요.

( )

19 준수가 책을 읽은 시간은 몇 시간 몇 분인지 풀이 과정을 쓰고 답을 구해 보세요.

시작한 시각   끝낸 시각

풀이

답

20 형우의 생일은 8월 9일입니다. 이주일 후는 며칠이고, 무슨 요일인지 풀이 과정을 쓰고 답을 구해 보세요.

8월

일	월	화	수	목	금	토
			1	2	3	4
5	6	7	8	9	10	11

풀이

답   ,

단원 평가 Level ❷

1 시계를 보고 몇 시 몇 분인지 써 보세요.

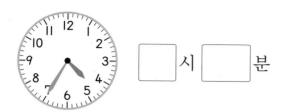

□ 시 □ 분

2 □ 안에 오전, 오후를 알맞게 써넣으세요.

(1) 지호는 □ 6시 30분에 아침 운동을 하였습니다.

(2) 민규는 □ 6시 30분에 저녁 식사를 하였습니다.

3 시각을 두 가지 방법으로 읽어 보세요.

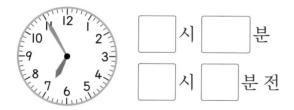

□ 시 □ 분

□ 시 □ 분 전

4 □ 안에 알맞은 수를 써넣으세요.

(1) 3주일 = □ 일

(2) 16일 = □ 주일 □ 일

5 은호와 서아가 같은 시계를 보고 이야기한 것입니다. 시계가 나타내는 시각을 써 보세요.

은호: 시계의 짧은바늘이 1과 2 사이를 가리키고 있어.

서아: 긴바늘이 10에서 작은 눈금으로 3칸 더 간 곳을 가리키고 있어.

(   )

6 틀린 것을 찾아 기호를 써 보세요.

㉠ 2시간 10분 = 130분
㉡ 230분 = 2시간 30분
㉢ 1시간 40분 = 100분

(   )

7 시계에 시각을 나타내 보세요.

2시 15분 전

8 어느 해 5월 달력의 일부분입니다. 5월 15일 스승의 날은 무슨 요일일까요?

5월

일	월	화	수	목	금	토
	1	2	3	4	5	6

(   )

9 성수가 35분 동안 그림을 그렸더니 4시가 되었습니다. 성수가 그림을 그리기 시작한 시각은 몇 시 몇 분일까요?

(   )

[10~11] 연주회가 시작된 시각과 끝난 시각입니다. 물음에 답하세요.

10 연주회가 시작된 시각과 끝난 시각은 각각 몇 시 몇 분일까요?

시작된 시각 (   )
끝난 시각 (   )

11 연주회가 진행된 시간은 몇 시간 몇 분일까요?

(   )

12 야구 경기가 오전 11시에 시작하여 오후 1시 20분에 끝났습니다. 야구 경기를 한 시간은 몇 시간 몇 분일까요?

(   )

13 다음 시각에서 짧은바늘이 한 바퀴 돌았을 때의 시각을 나타내 보세요.

(오전 , 오후) ☐ 시 ☐ 분

14 호준이와 친구들이 아침에 일어난 시각입니다. 일찍 일어난 사람부터 차례로 이름을 써 보세요.

호준: 7시 55분
민기: 8시 10분 전
새롬: 7시 15분

(   )

15 수현이가 1시간 30분 동안 친구들과 축구를 하고 나서 시계를 보았더니 다음과 같았습니다. 축구를 시작한 시각은 몇 시 몇 분일까요?

(   )

16 준하의 생일은 11월 21일입니다. 동생의 생일은 준하보다 15일 빠릅니다. 올해 준하의 생일이 월요일일 때 동생의 생일은 몇 월 며칠이고 무슨 요일일까요?

(,   )

17 거울에 비친 시계의 모습입니다. 시계가 나타내는 시각에서 긴바늘이 한 바퀴 돌았을 때의 시각은 몇 시 몇 분일까요?

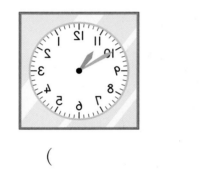

(   )

18 도훈이네 가족이 여행을 다녀오는 데 걸린 시간을 구해 보세요.

첫날   다음날

오전   오후

(   )

19 진우와 민호가 컴퓨터를 사용하기 시작한 시각과 끝난 시각입니다. 컴퓨터를 더 오래 사용한 사람은 누구인지 풀이 과정을 쓰고 답을 구해 보세요.

	시작한 시각	끝난 시각
진우	3시 30분	4시 40분
민호	4시 10분	5시 30분

풀이 _____

_____

_____

_____

답 _____

20 어느 해 10월 1일은 금요일입니다. 같은 해 10월의 마지막 날은 무슨 요일인지 풀이 과정을 쓰고 답을 구해 보세요.

풀이 _____

_____

_____

답 _____

5 표와 그래프

분류한 자료를 세고 그 수를 적으면 **표**!

분류한 자료의 수만큼 ○로 나타내면 **그래프**!

분류한 것을 한눈에 알아보기 쉽게 나타낼 수 있어!

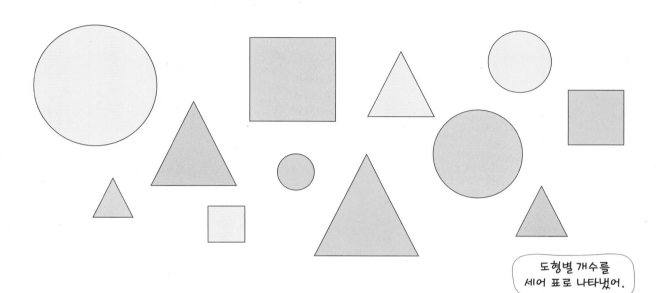

도형별 개수를
세어 표로 나타냈어.

● 표로 나타내기

도형	삼각형	사각형	원	합계
개수(개)	5	3	4	12

● 그래프로 나타내기

개수(개) \ 도형	삼각형	사각형	원
5	○		
4	○		○
3	○	○	○
2	○	○	○
1	○	○	○

그래프의 가로에는 도형,
세로에는 개수를 나타냈어.

❶ 자료를 분류하여/조사하여 표로 나타내 볼까요

● 자료를 표로 나타내기

좋아하는 과일

| 태환 | 민수 | 수진 | 진아 | 보라 |
| 지연 | 세아 | 동규 | 현수 | 재범 |

→ 자료: 누가 어떤 과일을 좋아하는지 알 수 있습니다.

좋아하는 과일별 학생 수 · 전체 학생 수

과일	딸기	사과	귤	포도	합계
학생 수(명)	3	2	2	3	10

표: 자료를 보고 표로 나타낼 때 ○, V 등으로 표시를 하면서 세면 자료를 빠뜨리거나 중복되지 않게 셀 수 있습니다.

● 자료를 표로 나타내면 편리한 점

- 좋아하는 과일별 학생 수를 한눈에 알아보기 쉽습니다.
- 조사한 전체 학생 수를 쉽게 알 수 있습니다.

1 수아네 반 학생들이 좋아하는 날씨를 조사하였습니다. 물음에 답하세요.

좋아하는 날씨

| 수아 | 윤서 | 은정 | 진우 | 도윤 | 은솔 |
| 민준 | 정호 | 현아 | 유미 | 혜리 | 재우 |

(1) 기준에 따라 분류하여 학생들의 이름을 써 보세요.

| 분류 기준 | 좋아하는 날씨 |

날씨	☀	☁	☂	❄
학생 이름				

(2) 좋아하는 날씨별 학생 수를 표로 나타내 보세요.

좋아하는 날씨별 학생 수

날씨	☀	☁	☂	❄	합계
학생 수(명)					

[2~4] 은정이네 반 학생들이 좋아하는 꽃을 조사하였습니다. 물음에 답하세요.

자료를 조사하는 방법
• 한 사람씩 좋아하는 꽃 말하기
• 꽃별로 좋아하는 사람 손 들기
• 이름과 좋아하는 꽃을 종이에 써서 붙이기
• 좋아하는 꽃에 이름을 써서 붙이기

좋아하는 꽃

은정	상호	지혜	정민	명수	미선	동섭
상희	재학	혜경	영준	소연	유라	지우

: 장미   ● : 해바라기   : 국화   : 튤립

2 은정이가 좋아하는 꽃은 무엇일까요?

(   )

3 은정이네 반 학생은 모두 몇 명일까요?

(   )

4 자료를 보고 표로 나타내 보세요.

표로 나타내면 편리한 점
① 좋아하는 꽃별 학생 수를 한눈에 알아보기 쉽습니다.
② 조사한 전체 학생 수를 쉽게 알 수 있습니다.

좋아하는 꽃별 학생 수

꽃	장미	해바라기	국화	튤립	합계
학생 수(명)					

5 태희네 반 학생들이 좋아하는 곤충을 조사하였습니다. 자료를 보고 표로 나타내 보세요.

표에서 합계는 조사한 전체 학생 수와 같습니다.

좋아하는 곤충

태희	지호	민경	예성	준영	현아	해인
은우	성빈	지민	윤서	재성	채린	도하

: 나비   : 매미   : 잠자리   : 메뚜기

좋아하는 곤충별 학생 수

곤충	나비	매미	잠자리	메뚜기	합계
학생 수(명)					

2 자료를 분류하여 그래프로 나타내 볼까요

● **그래프로 나타내는 방법**

좋아하는 음식별 학생 수

음식	피자	보쌈	김밥	냉면	합계
학생 수(명)	3	2	1	2	8

➍ 좋아하는 음식별 학생 수

➋ 3	➌○			
2	○	○		○
1	○	○	○	○
학생 수(명) ➊ 음식	피자	보쌈	김밥	냉면

➊ 가로와 세로에 무엇을 쓸지 정하기
➋ 가로와 세로를 각각 몇 칸으로 할지 정하기
➌ 그래프에 ○, ×, / 등을 이용하여 개수만큼 그리기
➍ 그래프의 제목 쓰기

↳ 가로에는 음식, 세로에는 학생 수를 씁니다.
↳ 음식이 4종류이므로 가로는 4칸, 가장 많은 학생 수가 3명이므로 세로는 3칸으로 합니다.
↳ 그래프의 제목을 가장 먼저 써도 됩니다.

● **그래프로 나타내면 편리한 점**

• 좋아하는 음식별 학생 수를 한눈에 비교하기 쉽습니다.
• 가장 많은 학생들이 좋아하는 음식을 한눈에 알 수 있습니다.

---

1 현아네 반 학생들이 가고 싶은 나라를 조사하여 그래프로 나타냈습니다. 바르게 나타낸 그래프에 ○표 하세요.

가고 싶은 나라별 학생 수

4	○	○	
3	○		
2	○	○	○
1	○	○	
학생 수(명) 나라	스위스	미국	중국

( )

가고 싶은 나라별 학생 수

4	○		
3	○	○	
2	○	○	
1	○	○	○
학생 수(명) 나라	스위스	미국	중국

( )

2 윤진이와 친구들이 일주일 동안 읽은 책 수를 조사하여 표로 나타 냈습니다. 표를 보고 ×를 이용하여 그래프로 나타내 보세요.

▶ 그래프는 가로로 나타낼 수도 있고, 세로로 나타낼 수도 있습니다.

일주일 동안 읽은 책 수

이름	윤진	정훈	선우	지현	효은	합계
책 수(권)	5	4	5	2	3	19

일주일 동안 읽은 책 수

책 수(권) \ 이름	윤진	정훈	선우	지현	효은
5					
4					
3					
2					
1					

종류별 학용품 수

자	○			
연필	○	○	○	○
지우개	○	○	○	
종류 \ 수(개)	1	2	3	4

3 준서네 반 학생들이 좋아하는 색깔을 조사하여 표로 나타냈습니다. 표를 보고 /를 이용하여 그래프로 나타내 보세요.

▶ 가로로 나타낸 그래프에서 기호를 그릴 때 한 칸에 하나씩, 왼쪽에서 오른쪽으로 빈칸 없이 표시합니다.

좋아하는 색깔별 학생 수

색깔	빨강	분홍	파랑	노랑	합계
학생 수(명)	4	7	3	6	20

좋아하는 색깔별 학생 수

색깔 \ 학생 수(명)	1	2	3	4	5	6	7
노랑							
파랑							
분홍							
빨강							

좋아하는 운동별 학생 수

배구		/	/	
농구		/	/	
야구	/	/	/	
축구		/	/	/
운동 \ 학생 수(명)	1	2	3	4

3 표와 그래프를 보고 무엇을 알 수 있을까요

● **표에서 알 수 있는 내용**

가고 싶은 도시별 학생 수

도시	서울	대전	부산	전주	합계
학생 수(명)	4	2	5	4	15

표로 나타내면
- 가고 싶은 도시별 학생 수를 한눈에 알 수 있습니다.
- 조사한 전체 학생 수를 한눈에 알 수 있습니다.
  ➡ 부산에 가고 싶은 학생은 5명입니다.
     서울에 가고 싶은 학생은 4명입니다.
     조사한 학생은 모두 15명입니다.

● **그래프에서 알 수 있는 내용**

가고 싶은 도시별 학생 수

학생 수(명) \ 도시	서울	대전	부산	전주
5			○	
4	○		○	○
3	○		○	○
2	○	○	○	○
1	○	○	○	○

그래프로 나타내면
- 가장 많은 학생들이 가고 싶은 도시를 한눈에 알 수 있습니다.
- 가고 싶은 도시별 학생 수를 비교하기 쉽습니다.
  ➡ 가장 많은 학생들이 가고 싶은 도시는 부산입니다.
     가장 적은 학생들이 가고 싶은 도시는 대전입니다.
     서울에 가고 싶은 학생이 대전에 가고 싶은 학생보다 많습니다.

- 조사한 자료의 전체 수를 알기 쉬운 것은 (표 , 그래프)입니다.

- 자료별 수가 많고 적음을 쉽게 비교할 수 있는 것은 (표 , 그래프)입니다.

[1~5] 희주네 반 학생들이 좋아하는 과자를 조사하여 표로 나타냈습니다. 물음에 답하세요.

좋아하는 과자별 학생 수

과자	감자 과자	새우 과자	초코칩 과자	양파 과자	합계
학생 수(명)	5	3	4	2	14

1 희주네 반 학생은 모두 몇 명일까요?

(   )

2 새우 과자를 좋아하는 학생은 몇 명일까요?

(   )

3 표를 보고 ×를 이용하여 그래프로 나타내 보세요.

좋아하는 과자별 학생 수

5				
4				
3				
2				
1				
학생 수(명) 과자	감자 과자	새우 과자	초코칩 과자	양파 과자

4 가장 적은 학생들이 좋아하는 과자는 무엇이고 몇 명이 좋아할까요?

(   ), (   )

5 3명보다 많은 학생들이 좋아하는 과자를 모두 찾아 써 보세요.

(   )

▶ **표로 나타내면 편리한 점**
· 조사한 전체 학생 수를 알아 보기 편리합니다.
· 자료별 학생 수를 알기 쉽습니다.

▶ **그래프로 나타내면 편리한 점**
조사한 내용을 한눈에 비교하기 쉽습니다.

▶ '3명보다 많은' 경우는 3명이 포함되지 않습니다.

5

① 자료를 표로 나타내기

[1~3] 지호네 반 학생들이 좋아하는 계절을 조사하였습니다. 물음에 답하세요.

좋아하는 계절

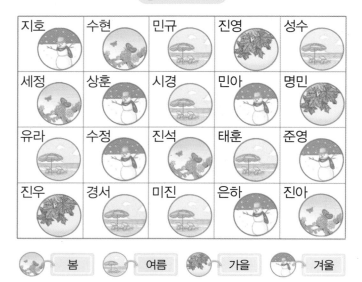

봄 　여름 　가을 　겨울

1 지호가 좋아하는 계절은 무엇일까요?

(　　　　　　)

2 지호네 반 학생은 모두 몇 명일까요?

(　　　　　　)

3 자료를 보고 표로 나타내 보세요.

좋아하는 계절별 학생 수

계절	봄	여름	가을	겨울	합계
학생 수(명)					

4 자료를 조사하여 표로 나타내려고 합니다. 순서대로 기호를 써 보세요.

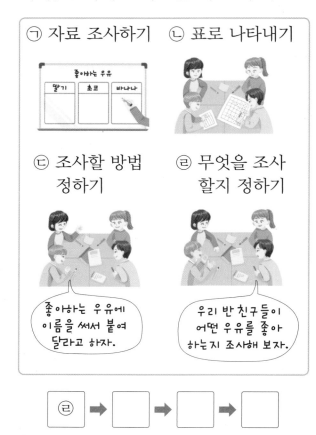

㉣	→		→		→	

5 준호네 반 학생들이 좋아하는 우유를 조사하였습니다. 자료를 보고 표로 나타내 보세요.

좋아하는 우유

준호	민경	진아	정민	현수	수지
서진	은주	승우	미소	은경	서희

좋아하는 우유별 학생 수

우유	초코우유	딸기우유	바나나우유	합계
학생 수(명)				

6 여러 가지 조각으로 모양을 만들었습니다. 모양을 만드는 데 사용한 조각 수를 표로 나타내 보세요.

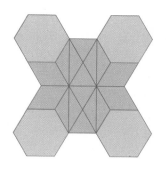

모양을 만드는 데 사용한 조각 수

조각	⬡	▱	▲	◀	합계
조각 수(개)					

7 색깔별 구슬 수를 표로 나타내고, □ 안에 알맞은 수를 써넣으세요.

색깔별 구슬 수

색깔	빨간색	노란색	초록색	합계
구슬 수(개)				

주하: 처음에 색깔별로 10개씩 있었어.
민준: 그렇다면 빨간색 ☐ 개,
　　　초록색 ☐ 개가 없어졌네.

[8~9] 시연이네 모둠 학생들이 수학 문제를 풀어 맞히면 ○표, 틀리면 ×표를 하여 나타낸 것입니다. 물음에 답하세요.

수학 문제를 푼 결과

문제 이름	1번	2번	3번	4번	5번
시연	○	○	○	×	×
민우	○	×	○	×	×
태경	○	○	×	○	○
정아	○	○	×	○	×

8 자료를 보고 학생들이 맞힌 문제 수를 세어 표로 나타내 보세요.

학생별 맞힌 문제 수

이름	시연	민우	태경	정아	합계
문제 수(개)					

9 자료를 보고 문제를 맞힌 학생 수를 세어 표로 나타내 보세요.

문제별 맞힌 학생 수

문제	1번	2번	3번	4번	5번	합계
학생 수(명)						

10 리듬 악보를 보고 표로 나타내 보세요.

음표 종류별 음표 수

음표	♩	♪.	♪	♬	합계
음표 수(개)					

2 자료를 그래프로 나타내기

11 그래프로 나타내는 순서를 기호로 써 보세요.

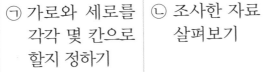
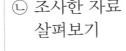

㉠ 가로와 세로를 각각 몇 칸으로 할지 정하기

고추						
토마토						
당근						
오이						
채소 학생 수(명)	1	2	3	4	5	6

㉡ 조사한 자료 살펴보기

㉢ 가로와 세로에 무엇을 쓸지 정하기

| | | | | | | |
| 채소 학생 수(명) | | | | | | |

㉣ 좋아하는 채소별 학생 수를 △로 표시하기

고추						
토마토						
당근						
오이	△	△	△			
채소 학생 수(명)	1	2	3	4	5	6

☐ ➡ ☐ ➡ ☐ ➡ ☐

[12～13] 서현이네 반 학생들의 장래 희망을 조사하여 표로 나타냈습니다. 물음에 답하세요.

장래 희망별 학생 수

장래 희망	선생님	과학자	운동선수	연예인	합계
학생 수(명)	5	7	3	4	19

12 표를 보고 그래프로 나타낼 때 그래프의 가로와 세로에는 각각 무엇을 나타내는 것이 좋을까요?

가로 (   ), 세로 (   )

13 표를 보고 ○를 이용하여 그래프로 나타내 보세요.

장래 희망별 학생 수

7				
6				
5				
4				
3				
2				
1				
학생 수(명) 장래 희망	선생님	과학자	운동선수	연예인

[14～16] 은서네 반 학생들이 좋아하는 색깔을 조사하였습니다. 물음에 답하세요.

좋아하는 색깔

은서	미림	은주	규리	영우
동인	유라	선아	민호	진서
성호	형준	정우	정민	승주

14 자료를 보고 표로 나타내 보세요.

좋아하는 색깔별 학생 수

색깔	분홍	초록	빨강	파랑	합계
학생 수(명)					

15 자료를 보고 ✕를 이용하여 그래프로 나타내고, ☐ 안에 알맞은 말을 써넣으세요.

좋아하는 색깔별 학생 수

학생 수(명)\색깔	분홍	초록	빨강	파랑
6				
5				
4				
3				
2				
1				

그래프의 세로에 나타낸 것은 ☐

입니다.

16 자료를 보고 ◯를 이용하여 그래프로 나타내고, ☐ 안에 알맞은 말을 써넣으세요.

좋아하는 색깔별 학생 수

색깔\학생 수(명)	1	2	3	4	5	6
파랑						
빨강						
초록						
분홍						

그래프의 세로에 나타낸 것은 ☐

입니다.

17 미나네 반 학생들이 좋아하는 빵의 종류를 조사하여 표로 나타냈습니다. 표를 보고 /, ◯, ✕ 중 하나를 이용하여 그래프로 나타내 보세요.

좋아하는 빵의 종류별 학생 수

종류	단팥빵	크림빵	소금빵	합계
학생 수(명)	4	6	5	15

좋아하는 빵의 종류별 학생 수

종류\학생 수(명)	1	2	3	4	5	6

서술형

18 호진이네 모둠 학생들이 좋아하는 동물을 조사하여 그래프로 나타냈습니다. 잘못된 부분을 찾아 까닭을 써 보세요.

좋아하는 동물별 학생 수

학생 수(명)\동물	강아지	사자	토끼	여우
5	◯			
4	◯	◯	◯	
3		◯	◯	
2		◯		◯
1	◯	◯	◯	◯

까닭

3 표와 그래프의 내용 알아보기

[19~21] 윤지네 반과 은채네 반 학생들이 좋아하는 간식을 조사하여 표로 나타냈습니다. 물음에 답하세요.

윤지네 반의 좋아하는 간식별 학생 수

간식	떡볶이	햄버거	핫도그	만두	합계
학생 수(명)	8	7	5	3	23

은채네 반의 좋아하는 간식별 학생 수

간식	떡볶이	햄버거	핫도그	만두	합계
학생 수(명)	6	9	5	2	22

19 윤지네 반에서 햄버거를 좋아하는 학생은 몇 명일까요?

( )

20 은채네 반 학생은 모두 몇 명일까요?

( )

서술형
21 윤지네 반과 은채네 반의 운동회 날 먹을 간식을 정해 보고 그 까닭을 써 보세요.

윤지네 반 ( )
은채네 반 ( )

까닭 _____

[22~25] 소민이네 모둠 학생들이 한 달 동안 모은 붙임딱지 수를 조사하여 그래프로 나타냈습니다. 물음에 답하세요.

학생별 모은 붙임딱지 수

붙임딱지 수(장) / 이름	소민	희우	준영	슬기	현수	민석
7				○		
6	○			○		
5	○	○		○	○	
4	○	○		○	○	
3	○	○		○	○	○
2	○	○	○	○	○	○
1	○	○	○	○	○	○

22 소민이네 모둠 학생은 모두 몇 명일까요?

( )

23 붙임딱지를 가장 적게 모은 학생 이름을 써 보세요.

( )

24 모은 붙임딱지 수가 같은 학생은 누구와 누구인지 써 보세요.

( )

25 붙임딱지를 5장보다 더 많이 모은 학생은 모두 몇 명일까요?

( )

[26~29] 주희네 반 학생들이 좋아하는 음식을 조사하여 표로 나타냈습니다. 물음에 답하세요.

좋아하는 음식별 학생 수

음식	불고기	김밥	돈가스	햄버거	합계
학생 수(명)	6	3	5	7	

26 주희네 반 학생은 모두 몇 명일까요?

( )

27 표를 보고 /를 이용하여 그래프로 나타내 보세요.

좋아하는 음식별 학생 수

햄버거							
돈가스							
김밥							
불고기							
음식\학생 수(명)	1	2	3	4	5	6	7

28 가장 많은 학생들이 좋아하는 음식은 무엇일까요?

( )

29 **27**의 그래프를 보고 알 수 있는 내용이 아닌 것을 찾아 기호를 써 보세요.

> ㉠ 가장 적은 학생들이 좋아하는 음식
> ㉡ 주희네 반 학생들이 좋아하는 음식의 종류
> ㉢ 주희가 좋아하는 음식

( )

30 방과후학교 강좌를 늘리려고 합니다. 2학년 학생들이 원하는 강좌를 조사한 그래프를 보고 2학년 학생들의 의견을 선생님께 전해 보세요.

2학년 학생들이 원하는 강좌별 학생 수

학생 수(명)	음악 줄넘기	생명 과학	드론 항공	방송 댄스
12			○	
11			○	
10		○	○	
9		○	○	
8		○	○	○
7		○	○	○
6	○	○	○	○
5	○	○	○	○
4	○	○	○	○
3	○	○	○	○
2	○	○	○	○
1	○	○	○	○
강좌	음악 줄넘기	생명 과학	드론 항공	방송 댄스

> 선생님, 2학년 학생들이 가장 많이 원하는 □은/는 꼭 만들어 주세요. 만약 하나 더 만들 수 있다면 두 번째로 많이 원하는 □도 만들어 주시면 좋겠어요.

5

[31~33] 시경이가 방학 동안 읽은 책 수를 조사하여 표로 나타냈습니다. 시경이가 읽은 과학 잡지의 수는 위인전의 수의 2배입니다. 물음에 답하세요.

종류별 읽은 책 수

종류	동화책	위인전	과학 잡지	학습 만화	합계
책 수(권)	6		8	7	

31 시경이가 읽은 위인전은 몇 권일까요?

( )

32 시경이가 방학 동안 읽은 책은 모두 몇 권일까요?

( )

33 표를 보고 ○를 이용하여 그래프로 나타내 보세요.

종류별 읽은 책 수

8				
7				
6				
5				
4				
3				
2				
1				
책 수(권) \ 종류	동화책	위인전	과학 잡지	학습 만화

[34~37] 민수가 5월부터 9월까지 비가 온 날수를 조사하여 표로 나타냈습니다. 물음에 답하세요.

월별 비 온 날수

월	5	6	7	8	9	합계
날수(일)	5		6	8	7	30

34 6월에 비가 온 날은 며칠이었나요?

( )

35 비가 온 날이 가장 많은 달은 가장 적은 달보다 며칠 더 많은가요?

( )

36 표를 보고 ○를 이용하여 그래프로 나타내 보세요.

월별 비 온 날수

9								
8								
7								
6								
5								
월 \ 날수(일)	1	2	3	4	5	6	7	8

서술형
37 그래프가 표보다 편리한 점을 설명해 보세요.

설명

4 표와 그래프로 나타내기

[38~40] 은지네 반 학생들이 키우고 싶은 동물을 조사하였습니다. 물음에 답하세요.

키우고 싶은 동물

은지	민규	태호	선예	윤성	지민
준형	지나	서희	현우	현지	수연
예준	하은	채린	성아	도윤	가인

: 강아지   : 고양이   : 햄스터   : 고슴도치

38 자료를 보고 표로 나타내 보세요.

키우고 싶은 동물별 학생 수

동물	강아지	고양이	햄스터	고슴 도치	합계
학생 수(명)					

39 38의 표를 보고 ✕를 이용하여 그래프로 나타내 보세요.

키우고 싶은 동물별 학생 수

7				
6				
5				
4				
3				
2				
1				
학생 수(명) / 동물				

40 앞의 표와 그래프를 보고 은지의 일기를 완성해 보세요.

> ○월 ○일 날씨: 맑음
>
> 선생님께서 우리 반 친구들이 키우고 싶은 동물을 조사했다. 가장 많은 친구들이 키우고 싶은 동물은 □ 였고, 가장 적은 친구들이 키우고 싶은 동물은 □ 였다. □ 와 □ 를 키우고 싶은 학생 수는 같았다. 나도 동물을 키우면 좋겠다.

41 지수네 모둠 학생들이 한 달 동안 읽은 책 수를 조사하여 나타낸 표와 그래프를 완성해 보세요.

학생별 한 달 동안 읽은 책 수

이름	지수	민기	우성	송현	합계
책 수(권)		4		6	22

학생별 한 달 동안 읽은 책 수

송현						
우성						
민기						
지수	△	△	△	△	△	
이름 / 책 수(권)	1	2	3	4	5	6	7

조사한 자료에서 빈칸 알아보기

현준이와 친구들이 식물원에서 본 식물 중 가장 기억에 남는 식물을 조사하여 표로
나타냈습니다. 주현이에게 가장 기억에 남는 식물은 무엇일까요?

가장 기억에 남는 식물

이름	식물	이름	식물	이름	식물	이름	식물
현준	민들레	지민	투구꽃	하은	민들레	시은	로즈마리
주현		윤주	창포	승우	창포	유리	투구꽃

가장 기억에 남는 식물별 학생 수

식물	민들레	로즈마리	창포	투구꽃	합계
학생 수(명)	2	1	3	2	8

( )

● **핵심 NOTE**　• 자료에 있는 식물의 수와 표로 나타낸 식물의 수를 비교해 봅니다.

1-1 태민이와 친구들이 놀이공원에서 탄 놀이 기구를 조사하여 표로 나타냈습니다. 서진
이가 탄 놀이 기구는 무엇일까요?

놀이공원에서 탄 놀이 기구

이름	놀이 기구	이름	놀이 기구	이름	놀이 기구	이름	놀이 기구
태민	플룸라이드	민서	범퍼카	서진		준영	범퍼카
준희	회전목마	민식	플룸라이드	지우	회전목마	윤아	롤러코스터

놀이공원에서 탄 놀이 기구별 학생 수

놀이 기구	플룸라이드	범퍼카	회전목마	롤러코스터	합계
학생 수(명)	2	3	2	1	8

( )

응용유형 2 지워진 표와 그래프 완성하기

지수네 반 학생들의 혈액형을 조사하여 나타낸 표에 얼룩이 묻어 일부가 보이지 않습니다. B형인 학생이 A형인 학생보다 2명 더 적을 때 AB형인 학생은 몇 명일까요?

혈액형별 학생 수

혈액형	A형	B형	O형	AB형	합계
학생 수(명)	8		7		26

(   )

● 핵심 NOTE ・ 먼저 B형인 학생 수를 구한 다음, 합계를 이용하여 AB형인 학생 수를 구합니다.

2-1

건우네 반 학생 20명의 싫어하는 채소를 조사하여 나타낸 그래프의 일부가 찢어졌습니다. 가지를 싫어하는 학생은 호박을 싫어하는 학생보다 3명 더 많을 때 당근을 싫어하는 학생은 몇 명일까요?

싫어하는 채소별 학생 수

(   )

두 개의 표를 보고 알게 된 내용 정리하기

응용유형 3

은정이네 학교 2학년의 남학생과 여학생이 체험학습으로 가고 싶은 장소를 조사하여 표로 나타냈습니다. 체험학습 장소를 어디로 정하면 좋을지 써 보세요.

체험학습으로 가고 싶은 장소별 남학생 수

장소	직업체험관	박물관	안전체험관	치즈마을	합계
학생 수(명)	15	10	18	12	55

체험학습으로 가고 싶은 장소별 여학생 수

장소	직업체험관	박물관	안전체험관	치즈마을	합계
학생 수(명)	10	12	14	17	53

( )

● 핵심 NOTE
• 장소별 가고 싶은 남학생과 여학생 수의 합을 구하여 하나의 표로 나타낸 다음 가장 많은 학생들이 가고 싶은 장소를 알아봅니다.

3-1

현우네 학교 2학년의 남학생과 여학생이 급식으로 먹고 싶은 특식을 조사하여 표로 나타냈습니다. 특식 메뉴를 무엇으로 정하면 좋을지 써 보세요.

급식으로 먹고 싶은 특식별 남학생 수

음식	스파게티	스테이크	보쌈	마라탕	합계
학생 수(명)	13	20	16	13	62

급식으로 먹고 싶은 특식별 여학생 수

음식	스파게티	스테이크	보쌈	마라탕	합계
학생 수(명)	18	16	12	15	61

( )

두 개의 항목을 나타낸 그래프 비교하기

심화유형 **4**

윤호네 모둠 학생들이 방학 동안 읽은 동화책과 만화책 수를 조사하여 그래프로 나타냈습니다. 읽은 동화책과 만화책 수의 차가 큰 사람부터 차례로 이름을 써 보세요.

방학 동안 읽은 동화책과 만화책 수

책 수(권)	윤호		성아		은주		태민	
10			○					
9			○			△		
8	○		○			△		△
7	○	△	○		○	△		△
6	○	△	○	△	○	△		△
5	○	△	○	△	○	△	○	△
4	○	△	○	△	○	△	○	△
3	○	△	○	△	○	△	○	△
2	○	△	○	△	○	△	○	△
1	○	△	○	△	○	△	○	△

이름

○: 동화책　△: 만화책

1단계 각 학생의 ○와 △의 수의 차 구하기

2단계 읽은 동화책과 만화책 수의 차가 큰 사람부터 차례로 이름 쓰기

(   )

● **핵심 NOTE**　**1단계** 읽은 동화책과 만화책 수의 차는 ○와 △의 수의 차와 같습니다.
2단계 각 학생의 ○와 △의 수의 차를 비교합니다.

단원 평가 Level ❶

[1~4] 진희네 모둠 학생들이 하루 동안 인터넷을 사용하는 시간을 조사하였습니다. 물음에 답하세요.

인터넷 사용 시간

이름	시간	이름	시간	이름	시간
진희	1시간	정수	2시간	경호	1시간
동비	2시간	지연	30분	영진	1시간
은영	30분	주하	1시간	민채	30분

1 동비는 하루 동안 인터넷을 몇 시간 사용하나요?

( )

2 자료를 보고 표로 나타내 보세요.

인터넷 사용 시간별 학생 수

시간	30분	1시간	2시간	합계
학생 수(명)				

3 하루 동안 인터넷을 1시간 사용하는 학생은 몇 명일까요?

( )

4 진희네 모둠 학생은 모두 몇 명일까요?

( )

[5~8] 민호네 반 학생들이 받고 싶은 선물을 조사하여 표로 나타냈습니다. 물음에 답하세요.

받고 싶은 선물별 학생 수

선물	옷	장난감	신발	책	합계
학생 수(명)	4	5	3	2	14

5 그래프의 가로와 세로에는 각각 어떤 것을 나타내는 것이 좋을까요?

가로 ( ), 세로 ( )

6 표를 보고 /를 이용하여 그래프로 나타내 보세요.

받고 싶은 선물별 학생 수

5				
4				
3				
2				
1				
학생 수(명) / 선물	옷	장난감	신발	책

7 가장 적은 학생들이 받고 싶은 선물은 무엇일까요?

( )

8 가장 적은 학생들이 받고 싶은 선물을 한눈에 알아보기 편리한 것은 표와 그래프 중 어느 것일까요?

( )

[9~11] 희주네 모둠 학생들이 입은 티셔츠의 색깔을 조사하였습니다. 물음에 답하세요.

9 자료를 보고 표로 나타내 보세요.

티셔츠의 색깔별 학생 수

색깔	노랑	빨강	파랑	합계
학생 수(명)				

10 **9**의 표를 보고 △를 이용하여 그래프로 나타내 보세요.

티셔츠의 색깔별 학생 수

4			
3			
2			
1			
학생 수(명) 색깔	노랑	빨강	파랑

11 **9**, **10**의 표와 그래프를 보고 알 수 없는 내용을 찾아 기호를 써 보세요.

> ㉠ 빨간색 티셔츠를 입고 있는 학생 수
> ㉡ 희주가 입고 있는 티셔츠의 색깔
> ㉢ 둘째로 많은 학생들이 입고 있는 티셔츠 색깔

( )

[12~14] 지수와 친구들이 가위바위보에서 이긴 횟수를 조사하였습니다. 물음에 답하세요.

가위바위보에서 이긴 횟수

이름	지수	민성	유빈	도현	합계
횟수(회)		2		3	15

가위바위보에서 이긴 횟수

도현						
유빈	○	○	○	○	○	○
민성						
지수	○	○	○	○		
이름 횟수(회)	1	2	3	4	5	6

12 표와 그래프를 완성해 보세요.

13 가위바위보에서 이긴 횟수가 많은 사람부터 차례로 써 보세요.

( )

14 가위바위보에서 이긴 횟수의 합계를 알아보기에 편리한 것은 표와 그래프 중 어느 것일까요?

( )

[15~16] 과일 가게에서 오늘 팔린 과일 50개를 조사하여 그래프로 나타내려고 합니다. 물음에 답하세요.

오늘 팔린 과일 수

복숭아	○	○	○	○	○	○	○	
배	○	○	○	○				
사과								
감	○	○	○	○	○	○		
과일 과일 수(개)	2	4	6	8	10	12	14	16

15 오늘 팔린 사과는 몇 개일까요?

( )

16 가장 많이 팔린 과일은 무엇일까요?

( )

[17~18] 유민이네 반 학생들이 좋아하는 운동을 조사하여 표로 나타냈습니다. 축구를 좋아하는 학생이 농구를 좋아하는 학생보다 3명 더 많을 때, 물음에 답하세요.

좋아하는 운동별 학생 수

이름	축구	야구	농구	수영	합계
학생 수(명)		6		4	21

17 표를 완성해 보세요.

18 야구를 좋아하는 학생은 농구를 좋아하는 학생보다 몇 명 더 많을까요?

( )

19 학생들이 좋아하는 동화책을 조사하여 표와 그래프로 나타냈습니다. 그래프가 표보다 편리한 점을 설명해 보세요.

좋아하는 동화책별 학생 수

동화책	전래 동화	창작 동화	명작 동화	과학 동화	합계
학생 수(명)	2	4	3	1	10

좋아하는 동화책별 학생 수

4		○		
3		○	○	
2	○	○	○	
1	○	○	○	○
학생 수(명) 동화책	전래 동화	창작 동화	명작 동화	과학 동화

설명 _____

20 유라네 모둠 학생들이 좋아하는 음식을 조사하였습니다. 표를 보고 알 수 있는 내용을 2가지 써 보세요.

좋아하는 음식별 학생 수

음식	갈비	돈가스	짜장면	합계
학생 수(명)	4	2	3	9

단원 평가 Level ❷

점수

확인

[1~4] 민주네 반 학생들이 좋아하는 간식을 조사하였습니다. 물음에 답하세요.

좋아하는 간식

민주	성현	영준	민아	솔이
은수	진우	시연	미란	미래
동현	민규	주연	보람	혜주

　: 떡볶이　　: 만두　　: 햄버거　　: 어묵

1 은수가 좋아하는 간식은 무엇일까요?

( )

2 만두를 좋아하는 학생의 이름을 모두 써 보세요.

( )

3 자료를 보고 표로 나타내 보세요.

좋아하는 간식별 학생 수

간식	떡볶이	만두	햄버거	어묵	합계
학생 수(명)					

4 조사한 자료와 표 중에서 좋아하는 간식별 학생 수를 알아보기 편리한 것은 어느 것일까요?

( )

[5~8] 승호네 반 회장 선거에서 회장 후보들이 받은 표의 수를 조사하여 표로 나타냈습니다. 물음에 답하세요.

회장 후보별 받은 표의 수

후보	승호	민서	준하	영민	합계
표의 수(표)	8	3	7	5	23

5 회장 후보는 모두 몇 명인가요?

( )

6 표를 보고 ○를 이용하여 그래프로 나타내 보세요.

회장 후보별 받은 표의 수

8				
7				
6				
5				
4				
3				
2				
1				
표의 수(표)　후보	승호	민서	준하	영민

7 받은 표의 수가 가장 적은 후보는 누구일까요?

( )

8 표를 가장 많이 받은 사람이 회장이 된다면 회장이 되는 사람은 누구일까요?

( )

소미네 반 학생들이 방학 때 가고 싶은 장소를 조사하였습니다. 물음에 답하세요.

방학 때 가고 싶은 장소

이름	장소	이름	장소	이름	장소
소미	산	윤지	바다	은성	바다
철우	바다	규성	바다	경호	놀이공원
정서	놀이공원	미영	산	선미	산
예진	산	세미	놀이공원	진석	바다
현빈	고궁	은수	바다	연우	놀이공원

9 자료를 보고 표로 나타내 보세요.

방학 때 가고 싶은 장소별 학생 수

장소	산	바다	놀이공원	고궁	합계
학생 수(명)					

10 조사한 학생은 모두 몇 명일까요?

( )

11 가고 싶은 학생 수가 산과 같은 장소는 어디일까요?

( )

12 가장 많은 학생들이 가고 싶은 장소와 가장 적은 학생들이 가고 싶은 장소의 학생 수의 차는 몇 명일까요?

( )

[13~15] 정연이네 모둠 학생들이 한 달 동안 모은 칭찬 붙임딱지의 수를 조사하여 표로 나타냈습니다. 물음에 답하세요.

학생별 모은 칭찬 붙임딱지의 수

이름	정연	혜연	선호	민기	합계
칭찬 붙임딱지 수(장)	6	4	7		23

13 민기가 모은 칭찬 붙임딱지는 몇 장일까요?

( )

14 표를 보고 △를 이용하여 그래프로 나타내 보세요.

학생별 모은 칭찬 붙임딱지의 수

7				
6				
5				
4				
3				
2				
1				
붙임딱지 수(장) / 이름	정연	혜연	선호	민기

15 모은 칭찬 붙임딱지의 수가 정연이보다 많은 학생은 누구일까요?

( )

[16~18] 주성이네 반 학생들이 식목일에 심고 싶은 나무를 조사하여 표와 그래프로 나타냈습니다. 물음에 답하세요.

심고 싶은 나무별 학생 수

나무	벚나무	금전수	벤자민	철쭉	합계
학생 수(명)	2			3	15

심고 싶은 나무별 학생 수

학생 수(명) / 나무	벚나무	금전수	벤자민	철쭉
6				
5				
4			/	
3			/	
2			/	
1			/	

16 벤자민을 심고 싶은 학생은 몇 명일까요?

(   )

17 표와 그래프를 완성해 보세요.

18 그래프를 보고 편지를 완성해 보세요.

선생님께.
식목일에 우리 반 학생들이 가장 심고 싶어 하는 [　　　]을/를 심으면 좋겠어요. 한 그루 더 심을 수 있다면 두 번째로 많이 심고 싶어 하는 [　　　]도 심으면 좋겠습니다.

[19~20] 선우네 반 학생들의 혈액형을 조사하여 그래프로 나타냈습니다. 물음에 답하세요.

혈액형별 학생 수

혈액형 / 학생 수(명)	1	2	3	4	5
AB형	○	○			
O형					
B형	○	○	○		
A형	○	○	○	○	○

19 혈액형이 O형인 학생 수는 AB형인 학생 수의 **2**배입니다. O형인 학생은 몇 명인지 풀이 과정과 답을 쓰고 그래프를 완성해 보세요.

풀이 _____

_____

_____

답 _____

20 조사한 학생은 모두 몇 명인지 풀이 과정을 쓰고 답을 구해 보세요.

풀이 _____

_____

_____

답 _____

6 규칙 찾기

우리 집 바닥 무늬에서 반복되는 모양을 찾을 수 있니?

바닥 무늬에서, 담장의 벽돌 모양에서 숨어 있는 규칙을 발견해 보자!

규칙을 찾으면 다음을 알 수 있어!

첫째		2개
둘째		4개
셋째		6개
넷째		8개
⋮	⋮	⋮
여덟째	?	여덟째에 올 벽돌은 $2 \times 8 = 16$(개)야!

벽돌이 2개씩 늘어나는 규칙이야.

1 무늬에서 규칙을 찾아볼까요

- **반복되는 규칙**

- 주황색, 연두색이 반복됩니다.
- ♥●가 반복됩니다.
- ↓ 방향으로 똑같은 모양이 반복됩니다.

- **돌리는 규칙**

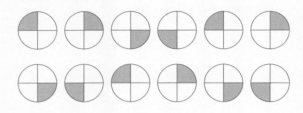

- 색칠된 부분이 시계 방향으로 한 칸씩 돌아가고 있습니다.
- ①②④③일 때, ①, ②, ③, ④의 순서로 색칠됩니다.

- **증가하는 규칙**

- 보라색 구슬과 연두색 구슬이 반복됩니다.
- 보라색 구슬과 연두색 구슬의 수가 각각 한 개씩 늘어납니다.

---

1 그림을 보고 규칙을 찾으려고 합니다. 물음에 답하세요.

(1) 반복되는 모양을 찾아 ○표 하세요.

( )   ( )   ( )

(2) 규칙을 찾아 ☐ 안에 알맞은 말을 써넣으세요.

노란색, ☐, ☐ 이 반복됩니다.

2 규칙을 찾아 ☐ 안에 알맞은 모양을 그리고 색칠해 보세요.

▶ 색깔이 모두 같을 때에는 모양의 규칙을 찾아봅니다.

3 ●는 l로, ▲는 2로 바꾸어 나타내고, 규칙을 찾아 써 보세요.

1학년 때 배웠어요
규칙을 찾아 말하기
▲▲▲●●▲▲●●
➡ ▲ 2개와 ● 2개가
반복됩니다.

l	2	2	l	2	2	l	2	2	l
2	2							l	2
							l	2	2

규칙

4 규칙을 찾아 알맞게 색칠해 보세요.

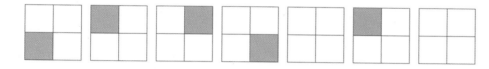

▶ 어떤 방향으로 돌아가며 색칠된 규칙인지 알아봅니다.

5 규칙을 찾아 알맞게 색칠해 보세요.

▶ 어떤 색깔이 반복되는지, 어떤 색깔이 늘어나는지 모두 찾아봅니다.

2 쌓은 모양에서 규칙을 찾아볼까요

● **쌓은 모양에서 규칙 찾기**

➡ 빨간색 쌓기나무가 있고 쌓기나무 1개가 왼쪽, 위, 오른쪽으로 번갈아 가며 놓입니다.

● **규칙에 따라 쌓기나무 쌓기**

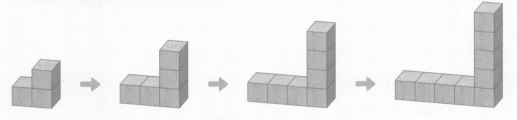

- ㄴ 모양으로 쌓았습니다.
- 쌓기나무가 3개, 5개, 7개, 9개로 2개씩 늘어납니다. ──•왼쪽에 1개, 위에 1개씩 쌓기나무가 늘어납니다.
- 다음에 이어질 모양에 쌓을 쌓기나무는 9개에서 2개가 늘어나므로 11개입니다.

- 쌓기나무를 ☐ 층으로만 쌓았습니다.

- 쌓기나무의 수가 왼쪽에서 오른쪽으로 ☐ 개, ☐ 개씩 반복됩니다.

1 쌓기나무로 쌓은 모양을 보고 규칙을 찾아 알맞은 것에 ○표 하세요.

(1) 쌓기나무를 (ㅣ , ─) 모양과 (ㅣ , ─) 모양으로 번갈아 쌓았습니다.

(2) 다음에 쌓을 모양은 (☐ , ☐)입니다.

2 다음과 같은 규칙으로 쌓은 모양에 ○표 하세요.

> 윗층으로 올라갈수록 쌓기나무
> 가 1개씩 줄어들며 서로 엇갈리
> 지 않게 쌓았습니다.

 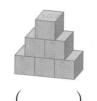

(   )   (   )

쌓기나무를 쌓은 모양
- 반듯하게 쌓기

- 엇갈리게 쌓기

3 규칙에 따라 쌓기나무를 쌓을 때 □ 안에 알맞은 수를 써넣으세요.

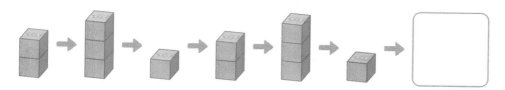

> 쌓기나무가 **2**층, ☐층, ☐층으로 반복되므로 다음에
>
> 이어질 모양은 ☐층으로 쌓아야 합니다.

4 규칙에 따라 쌓기나무를 쌓았습니다. 물음에 답하세요.

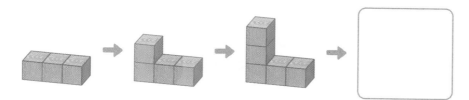

(1) 쌓기나무가 몇 개씩 늘어나나요?

(   )

(2) 다음에 이어질 모양에 쌓을 쌓기나무는 모두 몇 개일까요?

(   )

5 규칙에 따라 쌓기나무를 쌓았습니다. 빈칸에 들어갈 모양을 만드는 데 필요한 쌓기나무는 모두 몇 개일까요?

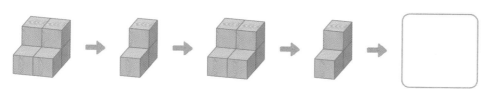

(   )

▶ 보이지 않는 쌓기나무에 주의
하여 개수를 셉니다.

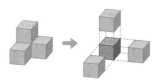

6

기본기 다지기

1 무늬에서 규칙 찾기 (1)

1 다음 무늬에서 반복되는 모양에 ○표 하세요.

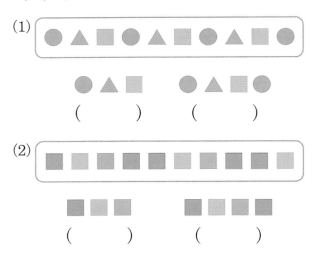

2 규칙에 따라 모양을 그린 것을 찾아 기호를 써 보세요.

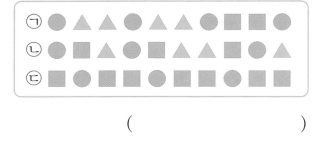

( )

3 규칙에 맞게 빈칸을 완성해 보세요.

4 규칙을 찾아 □ 안에 알맞은 모양을 그리고 색칠해 보세요.

(1)

(2)

5 규칙에 따라 모양을 그린 것입니다. 잘못 그린 모양을 찾아 ✕표 하고 알맞은 모양을 그려 보세요.

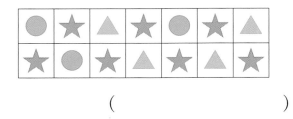

( )

6 빵을 그림과 같이 진열해 놓았습니다. 물음에 답하세요.

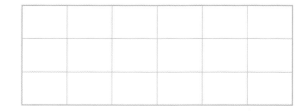

(1) 규칙에 맞게 빈칸에 빵의 모양을 그려 보세요.

(2) 위 그림에서 ☐은 I, ♥은 2, ◎은 3으로 바꾸어 나타내 보세요.

7 윤아네 욕실의 타일에는 규칙이 있습니다. 규칙에 맞게 빈칸을 완성해 보세요.

8 규칙에 따라 모양을 그린 것입니다. 그림을 보고 바르게 말한 사람의 이름을 써 보세요.

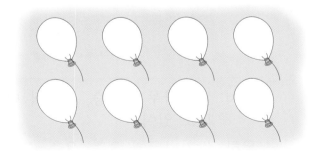

민아: ㉠은 ●●■● 가 반복돼.
현수: ㉡은 ▲■●▲ 가 반복돼.
진우: ㉠, ㉡에 모두 ■ 모양이 들어가.

(   )

9 규칙을 정해 풍선을 색칠하고, 정한 규칙을 써 보세요.

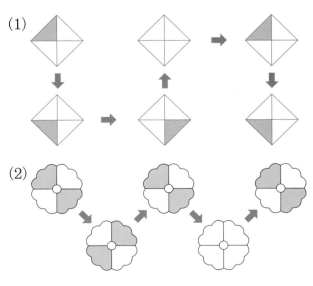

규칙 _____

2 **무늬에서 규칙 찾기** (2)

10 규칙을 찾아 빈칸에 알맞은 모양에 ○표 하세요.

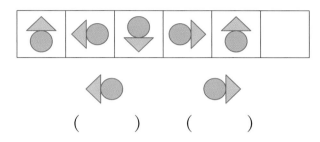

(   )   (   )

11 규칙을 찾아 •을 알맞게 그려 넣으세요.

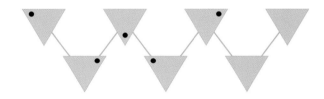

12 규칙을 찾아 그림을 완성해 보세요.

(1)

(2)

13 규칙을 찾아 그림을 완성하고 대화를 완성해 보세요.

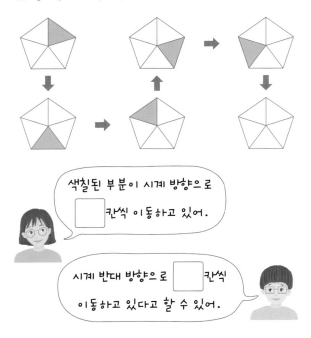

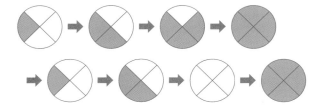

14 규칙을 찾아 그림을 완성해 보세요.

서술형
15 규칙을 찾아 □ 안에 알맞은 모양을 그려 넣고 규칙을 써 보세요.

●▲●▲▲●▲▲▲□□

규칙

16 규칙에 따라 색종이를 붙였습니다. 다음에 놓일 모양을 그려 넣으세요.

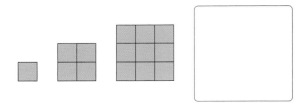

17 팔찌의 규칙을 찾아 알맞게 색칠해 보세요.

---

3 쌓은 모양에서 규칙 찾기

18 규칙에 따라 쌓기나무를 쌓았습니다. 규칙을 바르게 말한 사람의 이름을 써 보세요.

진서: 쌓기나무가 **3**층, **2**층씩 반복되고 있어.
유하: 쌓기나무가 **3**층, **2**층, **3**층씩 반복되고 있어.

(   )

19 쌓기나무로 쌓은 모양을 보고 규칙을 써 보세요.

규칙 ....

....

20 규칙에 따라 아래에서 위로 쌓기나무를 쌓았습니다. 설명이 틀린 것을 찾아 기호를 써 보세요.

> ㉠ 쌓기나무를 서로 엇갈리게 쌓았습니다.
> ㉡ 아래에서 위로 쌓기나무가 **4**개, **3**개씩 반복됩니다.
> ㉢ **5**층으로 쌓기 위해 필요한 쌓기나무는 모두 **17**개입니다.

( )

21 규칙에 따라 쌓기나무를 쌓았습니다. 다음에 이어질 모양에 쌓을 쌓기나무는 모두 몇 개일까요?

( )

22 규칙에 따라 쌓기나무를 쌓았습니다. 빈칸에 들어갈 모양을 만드는 데 필요한 쌓기나무는 모두 몇 개일까요?

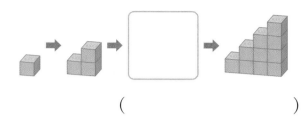

( )

[23~24] 규칙에 따라 쌓기나무를 쌓았습니다. 물음에 답하세요.

23 쌓기나무를 **3**층으로 쌓은 모양에서 쌓기나무는 몇 개일까요?

( )

24 쌓기나무를 **4**층으로 쌓으려면 쌓기나무는 모두 몇 개 필요할까요?

( )

25 규칙에 따라 쌓기나무를 쌓았습니다. 쌓기나무를 **5**층으로 쌓기 위해 필요한 쌓기나무는 모두 몇 개일까요?

( )

3 덧셈표에서 규칙을 찾아볼까요

● 덧셈표에서 규칙 찾기

+	0	1	2	3	4	5	6	7	8	9
0	0	1	2	3	4	5	6	7	8	9
1	1	2	3	4	5	6	7	8	9	10
2	2	3	4	5	6	7	8	9	10	11
3	3	4	5	6	7	8	9	10	11	12
4	4	5	6	7	8	9	10	11	12	13
5	5	6	7	8	9	10	11	12	13	14
6	6	7	8	9	10	11	12	13	14	15
7	7	8	9	10	11	12	13	14	15	16
8	8	9	10	11	12	13	14	15	16	17
9	9	10	11	12	13	14	15	16	17	18

- 아래로 내려갈수록 1씩 커집니다.
- 위로 올라갈수록 1씩 작아집니다.
- 오른쪽으로 갈수록 1씩 커집니다.
- 왼쪽으로 갈수록 1씩 작아집니다.
- 세로줄(↓ 방향)에 있는 수들은 반드시 가로줄(→ 방향)에도 똑같은 수들이 있습니다.
- 파란색으로 색칠된 부분을 따라 접었을 때 만나는 수들은 서로 같습니다.
- ╱ 방향에 있는 수들은 모두 같습니다.
- ╲ 방향에 있는 수들은 2씩 커집니다.

---

1 덧셈표에서 규칙을 찾으려고 합니다. 물음에 답하세요.

(1) 빈칸에 알맞은 수를 써넣으세요.

+	0	1	2	3	4	5
0	0	1	2	3	4	5
1	1	2	3	4	5	6
2	2	3	4	5	6	7
3	3		5	6	7	8
4	4	5	6	7		9
5	5	6	7	8	9	10

(2) ☐ 안에 알맞은 수를 써넣으세요.

- 파란색 선 안에 있는 수는 아래로 내려갈수록 ☐ 씩 커집니다.
- 주황색 선 안에 있는 수는 오른쪽으로 갈수록 ☐ 씩 커집니다.
- ╲ 방향으로 갈수록 ☐ 씩 커집니다.

[2~5] 덧셈표를 보고 물음에 답하세요.

+	2	4	6	8	10
2	4	6	8	10	
4	6	8		12	14
6	8	10	12		16
8		12	14	16	18
10	12	14	16	18	

2 빈칸에 알맞은 수를 써넣으세요.

세로줄에 있는 수와 가로줄에 있는 수가 만나는 칸에 두 수의 합을 씁니다.

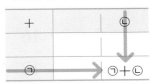

3 주황색 선에 놓인 수는 몇씩 커지는 규칙일까요?

( )

4 파란색 선에 놓인 수의 규칙을 써 보세요.

규칙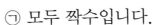

5 덧셈표에서 찾을 수 있는 규칙이 아닌 것을 찾아 기호를 써 보세요.

> ㉠ 모두 짝수입니다.
> ㉡ 오른쪽으로 갈수록 l씩 커집니다.
> ㉢ 아래로 내려갈수록 2씩 커집니다.
> ㉣ 주황색 선을 따라 접었을 때 만나는 수들은 서로 같습니다.

1학년 때 배웠어요

짝수: 2, 4, 6, 8, 10, 12와 같이 둘씩 짝을 지을 때 남는 것이 없는 수

홀수: 1, 3, 5, 7, 9, 11과 같이 둘씩 짝을 지을 때 남는 것이 있는 수

( )

4 곱셈표에서 규칙을 찾아볼까요

● 곱셈표에서 규칙 찾기

×	1	2	3	4	5	6	7	8	9
1	1	2	3	4	5	6	7	8	9
2	2	4	6	8	10	12	14	16	18
3	3	6	9	12	15	18	21	24	27
4	4	8	12	16	20	24	28	32	36
5	5	10	15	20	25	30	35	40	45
6	6	12	18	24	30	36	42	48	54
7	7	14	21	28	35	42	49	56	63
8	8	16	24	32	40	48	56	64	72
9	9	18	27	36	45	54	63	72	81

6씩 커집니다.

7씩 커집니다.

- ■단의 수는 아래로 내려갈수록 ■씩 커집니다.
- ■단의 수는 오른쪽으로 갈수록 ■씩 커집니다.
- 5단 곱셈구구는 일의 자리 숫자가 5와 0이 반복됩니다.
- 2단, 4단, 6단, 8단 곱셈구구에 있는 수는 모두 짝수입니다.
- 1단, 3단, 5단, 7단, 9단 곱셈구구에 있는 수는 홀수, 짝수가 반복됩니다.
- 파란색으로 색칠된 부분을 따라 접었을 때 만나는 수들은 서로 같습니다.

---

1 곱셈표에서 규칙을 찾으려고 합니다. 물음에 답하세요.

(1) 빈칸에 알맞은 수를 써넣으세요.

×	1	2	3	4	5
1	1	2	3	4	
2	2	4	6	8	10
3	3		9	12	15
4	4	8	12	16	20
5	5	10	15	20	25

(2) ☐ 안에 알맞은 수를 써넣고, 알맞은 말에 ◯표 하세요.

- 초록색 선 안에 있는 수는 오른쪽으로 갈수록 ☐ 씩 커집니다.
- 주황색 선 안에 있는 수는 아래로 내려갈수록 ☐ 씩 커집니다.
- 보라색 선을 따라 접었을 때 만나는 수들은 서로 (같습니다 , 다릅니다).

[2~4] 곱셈표를 보고 물음에 답하세요.

×	5	6	7	8	9
5	25	30	35	40	45
6	30	36	42	48	54
7	35	42	49	56	63
8	40	48	56	64	72
9	45	54	63	72	81

2 초록색 선에 놓인 수의 규칙으로 틀린 것을 찾아 기호를 써 보세요.

> ㉠ 모두 짝수입니다.
> ㉡ 5단 곱셈구구의 곱입니다.
> ㉢ 아래로 내려갈수록 6씩 커집니다.

(   )

3 보라색으로 칠한 곳과 규칙이 같은 곳을 찾아 색칠해 보세요.

4 곱셈표에서 규칙을 찾아 써 보세요.

규칙 ....

....

5 곱셈표에서 규칙을 찾아 빈칸에 알맞은 수를 써넣으세요.

16	20		28
20		30	35
24	30		
28	35		

▶ **0이 있는 곱셈표**

×	0	1	2	3
0	0	0	0	0
1	0	1	2	3
2	0	2	4	6
3	0	3	6	9

➡ 0이 있는 줄의 수는 모두 0입니다.

▶ 짝수 단의 곱은 모두 짝수입니다.
(홀수)×(짝수) = (짝수)
(짝수)×(짝수) = (짝수)

▶ 가로줄에 있는 ■단 곱셈구구와 세로줄에 있는 ■단 곱셈구구는 ■만큼씩 커집니다.

6

▶ 세로줄에 있는 수와 가로줄에 있는 수가 만나는 칸에 두 수의 곱을 씁니다.

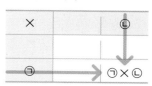

4 덧셈표에서 규칙 찾기

[26~28] 덧셈표를 보고 물음에 답하세요.

+	0	1	2	3	4	5
0	0	1	2	3	4	5
1	1	2	3	4		6
2	2	3	4	5		
3	3	4	5			
4	4	5	6			
5	5	6	7			

26 빈칸에 알맞은 수를 써넣으세요.

27 빨간색 선 안에 있는 수의 규칙을 써 보세요.

규칙 _____

_____

28 덧셈표에서 찾을 수 있는 규칙에 대한 설명입니다. 틀린 것을 찾아 기호를 써 보세요.

> ㉠ ↘ 방향으로 갈수록 2씩 커집니다.
> ㉡ 오른쪽으로 갈수록 1씩 작아집니다.
> ㉢ ↗ 방향의 수들은 모두 같은 수입니다.

(   )

---

29 덧셈표에서 규칙을 찾아 빈칸에 알맞은 수를 써넣으세요.

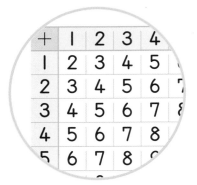

+	1	2	3	4
1	2	3	4	5
2	3	4	5	6	7
3	4	5	6	7	8
4	5	6	7	8
5	6	7	8

(1)

8	9	10	
			12
10		12	
11		13	

(2)

		14	15
13	14		16
14			17
15	16		

30 덧셈표를 완성하고 초록색 선에 놓인 수의 규칙을 써 보세요.

+	1	3	5	7	9
1	2	4	6	8	10
3	4	6	8	10	12
5	6				
7	8				
9	10				

규칙 _____

_____

31 덧셈표를 완성하고 알맞은 것에 ○표 하세요.

+	2			
3	5	7	9	11
	7	9	11	13
	9			
	11	13		

(1) 덧셈표 안에 있는 수들은 모두 (짝수 , 홀수)입니다.

(2) 아래로 내려갈수록 (2씩 , 4씩) 커집니다.

[32~34] 덧셈표를 보고 물음에 답하세요.

+	1	2	3	4	5
3					7
6	7	8	9	10	11
9					13
12				16	
15					19

32 빈칸에 알맞은 수를 써넣으세요.

33 초록색으로 색칠한 수는 ＼ 방향으로 갈수록 몇씩 커질까요?

( )

34 파란색 점선에 놓인 수는 ／ 방향으로 갈수록 몇씩 커질까요?

( )

35 표 안의 수를 이용하여 나만의 덧셈표를 만들고, 내가 만든 덧셈표에서 규칙을 찾아 써 보세요.

+				
	1			
		4		
			7	
				10

규칙

5 곱셈표에서 규칙 찾기

36 곱셈표를 보고 □ 안에 알맞은 수를 써넣으세요.

×	1	2	3	4	5
1	1	2	3	4	5
2	2	4	6	8	10
3	3	6	9	12	15
4	4	8	12	16	20
5	5	10	15	20	25
6	6	12	18	24	30

노란색 선 안에 있는 수는 오른쪽으로 갈수록 □씩 커지고, 초록색 선 안에 있는 수는 아래로 내려갈수록 □씩 커집니다.

[37~39] 곱셈표를 보고 물음에 답하세요.

×	4	5	6	7	8
4	16	20	24	28	32
5	20	25	30	35	40
6	24	30	36	42	
7	28	35	42	49	56
8	32	40		56	64

37 빈칸에 공통으로 들어갈 수는 무엇일까요?

( )

38 곱셈표에서 찾을 수 있는 규칙입니다. 규칙이 옳은 것에 ○표, 틀린 것에 ×표 하세요.

(1) 빨간색 선 안의 수는 짝수, 홀수가 반복됩니다. ( )

(2) 5단 곱셈구구는 일의 자리 숫자가 0과 5가 반복됩니다. ( )

(3) 파란색 선 안의 수는 아래로 내려갈수록 2씩 커집니다. ( )

39 곱셈표를 보라색 점선을 따라 접었을 때 만나는 수들은 서로 어떤 관계가 있을까요?

[40~42] 곱셈표를 보고 물음에 답하세요.

×	2	4	6	8
2	4	8	12	16
4	8	16	24	32
6	12			
8				

40 빈칸에 알맞은 수를 써넣으세요.

41 빨간색 선 안에 있는 수와 규칙이 같은 곳을 찾아 색칠해 보세요.

42 곱셈표에서 찾을 수 있는 규칙에 대해 잘못 설명한 사람의 이름을 써 보세요.

> 지윤: 곱셈표에 있는 수들은 모두 짝수야.
>
> 준희: 초록색 점선에 놓인 수들은 ↘ 방향으로 갈수록 12씩 커져.
>
> 민우: 세로줄(↓ 방향)에 있는 수들은 항상 가로줄(→ 방향)에도 똑같은 수들이 있어.

( )

43 곱셈표에서 규칙을 찾아 빈칸에 알맞은 수를 써넣으세요.

×	1	2	3	4
1	1	2	3	4
2	2	4	6	8
3	3	6	9	12
4	4	8	12	16

(1)

	16	20	
15	20		30
	24		36
21		35	

(2)

30		42	48
	42	49	56
40	48		
		54	63

44 곱셈표를 완성하고, 규칙을 찾아 써 보세요.

×	5	6		
	25			
		36		
			49	
				64

규칙 _____

---

6 생활에서 규칙 찾기

45 하진이의 옷 무늬에서 규칙을 찾아 써 보세요.

규칙 _____

46 어느 해 9월 달력에서 빨간색 선에 놓인 수의 규칙을 써 보세요.

9월

일	월	화	수	목	금	토
			1	2	3	4
5	6	7	8	9	10	11
12	13	14	15	16	17	18
19	20	21	22	23	24	25
26	27	28	29	30		

규칙 _____

47 규칙에 맞게 빈 시계에 긴바늘과 짧은 바늘을 그려 넣으세요.

[48~49] 소정이네 아파트의 승강기 버튼입니다. 물음에 답하세요.

48 빈칸에 알맞은 수를 써넣으세요.

49 승강기 버튼의 수들의 규칙을 설명한 것입니다. □ 안에 알맞은 수를 써넣으세요.

위아래로 □ 씩 차이가 나고, 오른쪽으로 한 칸 가면 □ 만큼 커집니다.

서술형
50 달력의 일부분이 찢어져 있습니다. 셋째 금요일은 며칠인지 풀이 과정을 쓰고 답을 구해 보세요.

일	월	화	수	목	금	토
		1	2	3	4	5	6
7	8	9	10			
14	15					

풀이

답

51 신발장 번호에 있는 규칙을 찾아 은희의 신발장 번호는 몇 번인지 구해 보세요.

1	2	3	4	5	6
7	8	9	10		
13	14				

은희 〔내 신발장 자리는 위에서 넷째 줄의 셋째 칸이야.〕

(   )

[52~53] 버스 출발 시간표를 보고 물음에 답하세요.

서울 ➡ 광주		
회차	출발 시각	
	평일	주말
1	8:00	8:00
2	8:20	8:40
3	8:40	9:20
4	9:00	10:00
⋮	⋮	⋮

52 버스 출발 시간표에서 규칙을 찾아 써 보세요.

규칙

53 지호네 가족이 주말에 4회차 버스를 놓쳤습니다. 다음에 출발한 버스를 탔다면 출발한 시각은 몇 시 몇 분일까요?

(   )

응용유형 1 ■째에 놓이는 모양 구하기

규칙에 따라 모양을 늘어놓은 것입니다. □ 안에 27째에 놓이는 모양을 그리고 색칠해 보세요.

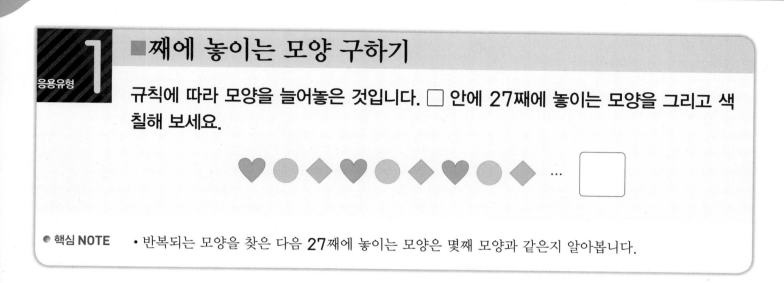

● **핵심 NOTE** ・반복되는 모양을 찾은 다음 27째에 놓이는 모양은 몇째 모양과 같은지 알아봅니다.

1-1 규칙에 따라 모양을 늘어놓은 것입니다. □ 안에 20째에 놓이는 모양을 그리고 색칠해 보세요.

1-2 규칙에 따라 모양을 늘어놓은 것입니다. □ 안에 25째에 놓이는 모양을 그리고 색칠해 보세요.

2 쌓기나무로 쌓은 모양 알아보기

응용유형 2

규칙에 따라 쌓기나무를 쌓았습니다. 쌓기나무 15개를 모두 사용하여 만든 모양은 몇 층이 될까요?

(   )

● 핵심 NOTE • 쌓기나무를 쌓은 규칙을 찾은 다음 한 층 늘어날 때마다 사용한 쌓기나무의 수를 구해 봅니다.

2-1 규칙에 따라 쌓기나무를 쌓았습니다. 쌓기나무 36개를 모두 사용하여 만든 모양은 몇 층이 될까요?

(   )

2-2 규칙에 따라 쌓기나무를 쌓았습니다. 쌓기나무 28개를 모두 사용하여 만든 모양은 몇 층이 될까요?

(   )

응용유형 3 규칙을 찾아 빈칸에 알맞은 수 구하기

규칙을 찾아 ★에 알맞은 수를 구해 보세요.

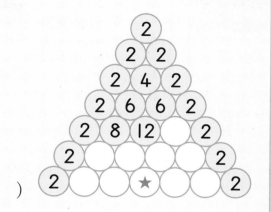

( )

● 핵심 NOTE ・위의 두 수와 아래에 있는 수의 관계를 생각하여 규칙을 찾아봅니다.

3-1 규칙을 찾아 ◆에 알맞은 수를 구해 보세요.

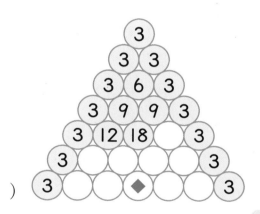

( )

3-2 규칙을 찾아 ♥에 알맞은 수를 구해 보세요.

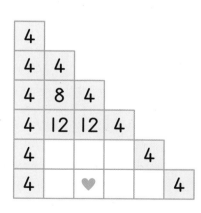

( )

4 공연장에서 자리 찾기

현서는 뮤지컬을 보기 위해 공연장을 갔습니다. 현서의 표에 적힌 의자 번호를 보고 현서의 자리를 찾아 ○표 하세요.

뮤지컬
콘서트 ___ 일시: ○월 ○일 ○시
장소: 아트홀
나 구역 46번

1단계 현서의 자리가 있는 구역의 의자 번호에서 규칙 찾기

_____

_____

2단계 현서의 자리 찾아 ○표 하기

_____

_____

● **핵심 NOTE** **1단계** 현서의 표에 적힌 자리 번호를 확인하여 그 구역의 의자 번호에서 규칙을 찾아봅니다.

2단계 규칙에 따라 현서의 자리는 몇째 줄 몇째에 있는 의자인지 찾아봅니다.

4-1

예성이는 현서와 같은 곳에 뮤지컬을 보러 갔습니다. 위의 공연장에서 예성이의 자리가 ★표 한 곳일 때 예성이의 자리 번호는 어느 구역 몇 번인지 구해 보세요.

( )

단원 평가 Level ❶

점수

확인

1 규칙을 찾아 ☐ 안에 알맞은 모양에 ○표 하세요.

(   )   (   )

2 ▲는 I로, ●는 2로 바꾸어 나타내 보세요.

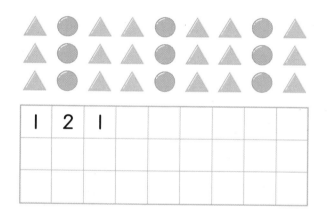

I	2	I			

3 규칙을 찾아 ☐ 안에 알맞은 모양을 그리고 색칠해 보세요.

4 규칙을 찾아 알맞게 색칠해 보세요.

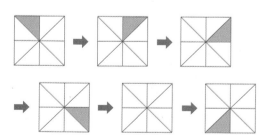

[5~6] 규칙에 따라 쌓기나무를 쌓은 것입니다. 물음에 답하세요.

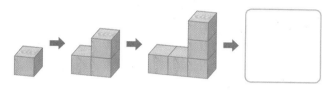

5 쌓기나무가 몇 개씩 늘어날까요?

(   )

6 다음에 이어질 모양에 쌓을 쌓기나무 는 모두 몇 개일까요?

(   )

[7~8] 덧셈표를 보고 물음에 답하세요.

+	3	4	5	6	7
3	6	7	8	9	10
4	7	8	9	10	11
5	8	9	10	11	12
6	9	10	11		
7	10	11	12		

7 빈칸에 알맞은 수를 써넣으세요.

8 주황색 선 안에 있는 수의 규칙을 써 보세요.

규칙 ....

....

[9~10] 곱셈표를 보고 물음에 답하세요.

×	6	7	8	9
6	36	42	48	54
7	42	49		63
8	48		64	72
9	54	63	72	81

9 파란색 선에 놓인 수의 규칙을 써 보세요.

규칙 _____

10 표의 빈칸에 공통으로 들어갈 수는 무엇일까요?

(   )

11 오른쪽 수 배열에서 찾을 수 있는 규칙이 아닌 것을 찾아 기호를 써 보세요.

4	8	12
3	7	11
2	6	10
1	5	9

㉠ 오른쪽으로 갈수록 4씩 커집니다.
㉡ ↘ 방향으로 갈수록 3씩 커집니다.
㉢ ↗ 방향으로 갈수록 5씩 커집니다.

(   )

12 민지네 반에 있는 사물함입니다. 민지의 번호가 22번일 때 민지의 사물함을 찾아 ○표 하세요.

1	5	9			
2	6	10			
3	7				
4	8				

13 덧셈표에서 규칙을 찾아 빈칸에 알맞은 수를 써넣으세요.

+	1	2	3
1	2	3	4
2	3	4	5
3	4	5	

12		14	15	16
			15	16
14		16		

14 곱셈표를 완성하고, 규칙을 찾아 써 보세요.

×	3		7	
3	9	15		27
		15		
7		35	49	
	27			81

규칙 _____

15 규칙을 찾아 □ 안에 알맞은 시각은 몇 시인지 구해 보세요.

( )

16 규칙을 찾아 알맞게 색칠해 보세요.

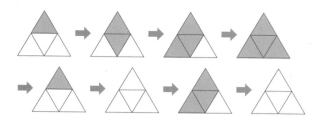

17 규칙에 따라 쌓기나무를 쌓았습니다. 4층으로 쌓기 위해 필요한 쌓기나무는 모두 몇 개일까요?

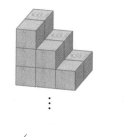

( )

18 규칙에 따라 바둑돌을 20개 늘어놓으면 흰색 바둑돌은 모두 몇 개 놓일까요?

( )

19 주은이가 규칙에 따라 구슬을 꿰고 있습니다. 다음에 꿰어야 하는 구슬은 무슨 색인지 풀이 과정을 쓰고 답을 구해 보세요.

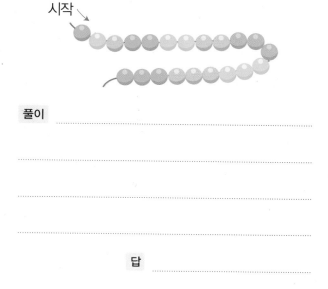

시작

풀이 ....

....

....

답 ....

20 어느 해 12월의 달력입니다. 달력에서 찾을 수 있는 규칙을 2가지 써 보세요.

12월

일	월	화	수	목	금	토
				1	2	3
4	5	6	7	8	9	10
11	12	13	14	15	16	17
18	19	20	21	22	23	24
25	26	27	28	29	30	31

규칙1 ....

....

규칙2 ....

....

단원 평가 Level ❷

점수

확인

1 ♠◆♥가 반복되는 규칙으로 놓여 있을 때 ◆가 들어갈 곳의 번호를 모두 써 보세요.

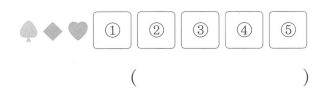

( )

2 보기 와 같은 규칙에 따라 빈칸에 알맞은 수를 써넣으세요.

보기

| l | 2 | | 3 | | 2 | 3 |

3 규칙을 찾아 ●을 알맞게 그려 넣으세요.

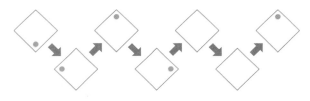

4 규칙에 따라 쌓기나무를 쌓았습니다. 규칙을 써 보세요.

규칙 _____

[5~6] 덧셈표를 보고 물음에 답하세요.

+	2	3	4	5
2	4	5	6	7
3	5	6	7	
4	6		8	9
5		8	9	

5 빈칸에 알맞은 수를 써넣으세요.

6 덧셈표에서 찾을 수 있는 규칙이 아닌 것은 어느 것일까요? ( )

① 오른쪽으로 갈수록 l씩 커집니다.
② 아래로 내려갈수록 2씩 커집니다.
③ ↘ 방향으로 갈수록 2씩 커집니다.
④ ↗ 방향의 수들은 모두 같습니다.
⑤ 위로 올라갈수록 l씩 작아집니다.

[7~8] 곱셈표를 보고 물음에 답하세요.

×	3	4	5	6
3	9			18
4	12		20	
5	15	20	25	
6	18	24		36

7 빈칸에 알맞은 수를 써넣으세요.

8 초록색 선 안에 있는 수와 규칙이 같은 곳을 찾아 색칠해 보세요.

[9~10] 규칙에 따라 쌓기나무를 쌓은 것입니다. 물음에 답하세요.

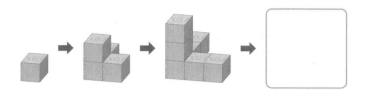

9 규칙을 찾아 써 보세요.

규칙 _____

_____

10 다음에 이어질 모양에 쌓을 쌓기나무는 모두 몇 개일까요?

( )

11 유나 방에 있는 벽의 무늬에서 규칙을 찾아 색칠하고 규칙을 써 보세요.

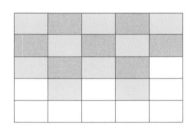

규칙 _____

_____

12 표 안의 수를 이용하여 덧셈표를 만들어 보세요.

+		5		9
0	3			
		7		
4			11	
				15

13 규칙에 따라 바둑돌을 늘어놓았습니다. ☐ 안에는 어떤 색 바둑돌을 놓아야 할까요?

⚫⚪⚪⚫⚫⚫⚪⚪⚪⚪
⚫⚫⚫⚫ ☐ ⋯

( )

14 곱셈표에서 규칙을 찾아 빈칸에 알맞은 수를 써넣으세요.

×	1	2	3
1	1	2	3
2	2	4	6
3	3	6	

		35	40
30	36	42	
	42		56
	48		64

15 규칙에 맞게 ☐ 안에 알맞은 모양을 그리고 색칠해 보세요.

16 다음은 버스 출발 시각을 나타낸 표입니다. 표에서 찾을 수 있는 규칙을 쓰고, 빈칸에 알맞은 시각을 써 보세요.

버스 출발 시각

동대구 ➡ 부산	
오전 **7**시 **30**분	오후 **3**시 **30**분
오전 **9**시 **30**분	오후 **5**시 **30**분
오전 **11**시 **30**분	
오후 **1**시 **30**분	오후 **9**시 **30**분

규칙 _____

_____

17 달력의 일부분이 찢어져 보이지 않습니다. 이 달의 넷째 목요일은 며칠일까요?

일	월	화	수	목	금	토
	1	2	3	4	5	6
7	8	9			12	13
14	15					

(_____)

18 규칙을 찾아 □ 안에 알맞은 도형을 그리고 색칠해 보세요.

19 학교 강당의 좌석 배치도의 일부입니다. 다미의 좌석 번호가 **32**번일 때 다미는 어느 열의 왼쪽에서 몇째 자리인지 풀이 과정을 쓰고 답을 구해 보세요.

가열	1	2	3	4	5	
나열	10	11	12	13	14	…
다열	19	20				

풀이 _____

_____

_____

_____

_____

답 _____

20 규칙에 따라 모양을 늘어놓았습니다. **15**째까지 놓았을 때 ⬤ 모양은 몇 번 나오는지 풀이 과정을 쓰고 답을 구해 보세요.

풀이 _____

_____

_____

답 _____

계산이 아닌

개념을 깨우치는

수학을 품은 연산

디딤돌
연산
수학

은
이다.

1~6학년(학기용)

수학 공부의 새로운 패러다임

상위권의 기준

상위권의 기준

최상위
사고력

수학 좀 한다면

디딤돌

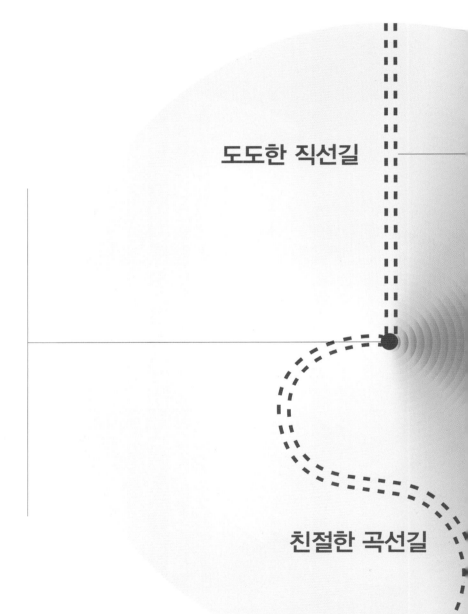

도도한 직선길

친절한 곡선길

수학 좀 한다면

실력 보강
자료집

$\dfrac{2}{2}$

수학 좀 한다면

초등수학

실력 보강 자료집

$\dfrac{2}{2}$

- **서술형 문제** | 서술형 문제를 집중 연습해 보세요.

- **단원 평가** | 시험에 잘 나오는 문제를 한번 더 풀어 단원을 확실하게 마무리해요.

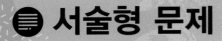
1 정우는 용돈을 모아서 6000원짜리 머리핀을 사려고 합니다. 1000원짜리 지폐로 몇 장을 모아야 하는지 풀이 과정을 쓰고 답을 구해 보세요.

풀이 ⑩ 6000은 1000이 6개인 수입니다.

따라서 1000원짜리 지폐로 6장을 모아야 합니다.

답   6장

1⁺ 민서는 용돈을 모아서 9000원짜리 장난감을 사려고 합니다. 1000원짜리 지폐로 몇 장을 모아야 하는지 풀이 과정을 쓰고 답을 구해 보세요.

풀이

답

2 수 카드 4장을 한 번씩만 사용하여 십의 자리 숫자가 7인 가장 큰 네 자리 수를 만들려고 합니다. 풀이 과정을 쓰고 답을 구해 보세요.

5 0 7 2

풀이 ⑩ 십의 자리 숫자가 7인 네 자리 수를 □□7□라 할 때 가장 큰 수를 만들려면 천의 자리부터 큰 수를 차례로 써넣어야 합니다.

따라서 십의 자리 숫자가 7인 가장 큰 네 자리 수는 5270입니다.

답   5270

2⁺ 수 카드 4장을 한 번씩만 사용하여 백의 자리 숫자가 1인 가장 큰 네 자리 수를 만들려고 합니다. 풀이 과정을 쓰고 답을 구해 보세요.

3 1 9 8

풀이

답

3 설명하는 수가 다른 하나를 찾아 기호를 쓰려고 합니다. 풀이 과정을 쓰고 답을 구해 보세요.

> ㉠ 100이 10개인 수입니다.
> ㉡ 990보다 10만큼 더 큰 수입니다.
> ㉢ 900보다 100만큼 더 작은 수입니다.

▶ 100이 10개인 수는 1000입니다.

풀이 ....

....

....

답 ....

4 색종이가 한 상자에 100장씩 들어 있습니다. 50상자에는 색종이가 모두 몇 장 들어 있는지 풀이 과정을 쓰고 답을 구해 보세요.

▶ 100이 ▲0개이면 ▲000입니다.

풀이 ....

....

....

답 ....

5 정현이가 가지고 있는 동전입니다. 1000원이 되려면 얼마가 더 있어야 하는지 풀이 과정을 쓰고 답을 구해 보세요.

▶ 먼저 정현이가 가지고 있는 돈은 모두 얼마인지 구해 봅니다.

(100) (100) (100) (100) (10) (10) (10) (10) (10)
(10) (10) (10) (10) (10)

풀이 ....

....

....

답 ....

6 숫자 8이 나타내는 수가 가장 큰 수는 어느 것인지 풀이 과정을 쓰고 답을 구해 보세요.

| 1083 | 2845 | 7038 |

▶ 먼저 숫자 8이 어느 자리 숫자인지 알아봅니다.

풀이

답

7 영은이는 9450원인 선물을 사기 위해 돈을 모았습니다. 오늘까지 8650원을 모았고, 내일부터 매일 100원씩 모으려고 합니다. 앞으로 며칠 후에 선물을 살 수 있는지 풀이 과정을 쓰고 답을 구해 보세요.

▶ 100원씩 모은다는 것은 100씩 뛰어 세는 것과 같습니다.

풀이

답

8 재민이는 천 원짜리 지폐 4장, 백 원짜리 동전 12개, 십 원짜리 동전 3개를 가지고 있습니다. 재민이가 가지고 있는 돈은 모두 얼마인지 풀이 과정을 쓰고 답을 구해 보세요.

▶ 100원짜리 동전 10개는 1000원입니다.

풀이

답

9 어느 마을에 사는 사람 수를 나타낸 것입니다. 사람 수가 가장 많은 마을은 어느 마을인지 풀이 과정을 쓰고 답을 구해 보세요.

가 마을	나 마을	다 마을
7301명	6932명	7198명

풀이

답

▶ 네 자리 수의 크기 비교는 천의 자리 수부터 순서대로 비교합니다.

10 어떤 수에서 100씩 5번 뛰어 세었더니 5372가 되었습니다. 어떤 수는 얼마인지 풀이 과정을 쓰고 답을 구해 보세요.

풀이

답

▶ 100씩 거꾸로 5번 뛰어 세어 봅니다.

11 0부터 9까지의 수 중에서 □ 안에 들어갈 수 있는 수를 모두 구하려고 합니다. 풀이 과정을 쓰고 답을 구해 보세요.

37□8>3766

풀이

답

▶ □ 안에 6이 들어갈 수 있는지 확인합니다.

단원 평가 Level ❶

1 1000원이 되도록 100원짜리 동전을 ○로 하여 더 그려 보세요.

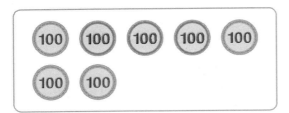

2 다음을 수로 써 보세요.

삼천육십구

( )

3 □ 안에 알맞은 수를 써넣으세요.

10이 9개인 수 ➡ [ ]

100이 9개인 수 ➡ [ ]

1000이 9개인 수 ➡ [ ]

4 □ 안에 알맞은 수를 써넣으세요.

2835는
- 1000이 [ ]개
- 100이 [ ]개
- 10이 [ ]개
- 1이 [ ]개

5 두 수의 크기를 비교하여 ○ 안에 > 또는 <를 알맞게 써넣으세요.

(1) 7125 ◯ 6928

(2) 4718 ◯ 4739

6 다음이 나타내는 수를 쓰고 읽어 보세요.

1000이 5개, 100이 7개, 1이 2개인 수

쓰기 _____

읽기 _____

7 숫자 2가 200을 나타내는 것은 어느 것일까요? ( )

① 2816 ② 6032 ③ 9725

④ 5248 ⑤ 1327

8 □ 안에 알맞은 수를 써넣으세요.

9 뛰어 세는 규칙을 찾아 빈칸에 알맞은 수를 써넣으세요.

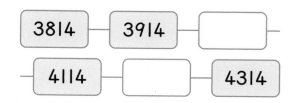

10 왼쪽과 오른쪽을 연결하여 1000이 되도록 이어 보세요.

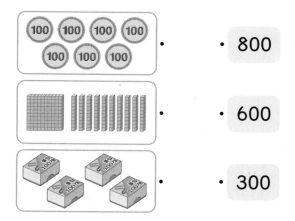

· 800

· 600

· 300

11 밑줄 친 숫자가 나타내는 수가 큰 것부터 순서대로 ◯ 안에 1, 2, 3을 써넣으세요.

12 1000씩 뛰어 세어 7436이 되도록 빈칸에 알맞은 수를 써넣으세요.

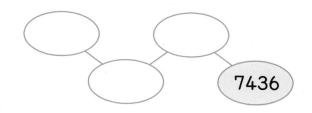

13 예인이는 100원짜리 동전을 60개 모았습니다. 이 돈은 1000원짜리 지폐 몇 장과 바꿀 수 있을까요?

( )

14 큰 수부터 차례로 기호를 써 보세요.

> ㉠ 2617
> ㉡ 삼천사백칠십구
> ㉢ 1000이 2개, 100이 5개, 10이 1개인 수

( )

15 슈퍼마켓에 콜라가 2045병, 사이다가 1977병, 주스가 2803병 있습니다. 가장 많이 있는 음료수는 어느 것일까요? (단, 음료수 한 병의 양은 모두 같습니다.)

( )

16 준수의 통장에는 7월 현재 3850원이 있습니다. 한 달에 1000원씩 계속 저금한다면 8월, 9월, 10월에는 각각 얼마가 되는지 빈칸에 써 보세요.

7월	8월	9월	10월
3850원			

17 0부터 9까지의 수 중에서 □ 안에 들어갈 수 있는 수를 모두 구해 보세요.

$$4415 > 4\square63$$

(　　　　　　　　　)

18 천의 자리 수가 8, 백의 자리 수가 5인 네 자리 수 중에서 8597보다 큰 수를 모두 구해 보세요.

(　　　　　　　　　)

19 은정이는 과자를 사고 1000원짜리 지폐 6장, 100원짜리 동전 25개, 10원짜리 동전 9개를 냈습니다. 과자의 값은 얼마인지 풀이 과정을 쓰고 답을 구해 보세요.

풀이 _____

_____

_____

_____

답 _____

20 어떤 수에서 300씩 5번 뛰어 세었더니 4726이 되었습니다. 어떤 수는 얼마인지 풀이 과정을 쓰고 답을 구해 보세요.

풀이 _____

_____

_____

_____

답 _____

단원 평가 Level ❷

점수

확인

1 1000원이 되도록 묶었을 때 남는 돈은 얼마일까요?

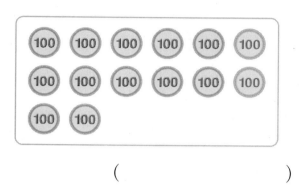

(   )

2 색종이는 모두 몇 장인지 수를 쓰고 읽어 보세요.

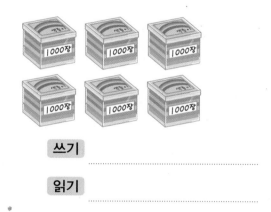

쓰기 ....

읽기 ....

3 설명하는 수가 다른 하나는 어느 것일까요? (   )

① 700보다 300만큼 더 큰 수입니다.
② 900보다 100만큼 더 작은 수입니다.
③ 990보다 10만큼 더 큰 수입니다.
④ 200보다 800만큼 더 큰 수입니다.
⑤ 950보다 50만큼 더 큰 수입니다.

4 ☐ 안에 알맞은 수나 말을 써넣으세요.

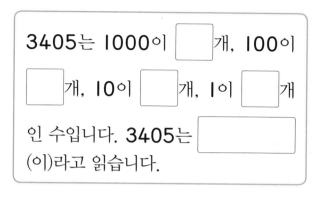

3405는 1000이 ☐ 개, 100이 ☐ 개, 10이 ☐ 개, 1이 ☐ 개인 수입니다. 3405는 ☐ (이)라고 읽습니다.

5 밑줄 친 숫자가 나타내는 수만큼 색칠해 보세요.

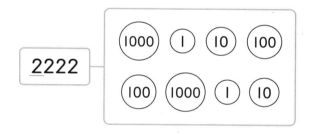

6 두 수의 크기를 비교하여 ○ 안에 > 또는 <를 알맞게 써넣으세요.

8449 ◯ 8490

7 뛰어 세는 규칙을 찾아 빈칸에 알맞은 수를 써넣으세요.

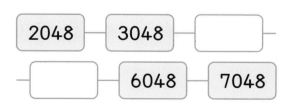

8 수를 잘못 읽은 사람은 누구인지 쓰고 바르게 고쳐 읽어 보세요.

6501
➡ 육천오백일
서아

3042
➡ 삼천사백이
준서

1780
➡ 천칠백팔십
지우

(   ), (   )

9 더 큰 수를 찾아 기호를 써 보세요.

㉠ 1000이 6개, 100이 5개, 10이 8개인 수
㉡ 육천칠백구

(   )

10 뛰어 셀 때 ★에 들어갈 수를 구해 보세요.

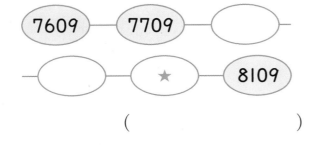

7609 — 7709 — ⬭
⬭ — ★ — 8109

(   )

11 사탕이 한 상자에 100개씩 들어 있습니다. 40상자에는 사탕이 모두 몇 개 들어 있을까요?

(   )

12 백의 자리 숫자가 0인 것을 찾아 기호를 써 보세요.

㉠ 8140   ㉡ 이천육십일
㉢ 3902   ㉣ 오천팔백칠

(   )

[13~14] 수영이와 친구들이 각각 한 달 동안 저금통에 모은 돈입니다. 물음에 답하세요.

이름	수영	민재	우혁	재원
모은 돈(원)	4980	5690	3560	8370

13 저금통에 모은 돈이 가장 많은 사람과 가장 적은 사람을 각각 써 보세요.

가장 많은 사람 (   )
가장 적은 사람 (   )

14 수영이와 친구들 중에서 모은 돈으로 5000원짜리 장난감을 살 수 있는 사람을 모두 찾아 써 보세요.

(   )

15 ☐ 안에 알맞은 수를 써넣으세요.

7801 > 780☐

16 1000이 5개, 100이 3개, 10이 6개, 1이 7개인 수에서 10씩 3번 뛰어 센 수를 구해 보세요.

(   )

17 밑줄 친 숫자가 나타내는 수를 표에서 찾아 낱말을 만들어 보세요.

2<u>4</u>81 ➡ ①   <u>4</u>730 ➡ ②

1<u>3</u>78 ➡ ③

수	4000	300	400	70	8
글자	알	소	코	라	뿔

낱말	①	②	③

18 설명에 맞는 네 자리 수를 구해 보세요.

- 천의 자리 숫자는 **8**입니다.
- 십의 자리 숫자는 천의 자리 숫자보다 **5**만큼 더 작습니다.
- 백의 자리와 일의 자리 숫자는 **2**입니다.

(   )

19 마트에서 무게가 같은 찹쌀과 보리쌀을 팔고 있습니다. 찹쌀과 보리쌀 중에서 어느 것이 더 싼지 풀이 과정을 쓰고 답을 구해 보세요.

5280원   3280원

풀이

답

20 수 카드 5장 중에서 4장을 뽑아 한 번씩만 사용하여 만들 수 있는 네 자리 수 중에서 가장 작은 수를 구하려고 합니다. 풀이 과정을 쓰고 답을 구해 보세요.

4   2   9   0   5

풀이

답

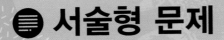
서술형 문제

1 개미의 다리는 6개입니다. 개미 3마리의 다리는 모두 몇 개인지 풀이 과정을 쓰고 답을 구해 보세요.

풀이 ㉮ 개미의 다리는 6개이므로 개미 3마리의 다리는 모두 $6 \times 3 = 18$(개)입니다.

답 ⎯⎯ 18개

1⁺ 거미의 다리는 8개입니다. 거미 2마리의 다리는 모두 몇 개인지 풀이 과정을 쓰고 답을 구해 보세요.

풀이

답

2 현주의 나이는 9살입니다. 현주 어머니는 현주 나이의 4배보다 5살 더 많다고 합니다. 현주 어머니의 나이는 몇 살인지 풀이 과정을 쓰고 답을 구해 보세요.

풀이 ㉮ 9살의 4배는 $9 \times 4 = 36$(살)입니다. 현주 어머니의 나이는 36살보다 5살 더 많으므로 $36 + 5 = 41$(살)입니다.

답 ⎯⎯ 41살

2⁺ 은우 동생의 나이는 6살입니다. 은우 아버지의 나이는 은우 동생 나이의 7배보다 3살 더 많다고 합니다. 은우 아버지의 나이는 몇 살인지 풀이 과정을 쓰고 답을 구해 보세요.

풀이

답

3 한 대에 5명이 탈 수 있는 자동차가 6대 있습니다. 자동차에 탈 수 있는 사람은 모두 몇 명인지 풀이 과정을 쓰고 답을 구해 보세요.

▶ 한 대에 탈 수 있는 사람 수에 자동차 수를 곱합니다.

풀이

답

4 ㉠과 ㉡ 사이에 있는 수를 모두 구하려고 합니다. 풀이 과정을 쓰고 답을 구해 보세요.

▶ 먼저 ㉠과 ㉡은 각각 얼마인지 구합니다.

㉠ 4×6 ㉡ 7×4

풀이

답

5 인형이 한 줄에 9개씩 2줄로 놓여 있습니다. 이 인형을 한 줄에 3개씩 놓으면 몇 줄이 되는지 풀이 과정을 쓰고 답을 구해 보세요.

▶ 먼저 인형의 수를 구합니다.

풀이

답

6 ㉠과 ㉡에 알맞은 수의 합은 얼마인지 풀이 과정을 쓰고 답을 구해 보세요.

▶ $■ × 1 = ■$, $0 × ▲ = 0$

$$7 × ㉠ = 7, \quad ㉡ × 2 = 0$$

풀이 ....

....

....

답 ....

7 과일 가게에 사과가 50개 있었는데 사과를 한 봉지에 6개씩 넣어서 8봉지를 팔았습니다. 남은 사과는 몇 개인지 풀이 과정을 쓰고 답을 구해 보세요.

▶ 먼저 판 사과는 몇 개인지 알아봅니다.

풀이 ....

....

....

답 ....

8 삼각형 2개와 사각형 4개가 있습니다. 삼각형과 사각형의 변은 모두 몇 개인지 풀이 과정을 쓰고 답을 구해 보세요.

▶ 먼저 삼각형 2개와 사각형 4개의 변은 각각 몇 개인지 구합니다.

풀이 ....

....

....

답 ....

9 |부터 **9**까지의 수 중에서 ☐ 안에 들어갈 수 있는 수를 모두 구하려고 합니다. 풀이 과정을 쓰고 답을 구해 보세요.

$$2 \times \square > 3 \times 5$$

▶ 먼저 3×5의 값을 알아봅니다.

풀이 ....

....

....

답 ....

10 수 카드 **4**장 중에서 **2**장을 뽑아 카드에 적힌 두 수의 곱을 구하려고 합니다. 곱이 가장 클 때의 곱은 얼마인지 풀이 과정을 쓰고 답을 구해 보세요.

▶ 곱하는 두 수가 클수록 곱이 커집니다.

5   4   1   8

풀이 ....

....

....

답 ....

11 지석이는 과녁 맞히기를 하여 과녁에 적힌 수만큼 점수를 얻는 놀이를 하였습니다. 지석이가 얻은 점수는 모두 몇 점인지 풀이 과정을 쓰고 답을 구해 보세요.

▶ 몇 점짜리 과녁을 몇 번 맞혔는지 각각 곱셈식으로 나타내 점수를 알아봅니다.

과녁에 적힌 수	5	3	I
맞힌 횟수(번)	I	3	0

풀이 ....

....

....

답 ....

단원 평가 Level ❶

점수

확인

1 그림을 보고 □ 안에 알맞은 수를 써넣으세요.

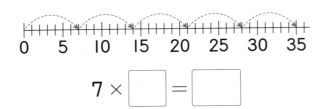

$$7 \times \boxed{} = \boxed{}$$

2 □ 안에 알맞은 수를 써넣으세요.

⑴ $2 \times 9 = \boxed{}$

⑵ $5 \times 8 = \boxed{}$

3 곱이 같은 것끼리 이어 보세요.

| 9×6 | • | | • | 4×3 |

| 3×7 | • | | • | 6×9 |

| 2×6 | • | | • | 7×3 |

4 다음 중 틀린 것을 모두 고르세요.

( )

① $1 \times 8 = 8$　　② $5 \times 1 = 5$
③ $7 \times 0 = 0$　　④ $0 \times 1 = 1$
⑤ $9 \times 0 = 9$

5 8단 곱셈구구의 곱이 <u>아닌</u> 것은 어느 것일까요? ( )

① 16　　② 40　　③ 56
④ 63　　⑤ 72

6 곱의 크기를 비교하여 ○ 안에 >, =, <를 알맞게 써넣으세요.

$$6 \times 5 \bigcirc 4 \times 7$$

7 그림을 보고 □ 안에 알맞은 수를 써넣으세요.

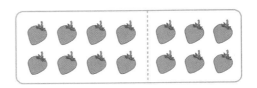

2×7은 2×4에 $\boxed{}$ 을/를 더한 것과 같습니다.

8 야구는 한 팀에 9명의 선수가 경기를 합니다. 5팀에서 경기를 하는 야구 선수는 모두 몇 명일까요?

( )

9 구슬은 모두 몇 개인지 알아보려고 합니다. 바른 방법을 모두 찾아 기호를 써 보세요.

> ㉠ 6 × 2의 곱으로 구합니다.
> ㉡ 6씩 3번 더해서 구합니다.
> ㉢ 3씩 4번 더해서 구합니다.
> ㉣ 3 × 3에 3을 더해서 구합니다.

( )

[10~11] 곱셈표를 보고 물음에 답하세요.

×	3	4	5	6	7	8
3	9	12			21	24
4		16	20			
5		20			35	
6	18	㉠	30		42	
7		28	35			56
8			40		56	

10 초록색으로 색칠된 곳에 있는 수들은 어떤 규칙이 있을까요?

( )

11 점선을 따라 접었을 때 ㉠과 만나는 칸에 알맞은 수를 써넣으세요.

12 □ 안에 들어갈 수가 더 큰 것의 기호를 써 보세요.

㉠ □ × 1 = 8   ㉡ 5 × □ = 0

( )

13 곱이 큰 것부터 차례로 기호를 써 보세요.

> ㉠ 5 × 4   ㉡ 9 × 2
> ㉢ 7 × 7   ㉣ 8 × 3

( )

14 빈칸에 알맞은 수를 써넣으세요.

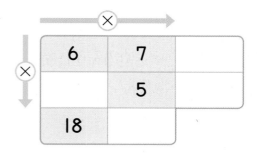

15 ㉠보다 크고 ㉡보다 작은 수를 모두 구해 보세요.

4 × 8 = ㉠   6 × 6 = ㉡

( )

16 □ 안에 알맞은 수를 구해 보세요.

$$3 \times ★ = 27$$
$$★ \times 8 = □$$

(   )

17 어떤 수인지 구해 보세요.

- 8단 곱셈구구의 곱입니다.
- 7×7의 곱보다 작습니다.
- 3×4의 곱과 5×6의 곱을 더한 값보다 큽니다.

(   )

18 달리기 경기를 하여 연필을 1등은 2자루, 2등은 1자루, 3등은 0자루를 받습니다. 혜진이네 반의 경기 결과가 다음과 같다면 혜진이네 반 학생들은 연필을 모두 몇 자루 받을까요?

등수	1	2	3
학생 수(명)	6	8	9

(   )

19 보기 는 7×6을 계산하는 방법을 설명한 것입니다. 7×6은 얼마인지 2가지 방법으로 더 설명해 보세요.

보기

7×6은 7×4와 7×2를 더한 것과 같으므로 $28 + 14 = 42$입니다.

방법1 _____

_____

_____

방법2 _____

_____

_____

20 한 통에 8개씩 들어 있는 사탕이 6통 있습니다. 이 중에서 지영이가 5개를 먹었습니다. 지영이가 먹고 남은 사탕은 몇 개인지 풀이 과정을 쓰고 답을 구해 보세요.

풀이 _____

_____

_____

_____

답 _____

단원 평가 Level ❷

점수

확인

1 빵은 모두 몇 개인지 곱셈식으로 나타 내 보세요.

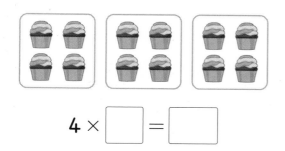

$$4 \times \boxed{} = \boxed{}$$

2 ☐ 안에 알맞은 수를 써넣으세요.

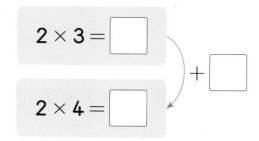

$$2 \times 3 = \boxed{}$$

$$2 \times 4 = \boxed{}$$

$$+ \boxed{}$$

3 곱셈식을 수직선에 나타내고 ☐ 안에 알맞은 수를 써넣으세요.

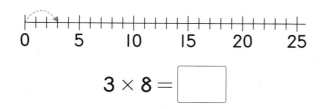

$$3 \times 8 = \boxed{}$$

4 ☐ 안에 알맞은 수를 써넣으세요.

(1) $7 \times \boxed{} = 14$

(2) $\boxed{} \times 9 = 36$

5 곱의 크기를 비교하여 ○ 안에 >, =, <를 알맞게 써넣으세요.

(1) $8 \times 6 \bigcirc 6 \times 9$

(2) $9 \times 4 \bigcirc 6 \times 6$

6 케이크에 꽂혀 있는 초는 모두 몇 개인 지 곱셈식으로 나타내 보세요.

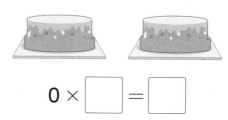

$$0 \times \boxed{} = \boxed{}$$

7 연결 모형의 전체 개수를 잘못 말한 사 람을 찾아 이름을 써 보세요.

동혁: $6 + 6 + 6 + 6 + 6$으로 6을 5번 더해서 구할 수 있어.

지수: 6×4에서 6을 빼서 구할 수 있어.

현진: 6×5의 곱으로 구할 수 있어.

(   )

8 빈칸에 알맞은 수를 써넣으세요.

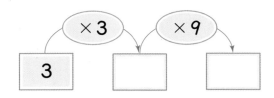

9 곱이 큰 것부터 차례로 기호를 써 보세요.

> ㉠ 5 × 7　　㉡ 3 × 9
> ㉢ 6 × 5　　㉣ 4 × 6

(　　　　　　　　　)

10 상자 한 개의 길이는 5 cm입니다. 상자 6개의 길이는 얼마인지 □ 안에 알맞은 수를 써넣으세요.

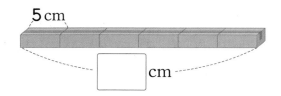

11 사탕은 모두 몇 개인지 2가지 곱셈식으로 나타내려고 합니다. □ 안에 알맞을 수를 써넣으세요.

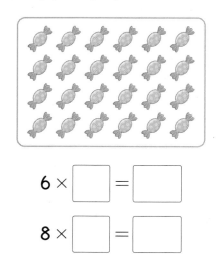

6 × □ = □

8 × □ = □

12 공원에 6명씩 앉을 수 있는 긴 의자가 7개 있습니다. 모두 몇 명이 앉을 수 있을까요?

(　　　　　　　　　)

13 곱셈표를 보고 물음에 답하세요.

×	1	2	3	4	5	6
1						
2						
3						
4						
5						
6						

⑴ 곱셈표를 완성해 보세요.

⑵ 곱이 12인 곳을 모두 찾아 색칠해 보세요.

14 곱셈구구를 이용하여 연결 모형은 모두 몇 개인지 구해 보세요.

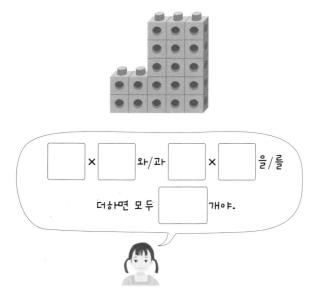

□ × □ 와/과 □ × □ 을/를

더하면 모두 □ 개야.

15 꽃 가게에 장미 60송이가 있습니다. 장미를 한 다발에 8송이씩 4다발을 만들었습니다. 꽃다발을 만들고 남은 장미는 몇 송이일까요?

(   )

16 어떤 수인지 구해 보세요.

> • 7단 곱셈구구의 곱입니다.
> • 짝수입니다.
> • 십의 자리 숫자는 40을 나타냅니다.

(   )

17 1부터 9까지의 수 중에서 □ 안에 들어갈 수 있는 수를 모두 구해 보세요.

$$5 \times \square > 37$$

(   )

18 수 카드 5장 중에서 2장을 뽑아 카드에 적힌 두 수의 곱을 구하려고 합니다. 곱이 가장 클 때의 곱을 구해 보세요.

| 3 | 9 | 5 | 0 | 8 |

(   )

19 ㉠ × ㉡의 값은 얼마인지 풀이 과정을 쓰고 답을 구해 보세요.

$$9 \times ㉠ = 9 \qquad 5 \times 1 = ㉡$$

풀이 _____

_____

_____

_____

답 _____

20 가게에서 오이는 한 봉지에 7개씩, 가지는 한 봉지에 4개씩 담아서 팔고 있습니다. 어머니께서 오이 4봉지와 가지 5봉지를 사 오셨습니다. 어머니께서 사 오신 오이와 가지는 모두 몇 개인지 풀이 과정을 쓰고 답을 구해 보세요.

풀이 _____

_____

_____

_____

답 _____

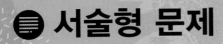
1 철봉의 높이는 2 m보다 15 cm 더 높습니다. 철봉의 높이는 몇 cm인지 풀이 과정을 쓰고 답을 구해 보세요.

풀이 ⓔ 2 m보다 15 cm 더 긴 길이는

2 m 15 cm입니다.

1 m = 100 cm이므로 철봉의 높이는

2 m 15 cm = 200 cm + 15 cm = 215 cm

입니다.

답   215 cm

1⁺ 서랍장의 높이는 1 m보다 40 cm 더 높습니다. 서랍장의 높이는 몇 cm인지 풀이 과정을 쓰고 답을 구해 보세요.

풀이

답

2 길이가 2 m 73 cm인 털실을 잘라 상자를 묶는 데 1 m 45 cm를 사용하였습니다. 남은 털실의 길이는 몇 m 몇 cm인지 풀이 과정을 쓰고 답을 구해 보세요.

풀이 ⓔ (남은 털실의 길이)

= 2 m 73 cm − 1 m 45 cm

= 1 m 28 cm

답   1 m 28 cm

2⁺ 길이가 3 m 55 cm인 리본을 잘라 상자를 묶는 데 1 m 38 cm를 사용하였습니다. 남은 리본의 길이는 몇 m 몇 cm인지 풀이 과정을 쓰고 답을 구해 보세요.

풀이

답

3 길이를 잘못 잰 까닭을 써 보세요.

책상의 길이는 120 cm야.

▶ 책상의 한끝을 줄자의 눈금 0에 맞추어 재었는지 확인 합니다.

까닭 ....

....

4 의자의 높이가 1 m일 때 냉장고의 높이는 약 몇 m인지 풀이 과정을 쓰고 답을 구해 보세요.

1 m

▶ 의자 높이가 몇 번 정도 들 어가는지 알아봅니다.

풀이 ....

....

....

답 ....

5 몸의 부분을 이용하여 축구 골대의 길이를 잴 때 가장 적은 횟수로 잴 수 있는 것을 찾아 기호를 쓰려고 합니다. 풀이 과정을 쓰고 답을 구해 보세요.

▶ 길이를 재는 단위가 길수록 적은 횟수로 잴 수 있습니다.

ㄱ ㄴ ㄷ ㄹ

풀이 ....

....

....

답 ....

6 영주는 러닝머신 위에서 매일 뛰기 운동을 합니다. 어제는 9340 cm를 뛰었고 오늘은 95 m 60 cm를 뛰었습니다. 어제와 오늘 중에서 더 많이 뛴 날은 언제인지 풀이 과정을 쓰고 답을 구해 보세요.

▶ 같은 단위로 바꾼 후 뛴 거리를 비교해 봅니다.

풀이 ....

....

....

답 ....

7 민지의 두 걸음의 길이를 재어 보니 1 m입니다. 복도에 있는 신발장의 길이는 민지의 걸음으로 약 6걸음이었습니다. 신발장의 길이는 약 몇 m인지 풀이 과정을 쓰고 답을 구해 보세요.

▶ 6걸음은 2걸음씩 몇 번인지 알아봅니다.

풀이 ....

....

....

답 ....

8 집에서 서점을 거쳐 학교까지 가는 거리는 몇 m 몇 cm인지 풀이 과정을 쓰고 답을 구해 보세요.

▶ m는 m끼리, cm는 cm끼리 더합니다.

집

학교

25 m 30 cm   36 m 43 cm

서점

풀이 ....

....

....

답 ....

9 가장 긴 길이와 가장 짧은 길이의 합은 몇 m 몇 cm인지 풀이 과정을 쓰고 답을 구해 보세요.

> ▶ 먼저 같은 단위로 바꾼 후 길이를 비교해 봅니다.

| 6 m 19 cm | 609 cm | 6 m 31 cm |

풀이 _____

_____

_____

답 _____

10 길이가 2 m 30 cm인 색 테이프 2장을 그림과 같이 이어 붙였습니다. 이어 붙인 색 테이프의 전체 길이는 몇 m 몇 cm인지 풀이 과정을 쓰고 답을 구해 보세요.

> ▶ 두 색 테이프의 길이의 합에서 겹쳐진 부분의 길이를 뺍니다.

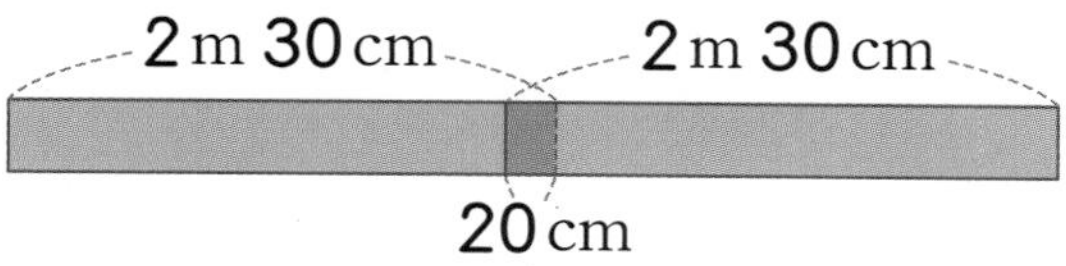

풀이 _____

_____

_____

답 _____

11 털실을 민혁이는 356 cm만큼 자르고 용하는 민혁이보다 1 m 20 cm 더 짧게 잘랐습니다. 민혁이와 용하가 자른 털실은 모두 몇 m 몇 cm인지 풀이 과정을 쓰고 답을 구해 보세요.

> ▶ 먼저 용하가 자른 털실의 길이를 구해 봅니다.

풀이 _____

_____

_____

답 _____

단원 평가 Level ❶

1 길이를 바르게 읽어 보세요.

4 m 20 cm

( )

2 길이를 m 단위로 나타내기에 알맞은 것을 모두 찾아 기호를 써 보세요.

> ㉠ 책가방의 길이
> ㉡ 버스의 길이
> ㉢ 교실 천장의 높이
> ㉣ 동생의 발 길이

( )

3 □ 안에 알맞은 수를 써넣으세요.

(1) 616 cm = ☐ m ☐ cm

(2) 3 m 7 cm = ☐ cm

4 ○ 안에 >, =, <를 알맞게 써넣으세요.

5 m 48 cm ◯ 584 cm

5 계산해 보세요.

(1) 3 m 10 cm + 5 m 45 cm

(2) 7 m 83 cm − 2 m 10 cm

6 주어진 1m로 철사의 길이를 어림하였습니다. 철사의 길이는 약 몇 m일까요?

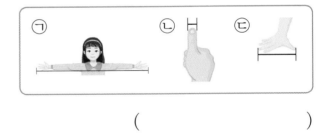

약 ( )

7 트럭의 길이를 몸의 부분을 이용하여 재려고 합니다. 어느 것으로 재는 것이 가장 알맞을지 기호를 써 보세요.

㉠ ㉡ ㉢

( )

8 지석이의 키는 몇 m 몇 cm일까요?

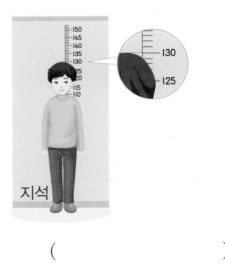

( )

9 오른쪽 길이를 사용하여 보기 와 같이 문장을 만들어 보세요.

```
1m
2m
```

보기

책상의 높이는 약 1m입니다.

....

....

10 길이가 긴 것부터 차례로 기호를 써 보세요.

ㄱ 4 m 72 cm   ㄴ 427 cm
ㄷ 408 cm   ㄹ 4 m 63 cm

(   )

11 두 막대의 길이의 합은 몇 m 몇 cm일까요?

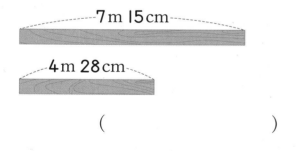

7 m 15 cm

4 m 28 cm

(   )

12 길이가 1 m 80 cm인 고무줄을 양쪽으로 잡아당겼더니 2 m 95 cm가 되었습니다. 고무줄은 몇 m 몇 cm 늘어났을까요?

(   )

13 □ 안에 알맞은 수를 써넣으세요.

```
    3  m  □  cm
+   □  m  42  cm
─────────────────
    5  m  73  cm
```

14 학생들이 버스를 타려고 줄을 섰습니다. 맨 앞에 있는 학생과 맨 뒤에 있는 학생의 거리는 약 몇 m일까요?

앞 사람과의 간격이 1m씩 되게 줄을 서세요.

약 (   )

15 길이가 10 m보다 긴 것에 ○표 하세요.

• 줄넘기 10개를 이어 놓은 길이

(   )

• 교실 문의 높이   (   )

• 2학년 학생 5명이 양팔을 벌려 이은 길이   (   )

16 끈으로 상자를 묶는 데 1m 58cm를 사용하였더니 3m 30cm가 남았습니다. 처음에 있던 끈의 길이는 몇 m 몇 cm일까요?

(   )

17 민수와 수지는 높이가 185cm인 에어컨의 높이를 다음과 같이 어림하였습니다. 누가 실제 높이에 더 가깝게 어림하였을까요?

민수	약 1m 90cm
수지	약 1m 70cm

(   )

18 사각형에서 가장 긴 변과 가장 짧은 변의 길이의 차는 몇 m 몇 cm일까요?

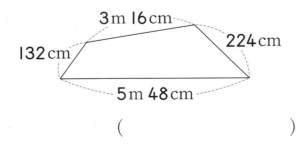

(   )

19 털실을 재호는 3m 24cm 가지고 있고 희재는 재호보다 2m 50cm 더 길게 가지고 있습니다. 희재가 가지고 있는 털실의 길이는 몇 m 몇 cm인지 풀이 과정을 쓰고 답을 구해 보세요.

풀이 _____

_____

_____

답 _____

20 보기 를 보고 가로등과 가로등 사이의 거리는 약 몇 m인지 풀이 과정을 쓰고 답을 구해 보세요.

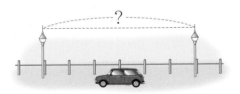

> **보기**
> • 승용차의 길이는 약 4m입니다.
> • 울타리 한 칸의 길이는 약 2m입니다.

풀이 _____

_____

_____

답 _____

단원 평가 Level ❷

1 다음 길이는 몇 m 몇 cm인지 쓰고 읽어 보세요.

> 2m보다 16cm 더 긴 길이

쓰기 (   )

읽기 (   )

2 □ 안에 알맞은 수를 써넣으세요.

(1) 300 cm = □ m

(2) 6 m 4 cm = □ cm

3 cm와 m 중 알맞은 단위를 써 보세요.

(1) 내 뼘의 길이는 약 15 □ 입니다.

(2) 소파의 길이는 약 3 □ 입니다.

(3) 선생님의 키는 약 180 □ 입니다.

4 길이가 1m보다 긴 것을 모두 고르세요. (   )

① 스케치북의 길이
② 선생님의 발 길이
③ 시소의 길이
④ 전봇대의 높이
⑤ 침대의 긴 쪽의 길이

5 리본의 길이는 몇 cm일까요?

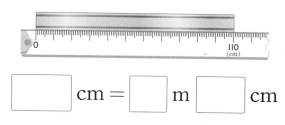

□ cm = □ m □ cm

6 길이의 합과 차를 구해 보세요.

(1)
$$\begin{array}{r} 4\ \text{m}\quad 25\ \text{cm} \\ +\ 1\ \text{m}\quad 30\ \text{cm} \\ \hline \square\ \text{m}\quad \square\ \text{cm} \end{array}$$

(2)
$$\begin{array}{r} 6\ \text{m}\quad 72\ \text{cm} \\ -\ 3\ \text{m}\quad 19\ \text{cm} \\ \hline \square\ \text{m}\quad \square\ \text{cm} \end{array}$$

7 다희의 키를 재었더니 126cm였습니다. 다희의 키는 1m보다 몇 cm 더 클까요?

(   )

8 길이가 가장 긴 것은 어느 것일까요?

(   )

① 702 cm   ② 6 m 98 cm
③ 720 cm   ④ 7 m 7 cm
⑤ 652 cm

9 주어진 l m의 길이로 끈의 길이를 어림하였습니다. 끈의 길이는 약 몇 m일까요?

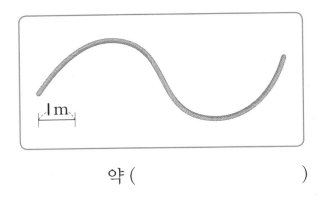

약 (   )

10 보기 에서 알맞은 길이를 골라 문장을 완성해 보세요.

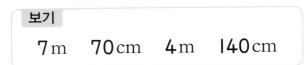

보기

7 m   70 cm   4 m   l40 cm

(1) 내 키는 약 ☐ 입니다.

(2) 승용차의 길이는 약 ☐ 입니다.

(3) 축구 골대의 길이는 약 ☐ 입니다.

11 액자의 긴 쪽과 짧은 쪽의 길이의 합은 몇 m 몇 cm일까요?

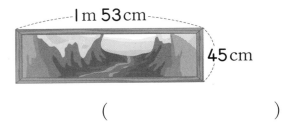

l m 53 cm

45 cm

(   )

12 길이가 2 m 36 cm인 종이테이프 2개를 겹치는 부분 없이 이었습니다. 이은 종이테이프의 전체 길이는 몇 m 몇 cm일까요?

(   )

13 길이가 더 긴 것에 ◯표 하세요.

l m 75 cm + 306 cm   5 m

14 은석이와 세미가 각자 어림하여 l m 50 cm가 되도록 리본을 잘랐습니다. 자른 리본의 길이가 l m 50 cm에 더 가까운 사람은 누구일까요?

이름	리본의 길이
은석	l m 75 cm
세미	l m 30 cm

(   )

15 길이가 6 m 57 cm인 막대를 두 도막으로 잘랐더니 한 도막의 길이가 3 m 28 cm였습니다. 다른 한 도막의 길이는 몇 m 몇 cm인지 구해 보세요.

6 m 57 cm

3 m 28 cm   ?

(   )

16 0부터 9까지의 수 중에서 □ 안에 들어갈 수 있는 수를 모두 구해 보세요.

> 6□5cm > 6m 69cm

(   )

17 우체국과 은행 중 지하철역에서 어느 곳이 몇 m 몇 cm 더 먼지 구해 보세요.

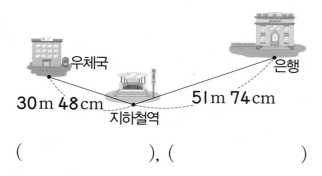

우체국
은행
30m 48cm
지하철역
51m 74cm

(   ), (   )

18 재준이의 키는 1m 28cm이고 어머니의 키는 재준이보다 31cm 더 큽니다. 재준이와 어머니의 키의 합은 몇 m 몇 cm일까요?

(   )

19 길이가 가장 긴 것과 가장 짧은 것의 길이의 차는 몇 m 몇 cm인지 풀이 과정을 쓰고 답을 구해 보세요.

> 2m 14cm   317cm   3m 6cm

풀이 _____

_____

_____

답 _____

20 가장 긴 길이를 어림한 사람은 누구인지 풀이 과정을 쓰고 답을 구해 보세요.

> 형우: 내 두 걸음이 약 1m인데 신발장의 길이가 8걸음과 같았어.
>
> 세아: 내 6뼘이 약 1m인데 식탁의 길이가 12뼘과 같았어.
>
> 재민: 내 양팔을 벌린 길이가 약 1m인데 3번 잰 길이가 책장의 길이와 같았어.

풀이 _____

_____

_____

답 _____

서술형 문제

1 오늘 아침에 더 일찍 일어난 사람은 누구인지 풀이 과정을 쓰고 답을 구해 보세요.

> 정수: 나는 오늘 아침 **7**시 **10**분 전에 일어났어.
>
> 해진: 나는 오늘 아침 **7**시 **5**분에 일어났어.

풀이 예 정수가 일어난 시각은 **7**시 **10**분 전이므로 **6**시 **50**분입니다.

따라서 더 일찍 일어난 사람은 정수입니다.

답   정수

1⁺ 오늘 아침에 더 일찍 일어난 사람은 누구인지 풀이 과정을 쓰고 답을 구해 보세요.

> 민호: 나는 오늘 아침 **6**시 **50**분에 일어났어.
>
> 아린: 나는 오늘 아침 **7**시 **5**분 전에 일어났어.

풀이

답

2 은석이가 공부를 시작한 시각과 끝낸 시각입니다. 은석이가 공부한 시간은 몇 시간 몇 분인지 풀이 과정을 쓰고 답을 구해 보세요.

시작한 시각	2시 30분
끝낸 시각	3시 40분

풀이 예 **2**시 **30**분부터 **3**시 **30**분까지는 **1**시간이고, **3**시 **30**분부터 **3**시 **40**분까지는 **10**분입니다.

따라서 은석이가 공부한 시간은 **1**시간 **10**분입니다.

답   **1**시간 **10**분

2⁺ 혜지가 공부를 시작한 시각과 끝낸 시각입니다. 혜지가 공부한 시간은 몇 시간 몇 분인지 풀이 과정을 쓰고 답을 구해 보세요.

시작한 시각	4시 10분
끝낸 시각	5시 30분

풀이

답

3 효진이는 오른쪽 시계를 보고 **2**시 **5**분이라고 시각을 읽었습니다. 시각을 잘못 읽은 까닭을 쓰고 바르게 읽어 보세요.

▶ 긴바늘이 가리키는 수가 1이면 5분, 2이면 10분, …을 나타냅니다.

까닭 ....

....

답 ....

4 선아가 시계를 보니 짧은바늘이 **3**과 **4** 사이에 있고, 긴바늘이 **9**에서 작은 눈금 **2**칸 더 간 곳을 가리키고 있습니다. 선아가 본 시계의 시각은 몇 시 몇 분인지 풀이 과정을 쓰고 답을 구해 보세요.

▶ 시계의 긴바늘이 가리키는 작은 눈금 1칸은 1분을 나타냅니다.

풀이 ....

....

....

답 ....

5 시계의 짧은바늘이 **6**에서 **10**까지 가는 동안 긴바늘은 몇 바퀴를 도는지 풀이 과정을 쓰고 답을 구해 보세요.

▶ 짧은바늘이 숫자 한 칸을 가는 데 1시간이 걸리고 1시간 동안 긴바늘은 1바퀴를 돕니다.

풀이 ....

....

....

답 ....

6 야구 경기가 2시 30분에 시작하여 시계의 긴바늘이 3바퀴를 돌았을 때 끝났습니다. 야구 경기가 끝난 시각은 몇 시 몇 분인지 풀이 과정을 쓰고 답을 구해 보세요.

▶ 시계의 긴바늘이 1바퀴 도는 데 걸리는 시간은 1시간입니다.

풀이 ....

....

....

답 ....

7 민희네 동네 마트의 문을 열고 닫는 시각입니다. 마트에서 물건을 살 수 있는 시간은 몇 시간 몇 분인지 풀이 과정을 쓰고 답을 구해 보세요.

▶ 12시간 후는 시각이 오전에서 오후로 바뀝니다.

문을 여는 시각	오전 09:30
문을 닫는 시각	오후 11:00

풀이 ....

....

....

답 ....

8 어린이 미술 작품 전시회가 10월 14일부터 12월 3일까지 열린다고 합니다. 전시회를 하는 기간은 며칠인지 풀이 과정을 쓰고 답을 구해 보세요.

▶ 10월, 11월, 12월에 전시회를 하는 날수를 각각 구해서 더합니다.

풀이 ....

....

....

답 ....

9 은미는 2시간 40분 동안 공연을 보았습니다. 공연이 끝난 시각이 6시 10분이라면 공연이 시작된 시각은 몇 시 몇 분인지 풀이 과정을 쓰고 답을 구해 보세요.

▶ 공연이 끝난 시각에서 2시간 40분 전 시각을 구합니다.

풀이 _____

_____

_____

답 _____

10 규리네 가족은 2일 5시간 동안 여행을 했습니다. 규리네 가족이 여행한 시간은 모두 몇 시간인지 풀이 과정을 쓰고 답을 구해 보세요.

▶ 1일 = 24시간임을 이용합니다.

풀이 _____

_____

_____

답 _____

4

11 어느 해 6월 달력의 일부분입니다. 이 해의 7월 7일은 무슨 요일인지 풀이 과정을 쓰고 답을 구해 보세요.

▶ 6월의 마지막 날의 요일을 알아봅니다.

6월

일	월	화	수	목	금	토
					1	2
3	4	5				

풀이 _____

_____

_____

답 _____

단원 평가 Level **1**

점수

확인

1 시각을 바르게 읽은 것을 찾아 이어 보세요.

· 1시 50분

· 5시 20분

· 2시 10분

2 시계를 보고 몇 시 몇 분인지 써 보세요.

☐시 ☐분

3 ☐ 안에 알맞은 수를 써넣으세요.

(1) 5시 55분은 6시 ☐분 전입니다.

(2) 8시 10분 전은 7시 ☐분입니다.

4 ( ) 안에 오전과 오후를 알맞게 써넣으세요.

(1) 낮 2시 ( )

(2) 새벽 5시 ( )

(3) 아침 8시 ( )

(4) 밤 11시 ( )

5 같은 것끼리 이어 보세요.

1시간 ·	· 1년
1주일 ·	· 1일
12개월 ·	· 7일
24시간 ·	· 60분

6 시각에 맞게 긴바늘을 그려 넣으세요.

7 틀린 것을 찾아 기호를 써 보세요.

┌─────────────────────────┐
│ ㉠ 2시간 10분 = 130분 │
│ ㉡ 1시간 5분 = 105분 │
│ ㉢ 125분 = 2시간 5분 │
└─────────────────────────┘

( )

8 ☐ 안에 알맞은 수를 써넣으세요.

(1) 1일 8시간 = ☐시간

(2) 2주일 3일 = ☐일

(3) 1년 6개월 = ☐개월

9 설명을 보고 알맞은 시각을 써 보세요.

> • 시계의 짧은바늘이 **4**와 **5** 사이에 있습니다.
> • 시계의 긴바늘이 **7**을 가리킵니다.

( )

10 시간이 얼마나 흘렀는지 시간 띠에 나타내 구해 보세요.

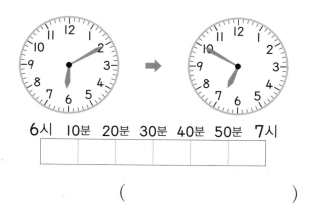

6시	10분	20분	30분	40분	50분	7시

( )

11 예성이는 친구들과 함께 |시간 동안 놀이터에서 놀기로 했습니다. 시계를 보고 몇 분 더 놀 수 있는지 구해 보세요.

( )

12 시계가 멈춰서 다시 시각을 맞추려고 합니다. 긴바늘을 시계 방향으로 몇 바퀴만 돌리면 되는지 구해 보세요.

멈춘 시계   현재 시각

7:30

( )

13 날수가 30일인 달에 모두 ○표 하세요.

|월	4월	5월	9월	12월

[14~15] 달력을 보고 물음에 답하세요.

5월

일	월	화	수	목	금	토
		1	2	3	4	5
6	7	8	9	10	11	12

미주 생일

14 해성이의 생일은 미주 생일의 일주일 전입니다. 몇 월 며칠일까요?

( )

15 주석이의 생일은 미주 생일의 10일 후입니다. 주석이의 생일은 몇 월 며칠이고 무슨 요일일까요?

(,)

16 알맞은 시각과 시간을 구해 보세요.

오전 **10**시에 친구들을 만나서 **3**시간 동안 놀고 헤어졌어요. 친구와 헤어진 시각은 언제일까요?

(오전 , 오후) ☐ 시

영화가 시작한 시각이 **3**시 **30**분이고 끝난 시각이 **4**시 **50**분이에요. 영화를 본 시간은 몇 분일까요?

☐ 분

17 영준이가 **1**시간 **40**분 동안 공부를 하고 나서 시계를 보았더니 오른쪽과 같았습니다. 영준이가 공부를 시작한 시각은 몇 시 몇 분일까요?

(   )

18 태권도 연습을 **1**부와 **2**부에 각각 **40**분씩 하고 **1**부와 **2**부 사이에 **10**분을 쉬었습니다. **1**부 연습을 **2**시 **40**분에 시작했다면 **2**부 연습을 끝낸 시각은 몇 시 몇 분일까요?

(   )

19 태하가 시각을 잘못 읽은 까닭을 쓰고 바르게 읽어 보세요.

6시 4분입니다.

태하

까닭 _____

_____

_____

답 _____

20 연주와 민석이가 공원 입구에 도착한 시각입니다. 공원에 더 빨리 도착한 사람은 누구인지 풀이 과정을 쓰고 답을 구해 보세요.

연주	12시 55분
민석	1시 10분 전

풀이 _____

_____

_____

_____

답 _____

단원 평가 Level ❷

1 시계를 보고 몇 시 몇 분인지 써 보세요.

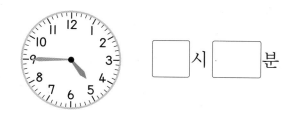

☐ 시 ☐ 분

2 시각에 맞게 긴바늘을 그려 넣으세요.

2시 35분

3 ☐ 안에 오전과 오후를 알맞게 써넣으세요.

승희는 ☐ 8시 30분에 학교에 가서 ☐ 1시 45분에 집에 돌아왔습니다.

4 시각을 두 가지로 읽어 보세요.

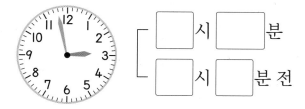

☐ 시 ☐ 분
☐ 시 ☐ 분 전

5 같은 시각끼리 이어 보세요.

6 ☐ 안에 알맞은 수를 써넣으세요.

(1) 3주일 2일 = ☐ 일

(2) 20일 = ☐ 주일 ☐ 일

7 솔이는 피아노를 40개월 동안 배웠습니다. 솔이는 피아노를 몇 년 몇 개월 동안 배웠을까요?

( )

8 오른쪽 시계가 나타내는 시각에서 5분 전의 시각을 왼쪽 시계에 나타내 보세요.

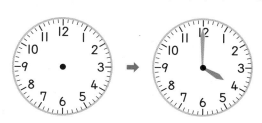

9 호정이네 가족이 여행한 시간은 모두 몇 시간인지 구해 보세요.

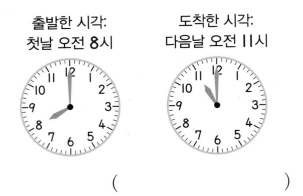

출발한 시각:
첫날 오전 8시

도착한 시각:
다음날 오전 11시

(   )

[10~11] 영화관에서 영화가 시작된 시각과 끝난 시각을 나타낸 것입니다. 물음에 답하세요.

시작된 시각   끝난 시각

10 영화가 시작된 시각과 끝난 시각은 각각 몇 시 몇 분일까요?

시작된 시각 (   )
끝난 시각 (   )

11 영화 상영 시간은 몇 시간 몇 분일까요?

(   )

12 민규는 오전 11시부터 오후 1시까지 친구들과 야구를 하였습니다. 민규가 야구를 한 시간은 몇 시간일까요?

(   )

13 준형이와 친구들이 교실에 도착한 시각입니다. 일찍 도착한 사람부터 차례로 이름을 써 보세요.

준형: 8시 18분
소영: 9시 15분 전
수현: 8시 43분

(   )

[14~15] 달력을 보고 물음에 답하세요.

11월

일	월	화	수	목	금	토
			1	2	3	4
5	6	7	8	9	10	11
12	13	14	15	16	17	18
19	20	21	22	23	24	25
26	27	28	29	30		

14 일요일은 모두 몇 번 있나요?

(   )

15 17일에서 2주일 후는 무슨 요일인가요?

(   )

16 주환이가 시계를 보았더니 짧은바늘은 3과 4 사이에 있고 긴바늘은 5에서 작은 눈금 1칸 덜 간 곳을 가리키고 있습니다. 주환이가 본 시계의 시각은 몇 시 몇 분일까요?

(　　　　　　　　　)

17 뮤지컬 1부 공연이 3시 30분에 시작되었습니다. 2부 공연이 시작된 시각은 몇 시 몇 분일까요?

1부 공연 시간	50분
휴식 시간	15분
2부 공연 시간	50분

(　　　　　　　　　)

18 독도의 날은 10월 25일이고 체육의 날은 독도의 날보다 10일 빠릅니다. 독도의 날이 금요일일 때 체육의 날은 몇 월 며칠이고, 무슨 요일일까요?

(　　　　　　), (　　　　　　)

19 은주는 물놀이장에 오전 10시에 도착하여 오후 4시 30분에 물놀이장에서 나왔습니다. 은주가 물놀이장에 있었던 시간은 몇 시간 몇 분인지 풀이 과정을 쓰고 답을 구해 보세요.

풀이 ....

....

....

답 ....

20 어느 해 8월 달력의 일부분입니다. 이 해의 9월 1일은 무슨 요일인지 풀이 과정을 쓰고 답을 구해 보세요.

8월

일	월	화	수	목	금	토
		1	2	3	4	5

풀이 ....

....

....

답 ....

4

1 우정이네 반 학생들이 좋아하는 채소를 조사하여 표로 나타냈습니다. 호박을 좋아하는 학생은 몇 명인지 풀이 과정을 쓰고 답을 구해 보세요.

좋아하는 채소별 학생 수

채소	오이	호박	당근	가지	합계
학생 수(명)	11		3	6	26

풀이 ⑩ 호박을 좋아하는 학생 수는 전체 학생 수에서 오이, 당근, 가지를 좋아하는 학생 수를 빼면 되므로 $26-11-3-6=6$(명)입니다.

답　　6명

1⁺ 규민이네 반 학생들이 좋아하는 과일을 조사하여 표로 나타냈습니다. 사과를 좋아하는 학생은 몇 명인지 풀이 과정을 쓰고 답을 구해 보세요.

좋아하는 과일별 학생 수

과일	배	사과	포도	귤	합계
학생 수(명)	5		4	6	23

풀이

답

2 지환이네 모둠 학생들이 좋아하는 동물을 조사하여 그래프로 나타냈습니다. 가장 많은 학생들이 좋아하는 동물은 무엇인지 풀이 과정을 쓰고 답을 구해 보세요.

좋아하는 동물별 학생 수

3		○		
2	○	○		
1	○	○	○	○
학생 수(명)／동물	개	고양이	햄스터	토끼

풀이 ⑩ 그래프에서 ○의 수가 가장 많은 것은 고양이이므로 가장 많은 학생들이 좋아하는 동물은 고양이입니다.

답　　고양이

2⁺ 미호네 모둠 학생들이 좋아하는 꽃을 조사하여 그래프로 나타냈습니다. 가장 많은 학생들이 좋아하는 꽃은 무엇인지 풀이 과정을 쓰고 답을 구해 보세요.

좋아하는 꽃별 학생 수

3	○			
2	○			○
1	○	○	○	○
학생 수(명)／꽃	장미	백합	튤립	국화

풀이

답

3 현주네 반 학생들이 가고 싶은 나라를 조사하여 표로 나타 냈습니다. 표로 나타내면 편리한 점을 써 보세요.

▶ 표가 자료에 비해 어떤 점이 편리한지 생각해 봅니다.

가고 싶은 나라별 학생 수

나라	미국	일본	중국	프랑스	베트남	합계
학생 수(명)	6	2	3	4	1	16

편리한 점 ....

4 표를 보고 그래프로 나타내려고 합니다. 그래프를 완성할 수 없는 까닭을 써 보세요.

▶ 표를 보고 그래프로 나타낼 때 가로와 세로를 각각 몇 칸으로 해야 하는지 살펴봅 니다.

아영이의 옷의 수

옷	티셔츠	치마	바지	합계
옷의 수(벌)	5	3	4	12

아영이의 옷의 수

바지				
치마				
티셔츠				
옷 \ 옷의 수(벌)	1	2	3	4

까닭 ....

5 준영이네 반 학생들의 장래 희망을 조사하여 그래프로 나타냈 습니다. 그래프를 보고 알 수 있는 내용을 **2**가지 써 보세요.

▶ 그래프에서 ○의 수를 비교 하여 알 수 있는 것을 생각 해 봅니다.

장래 희망별 학생 수

4	○					
3	○	○			○	
2	○	○	○	○	○	
1	○	○	○	○	○	○
학생 수(명) \ 장래 희망	의사	변호사	운동선수	선생님	연예인	경찰

알 수 있는 내용 ....

....

[6~8] 다경이네 반 학생들이 좋아하는 색깔을 조사하여 표로 나타냈습니다. 물음에 답하세요.

좋아하는 색깔별 학생 수

색깔	노란색	빨간색	파란색	초록색	합계
학생 수(명)	4	2	5	3	

6 다경이네 반 학생은 모두 몇 명인지 풀이 과정을 쓰고 답을 구해 보세요.

▶ 전체 학생 수는 표에서 합계와 같습니다.

풀이 _____

_____

답 _____

7 파란색을 좋아하는 학생은 빨간색을 좋아하는 학생보다 몇 명 더 많은지 풀이 과정을 쓰고 답을 구해 보세요.

▶ 먼저 파란색과 빨간색을 좋아하는 학생은 각각 몇 명인지 알아봅니다.

풀이 _____

_____

답 _____

8 표를 보고 ○를 이용하여 그래프로 나타내고, 그래프를 보고 알 수 있는 내용을 써 보세요.

▶ 아래에서 위로 빈칸 없이 ○를 채웁니다.

좋아하는 색깔별 학생 수

5				
4				
3				
2				
1				
학생 수(명) 색깔	노란색	빨간색	파란색	초록색

알 수 있는 내용 _____

[9~11] 현수네 반 학생들의 혈액형을 조사하여 그래프로 나타냈습니다. 물음에 답하세요.

혈액형별 학생 수

혈액형＼학생 수(명)	1	2	3	4	5	6
AB형	○	○				
O형	○	○	○	○	○	○
B형	○	○	○	○		
A형	○	○	○	○	○	

9 혈액형이 B형인 학생보다 학생 수가 더 많은 혈액형은 몇 가지인지 풀이 과정을 쓰고 답을 구해 보세요.

풀이

답

▶ 그래프에서 ○의 수가 B형 보다 많은 것을 찾아봅니다.

10 학생 수가 많은 혈액형부터 차례로 쓰려고 합니다. 풀이 과정을 쓰고 답을 구해 보세요.

풀이

답

▶ 그래프에서 ○의 수가 많은 것부터 순서대로 씁니다.

11 그래프로 나타내면 편리한 점을 써 보세요.

편리한 점

▶ 그래프가 표에 비해 어떤 점 이 편리한지 생각해 봅니다.

5

단원 평가 Level ❶

점수

확인

[1~4] 원재네 반 학생들이 좋아하는 간식을 조사 하였습니다. 물음에 답하세요.

좋아하는 간식

원재	우석	민우	진경
유리	민규	은정	혜미
영준	서영	지원	승민
지민	석훈	정빈	현지

: 떡볶이   : 피자   : 햄버거   : 순대

1 원재가 좋아하는 간식은 무엇인가요?

(   )

2 자료를 보고 표로 나타내 보세요.

좋아하는 간식별 학생 수

간식	떡볶이	피자	햄버거	순대	합계
학생 수(명)					

3 햄버거를 좋아하는 학생은 몇 명일까요?

(   )

4 원재네 반 학생은 모두 몇 명일까요?

(   )

[5~8] 어느 해 12월의 날씨입니다. 물음에 답하세요.

12월의 날씨

일	월	화	수	목	금	토
	1 ☀	2 ☀	3 ☁	4 ☁	5 ☀	6 ☁
7 ☂	8 ☂	9 ☁	10 ☂	11 ☁	12 ☀	13 ☀
14 ☀	15 ☀	16 ☁	17 ☁	18 ☁	19 ☀	20 ☀
21 ☀	22 ☁	23 ☂	24 ❄	25 ☁	26 ❄	27 ❄
28 ❄	29 ☁	30 ☀	31 ☀			

☀:맑음 ☁:흐림 ☂:비 ❄:눈

5 12월 25일의 날씨에 ○표 하세요.

(맑음 , 흐림 , 비 , 눈)

6 비가 온 날을 모두 써 보세요.

(   )

7 자료를 보고 표로 나타내 보세요.

12월의 날씨

날씨	맑음	흐림	비	눈	합계
일수(일)					

8 흐린 날은 눈이 온 날보다 며칠 더 많을까요?

(   )

[9~11] 영주네 반 학생들이 주말에 가고 싶은 장소를 조사하여 표로 나타냈습니다. 물음에 답하세요.

주말에 가고 싶은 장소별 학생 수

장소	놀이공원	수영장	수목원	박물관	합계
학생 수(명)	6	7	5	3	21

9 표를 보고 그래프로 나타낼 때 그래프의 가로와 세로에는 각각 무엇을 나타내는 것이 좋을까요?

가로 (   )

세로 (   )

10 표를 보고 ○를 이용하여 그래프로 나타내 보세요.

주말에 가고 싶은 장소별 학생 수

7				
6				
5				
4				
3				
2				
1				
학생 수(명) / 장소	놀이공원	수영장	수목원	박물관

11 가장 많은 학생들이 가고 싶은 장소는 어디일까요?

(   )

[12~15] 준민이네 반 학생들이 받고 싶은 선물을 조사하여 표로 나타냈습니다. 물음에 답하세요.

받고 싶은 선물별 학생 수

선물	게임기	블록	인형	로봇	합계
학생 수(명)	8		3	2	20

12 표의 빈칸에 알맞은 수를 써넣으세요.

13 표를 보고 ×를 이용하여 그래프로 나타내 보세요.

받고 싶은 선물별 학생 수

로봇								
인형								
블록								
게임기								
선물 / 학생 수(명)	1	2	3	4	5	6	7	8

14 가장 많은 학생들이 받고 싶은 선물과 가장 적은 학생들이 받고 싶은 선물의 학생 수의 차는 몇 명인가요?

(   )

15 종류별 수의 많고 적음을 쉽게 비교할 수 있는 것은 표와 그래프 중 어느 것인지 써 보세요.

(   )

[16~18] 도연이네 모둠 학생들이 방학 동안 읽은 책 수를 조사하여 그래프로 나타냈습니다. 물음에 답하세요.

방학 동안 읽은 책 수

책 수(권) \ 이름	도연	민주	석희	동현	경수
7				○	
6	○			○	
5	○		○	○	
4	○	○	○	○	○
3	○	○	○	○	○
2	○	○	○	○	○
1	○	○	○	○	○

16 도연이네 모둠 학생은 모두 몇 명일까요?

(   )

17 읽은 책 수가 같은 학생의 이름을 써 보세요.

(   )

18 그래프를 보고 도연이의 일기를 완성해 보세요.

제목: 방학 동안 읽은 책 수를 조사한 날

날짜: 9월 15일   날씨: 맑음

오늘 수학 시간에 방학 동안 읽은 책 수를 조사했다. 우리 모둠에서 5권보다 많이 읽은 사람은 나와 동현이로 모두 ▢ 명이고, 동현이가 ▢ 권으로 가장 많이 읽었다.

19 유빈이네 모둠 학생들의 가족 수를 조사하여 그래프로 나타냈습니다. 잘못된 부분을 찾아 까닭을 써 보세요.

유빈이네 모둠 학생들의 가족 수

이름 \ 가족 수(명)	1	2	3	4	5	6
형식			○			
지원				○		
서윤					○	
유빈					○	

까닭 ....

....

....

20 영호네 반 학생들이 좋아하는 계절을 조사하여 표로 나타냈습니다. 표를 보고 알 수 있는 내용을 2가지 써 보세요.

좋아하는 계절별 학생 수

계절	봄	여름	가을	겨울	합계
학생 수(명)	5	6	7	4	22

알 수 있는 내용 ....

....

....

단원 평가 Level ❷

점수

확인

[1~4] 호정이네 반 학생들이 연주할 수 있는 악기를 조사하였습니다. 물음에 답하세요.

연주할 수 있는 악기

호정	정민	혜정	미연
진주	진구	상진	승우
미란	형준	준혁	성규
진아	동현	아라	서율

: 리코더 : 피아노 : 오카리나 : 칼림바

1 호정이가 연주할 수 있는 악기는 무엇인가요?

( )

2 칼림바를 연주할 수 있는 학생을 모두 써 보세요.

( )

3 자료를 보고 표로 나타내 보세요.

연주할 수 있는 악기별 학생 수

악기	리코더	피아노	오카리나	칼림바	합계
학생 수(명)					

4 피아노를 연주할 수 있는 학생은 몇 명일까요?

( )

[5~8] 지선이네 모둠 학생들이 일주일 동안 기록한 독서기록장 수를 조사하여 표로 나타냈습니다. 물음에 답하세요.

독서기록장 수

이름	지선	영준	채림	호준	합계
기록장 수(장)	4	6	2	5	17

5 지선이네 모둠은 모두 몇 명인가요?

( )

6 표를 보고 ○를 이용하여 그래프로 나타내 보세요.

독서기록장 수

6				
5				
4				
3				
2				
1				
기록장 수(장) / 이름	지선	영준	채림	호준

7 독서기록장을 가장 적게 쓴 학생은 누구일까요?

( )

8 독서기록장을 5장보다 많이 쓴 학생은 칭찬 붙임딱지를 받습니다. 칭찬 붙임딱지를 받는 학생은 누구일까요?

( )

[9~12] 자연생태관에 있는 곤충 수를 조사하여 표로 나타냈습니다. 물음에 답하세요.

자연생태관에 있는 곤충 수

종류	나비	벌	잠자리	메뚜기	합계
곤충 수(마리)	7	8		4	24

9 자연생태관에 있는 잠자리는 몇 마리일까요?

( )

10 표를 보고 △를 이용하여 그래프로 나타내 보세요.

자연생태관에 있는 곤충 수

8				
7				
6				
5				
4				
3				
2				
1				
곤충 수(마리) 종류	나비	벌	잠자리	메뚜기

11 자연생태관에 있는 곤충 중 어떤 곤충이 가장 적을까요?

( )

12 어떤 종류의 곤충이 몇 마리 있는지 알아보기에 편리한 것은 표와 그래프 중 어느 것일까요?

( )

[13~15] 도훈이가 가지고 있는 책 수를 조사하여 표와 그래프로 나타냈습니다. 물음에 답하세요.

종류별 책 수

종류	동화책	위인전	과학책	역사책	합계
책 수(권)	4			3	18

종류별 책 수

6		○		
5		○		
4		○		
3		○		
2		○		
1		○		
책 수(권) 종류	동화책	위인전	과학책	역사책

13 도훈이는 과학책을 몇 권 가지고 있을까요?

( )

14 표와 그래프를 각각 완성해 보세요.

15 가장 많이 가지고 있는 책과 가장 적게 가지고 있는 책의 종류를 한눈에 알아보기 편리한 것은 표와 그래프 중 어느 것일까요?

( )

[16~18] 재경이네 모둠 학생들이 8문제씩 퀴즈를 풀었습니다. 다음을 읽고 물음에 답하세요.

> 재경: 나는 지은이보다 3문제 더 맞혔어.
> 지은: 나는 반만 맞혔어.
> 성범: 나는 6문제 맞혔어.

16 재경이네 모둠 학생들이 맞힌 문제 수를 표로 나타내 보세요.

맞힌 문제 수

이름	재경	지은	성범
문제 수(문제)			

17 **16**의 표를 보고 /를 이용하여 그래프로 나타내 보세요.

맞힌 문제 수

성범								
지은								
재경								
이름 문제 수(문제)	1	2	3	4	5	6	7	8

18 한 문제를 맞힐 때마다 2점을 얻는다면 세 사람이 얻은 점수는 모두 몇 점일까요?

(   )

[19~20] 은정이네 반 학생들이 좋아하는 운동을 조사하여 그래프로 나타냈습니다. 물음에 답하세요.

좋아하는 운동별 학생 수

배드민턴	○	○				
탁구						
축구	○	○	○	○	○	○
야구	○	○	○	○	○	
운동 학생 수(명)	1	2	3	4	5	6

19 탁구를 좋아하는 학생 수는 배드민턴을 좋아하는 학생 수의 2배입니다. 탁구를 좋아하는 학생은 몇 명인지 풀이 과정과 답을 쓰고 그래프를 완성해 보세요.

풀이 ....

....

....

답 ....

20 은정이가 그래프를 보고 선생님께 쪽지를 쓰고 있습니다. 쪽지를 완성해 보세요.

> 선생님, 우리 반 학생들이 좋아하는 운동을 조사하였습니다.
>
> ....
>
> ....
>
> ....

서술형 문제

1 규칙을 찾아 써 보세요.

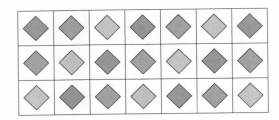

규칙 예) 파란색, 빨간색, 노란색이 반복되는 규칙입니다.

....

....

1⁺ 규칙을 찾아 빈칸에 알맞은 모양을 그려 넣고 규칙을 써 보세요.

규칙 ....

....

....

....

2 규칙에 따라 쌓기나무를 쌓았습니다. 쌓기나무를 4층으로 쌓으려면 쌓기나무가 몇 개 필요한지 풀이 과정을 쓰고 답을 구해 보세요.

풀이 예) 아래층으로 내려갈수록 쌓기나무가 각 층에 1개, 2개, 3개로 1개씩 늘어나는 규칙입니다.

따라서 쌓기나무를 4층으로 쌓으려면 쌓기나무가 1+2+3+4=10(개) 필요합니다.

답   10개

2⁺ 규칙에 따라 쌓기나무를 쌓았습니다. 쌓기나무를 4층으로 쌓으려면 쌓기나무가 몇 개 필요한지 풀이 과정을 쓰고 답을 구해 보세요.

풀이 ....

....

....

....

....

....

답

3 별이 쌓여 있는 그림을 보고 규칙을 찾아 ☐ 안에 알맞게 그려 넣고 규칙을 써 보세요.

▶ 별이 몇 개씩 늘어나는지 알아봅니다.

규칙 ....

....

....

4 규칙을 찾아 ▽ 안에 •을 알맞게 그려 넣고 규칙을 써 보세요.

▶ 점의 위치가 삼각형의 꼭짓점을 따라 어떻게 변하는지 알아봅니다.

규칙 ....

....

....

5 규칙에 따라 쌓기나무를 쌓을 때 ☐ 안에 놓을 쌓기나무는 몇 개인지 풀이 과정을 쓰고 답을 구해 보세요.

▶ 반복되는 쌓기나무의 개수를 알아봅니다.

풀이 ....

....

....

답 ....

6 규칙을 찾아 ☐ 안에 알맞게 그리고 규칙을 써 보세요.

▶ 모양과 색깔 모두에서 규칙을 찾아봅니다.

△ ○ △ ○ △ ○ ☐

규칙 _____

_____

_____

7 덧셈표에서 찾을 수 있는 규칙을 2가지 써 보세요.

▶ 여러 방향으로 어떻게 변하는지 알아봅니다.

+	1	2	3	4
1	2	3	4	5
2	3	4	5	6
3	4	5	6	7
4	5	6	7	8

규칙 _____

_____

_____

8 곱셈표에서 빨간색 선 안에 있는 수들의 규칙을 써 보세요.

▶ 아래로 내려갈수록 수가 어떻게 변하는지 알아봅니다.

×	3	4	5	6	7
3	9	12	15	18	21
4	12	16	20	24	28
5	15	20	25	30	35
6	18	24	30	36	42
7	21	28	35	42	49

규칙 _____

_____

_____

9 시계를 보고 다음에 올 시계가 가리키는 시각을 구하려고 합니다. 풀이 과정을 쓰고 답을 구해 보세요.

▶ 시계의 시각이 어떻게 변하는지 살펴봅니다.

풀이 ....

....

답 ....

10 장식용 전구가 있습니다. 다음과 같은 규칙으로 불이 켜질 때 **18**째에 켜지는 전구의 색깔은 무슨 색인지 풀이 과정을 쓰고 답을 구해 보세요.

▶ 반복되는 색깔을 찾아서 18째에는 어떤 색깔이 켜질지 생각해 봅니다.

첫째 둘째 셋째 넷째 다섯째 …

풀이 ....

....

....

답 ....

11 규칙에 따라 쌓기나무를 쌓고 있습니다. 쌓기나무 **31**개를 모두 쌓아 만든 모양은 몇 층이 될지 풀이 과정을 쓰고 답을 구해 보세요.

▶ 쌓기나무가 몇 개씩 늘어나고 있는지 살펴봅니다.

풀이 ....

....

답 ....

단원 평가 Level 1

점수

확인

1 규칙에 따라 알맞게 색칠해 보세요.

2 규칙에 따라 □ 안에 알맞은 모양을 그려 넣으세요.

3 규칙에 따라 빈칸에 알맞게 색칠해 보세요.

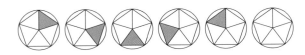

4 규칙에 따라 쌓기나무를 쌓을 때 □ 안에 놓을 쌓기나무는 몇 개일까요?

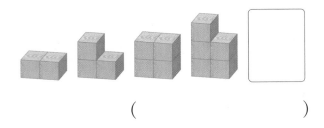

( )

5 구슬을 꿰어 팔찌를 만들었습니다. 규칙을 찾아 알맞게 색칠해 보세요.

6 신발장 번호에서 규칙을 찾아 빈칸에 알맞은 번호를 써 보세요.

1	2	3	4		6
7	8			11	12
		15	16	17	18
19	20		22	23	
25	26	27			30

[7~8] 덧셈표를 보고 물음에 답하세요.

+	4	6	8	10
4	8	10		14
6	10	12		
8		14	16	
10				20

7 빈칸에 알맞은 수를 써넣으세요.

8 덧셈표에서 찾을 수 있는 규칙이 아닌 것을 찾아 기호를 써 보세요.

> ㉠ 오른쪽으로 갈수록 **2**씩 커집니다.
> ㉡ 아래로 내려갈수록 **2**씩 커집니다.
> ㉢ ↘ 방향으로 갈수록 **4**씩 커집니다.
> ㉣ ↗ 방향으로 갈수록 **4**씩 커집니다.

( )

9 표 안의 수를 활용하여 덧셈표를 완성해 보세요.

+		7	9
6	12		
		14	
8		16	
			18

[10~12] 곱셈표를 보고 물음에 답하세요.

×	3	4	5	6
3		12	15	18
4	12		20	♥
5	15	20		30
6	18	♥	30	

10 초록색 점선이 그어진 곳에 올 수를 위에서부터 모두 구해 보세요.

( )

11 ♥에 공통으로 들어갈 수를 구해 보세요.

( )

12 빨간색 선 안에 있는 수들은 몇씩 커지는 규칙일까요?

( )

13 곱셈표에서 규칙을 찾아 빈칸에 알맞은 수를 써넣으세요.

×	1	2	3
1	1	2	3
2	2	4	6
3	3	6	

12			24
15	20		30
18			
21	28	35	

14 주희네 욕실의 타일에는 규칙이 있습니다. 규칙에 맞게 빈칸에 알맞은 모양을 그려 보세요.

	♥		♥		♥		♥
♥		♥		♥		♥	
	♥		♥				

15 어느 해 4월의 달력입니다. 달력에서 빨간색 점선에 놓인 날짜들은 몇씩 커지는 규칙일까요?

4월

일	월	화	수	목	금	토
		1	2	3	4	5
6	7	8	9	10	11	12
13	14	15	16	17	18	19
20	21	22	23	24	25	26
27	28	29	30			

( )

16 어느 공연장의 자리를 나타낸 그림입니다. 물음에 답하세요.

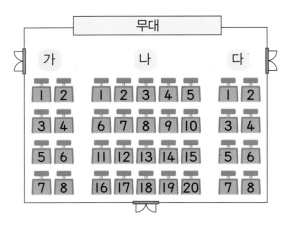

(1) 공연장의 자리에서 찾을 수 있는 규칙을 써 보세요.

규칙

(2) 예서의 자리는 '나 구역 15번'입니다. 예서의 자리에 ○표 하세요.

17 규칙에 따라 상자를 쌓았습니다. 상자를 6층으로 쌓으려면 상자가 모두 몇 개 필요할까요?

( )

18 규칙에 따라 수를 늘어놓았습니다. □ 안에 알맞은 수는 얼마일까요?

2, 3, 5, 8, 12, 17, 23, □

( )

19 규칙을 찾아 □ 안에 알맞은 모양을 그려 넣고 규칙을 써 보세요.

▲ ■ ▲ ■ ▲ ▲ ■ ▲ ▲ ■ □ □

규칙

20 스케이트장의 운영 시간표의 일부분입니다. 입장 시각의 규칙을 찾아 4회의 입장 시각은 몇 시 몇 분인지 풀이 과정을 쓰고 답을 구해 보세요.

	입장 시각	퇴장 시각
1회	3시 10분	5시 10분
2회	5시 20분	7시 20분
3회	7시 30분	

풀이

답

단원 평가 Level ❷

1 다음 무늬에서 반복되는 모양에 ○표 하세요.

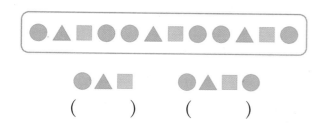

( )   ( )

2 규칙을 찾아 알맞게 색칠해 보세요.

3 규칙에 따라 쌓기나무를 쌓을 때 □ 안에 놓을 쌓기나무는 몇 개일까요?

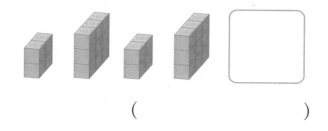

( )

4 규칙에 따라 쌓기나무를 쌓은 모양을 보고 규칙을 설명한 것입니다. □ 안에 알맞은 수를 써넣으세요.

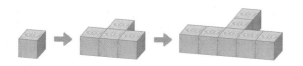

쌓기나무가 □ 개씩 늘어나는 규칙 입니다.

[5~6] 영주가 만든 무늬입니다. 물음에 답하세요.

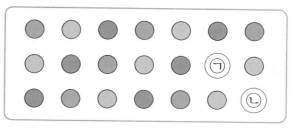

5 규칙을 찾아 ㉠과 ㉡에 알맞은 색을 써 보세요.

㉠ ( ), ㉡ ( )

6 위의 모양을 ● 은 1, ● 은 2, ● 은 3 으로 바꾸어 나타내고 규칙을 찾아 써 보세요.

1	2	3	1	2	3	1
2						

규칙 _____

[7~8] 덧셈표를 보고 물음에 답하세요.

+	1	3	5	7
1	2	4	6	8
3	4	6	8	10
5	6	8	10	
7	8	10		

7 빈칸에 알맞은 수를 써넣으세요.

8 빨간색 선 안에 있는 수는 아래로 내려 갈수록 몇씩 커지는 규칙일까요?

( )

[9~11] 곱셈표를 보고 물음에 답하세요.

×	5	6	7	8	9
5	25	30	35	40	45
6	30	36	42	48	54
7	35	42	49	★	63
8	40	48	★	64	72
9	45	54	63	72	81

9 ★에 공통으로 들어갈 수를 구해 보세요.

( )

10 곱셈표에서 찾을 수 있는 규칙을 모두 찾아 기호를 써 보세요.

> ㉠ 빨간색 선 안의 수들은 모두 짝수 입니다.
> ㉡ 초록색 선 안의 수들은 오른쪽으로 갈수록 6씩 커집니다.
> ㉢ 파란색 선 안의 수들은 홀수, 짝수 가 반복됩니다.

( )

11 곱셈표를 보라색 점선을 따라 접었을 때 만나는 수들은 서로 어떤 관계일까요?

( )

12 덧셈표에서 규칙을 찾아 빈칸에 알맞은 수를 써넣으세요.

+	1	2	3
1	2	3	4
2	3	4	5
3	4	5	6

7			
8	9	10	
	10		
10			

[13~14] 재민이네 아파트 승강기 안에 있는 숫자판의 일부분입니다. 물음에 답하세요.

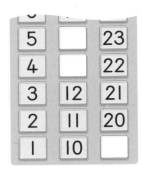

13 빈칸에 알맞은 수를 써넣으세요.

14 승강기 안에 있는 숫자판 수들의 규칙을 설명한 것입니다. □ 안에 알맞은 수를 써넣으세요.

> 오른쪽으로 한 칸 가면 □ 만큼 커지고 ↗ 방향으로 한 칸 가면 □ 만큼 커집니다.

15 버스 출발 시간표에서 규칙을 찾아 써 보세요.

버스 ○번				
	평일		주말	
출발 시각	8:00 8:20 8:40		8:00 8:30	
	9:00 9:20 9:40		9:00 9:30	
	10:00 10:20 10:40		10:00 10:30	

규칙

....

16 규칙에 따라 바둑돌을 놓을 때 17째 바둑돌의 색깔은 무엇일까요?

첫째 둘째 셋째 …

(   )

17 규칙적으로 도형을 그린 것입니다. 규칙을 찾아 □ 안에 알맞은 도형을 그리고 색칠해 보세요.

18 규칙에 따라 수를 늘어놓은 것입니다. ㉠에 알맞은 수는 얼마일까요?

> 2, 2, 4, 2, 4, 6, 2, 4, 6, ㉠

(   )

19 규칙을 찾아 □ 안에 알맞게 그려 넣고 규칙을 써 보세요.

● ▲ ■ ● ▲ ■ ● ▲ □

규칙

....

....

20 규칙에 따라 상자를 쌓았습니다. 상자를 5층으로 쌓으려면 상자가 모두 몇 개 필요한지 풀이 과정을 쓰고 답을 구해 보세요.

풀이

....

....

....

답

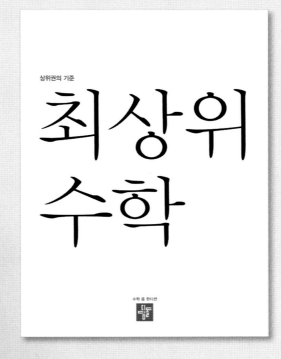

상위권의 기준

최상위
수학

수학 좀 한다면
디딤돌

상위권의 기준

최상위
수학
S

수학 좀 한다면
디딤돌

한걸음 한걸음 디딤돌을 걷다 보면
수학이 완성됩니다.

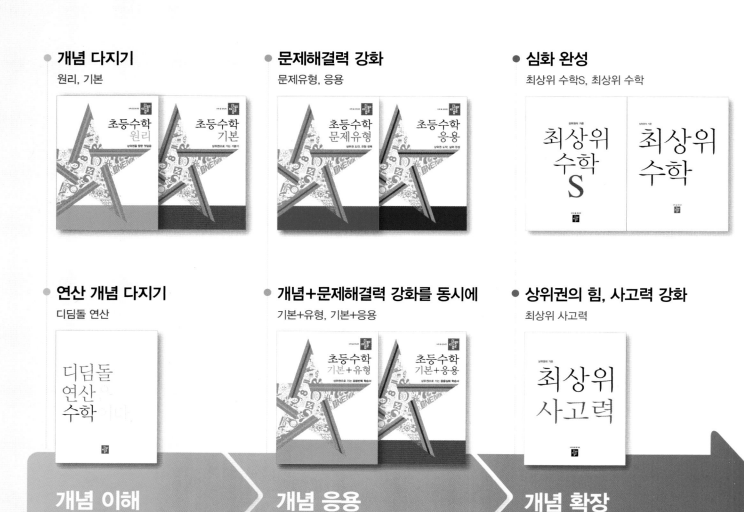

- **개념 다지기**
  원리, 기본

- **문제해결력 강화**
  문제유형, 응용

- **심화 완성**
  최상위 수학S, 최상위 수학

- **연산 개념 다지기**
  디딤돌 연산

- **개념+문제해결력 강화를 동시에**
  기본+유형, 기본+응용

- **상위권의 힘, 사고력 강화**
  최상위 사고력

개념 이해 ▷ **개념 응용** ▷ **개념 확장** ▷

학습 능력과 목표에 따라
맞춤형이 가능한 디딤돌 초등 수학

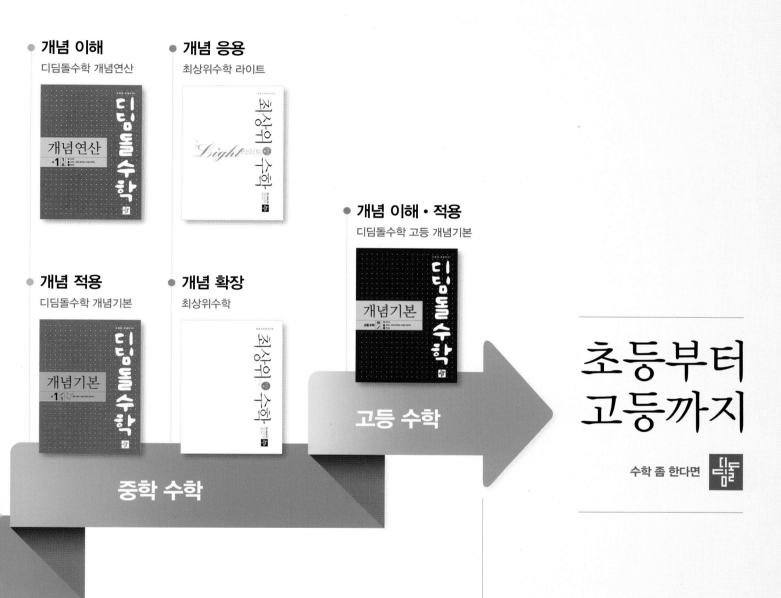

● 개념 이해
디딤돌수학 개념연산

● 개념 응용
최상위수학 라이트

● 개념 이해 · 적용
디딤돌수학 고등 개념기본

● 개념 적용
디딤돌수학 개념기본

● 개념 확장
최상위수학

중학 수학

고등 수학

초등부터
고등까지

수학 좀 한다면 디딤돌

개념을 이해하고, 깨우치고, 꺼내 쓰는
올바른 중고등 개념 학습서

수능까지 연결되는 독해 로드맵

디딤돌 독해력은 수능까지 연결되는 체계적인 라인업을 통하여

수능에서 요구하는 핵심 독해 원리에 대한 이해는 물론,

단계 별로 심화되며 연결되는 학습의 과정을 통해

깊이 있고 종합적인 독해 사고의 능력까지 기를 수 있도록 도와줍니다.

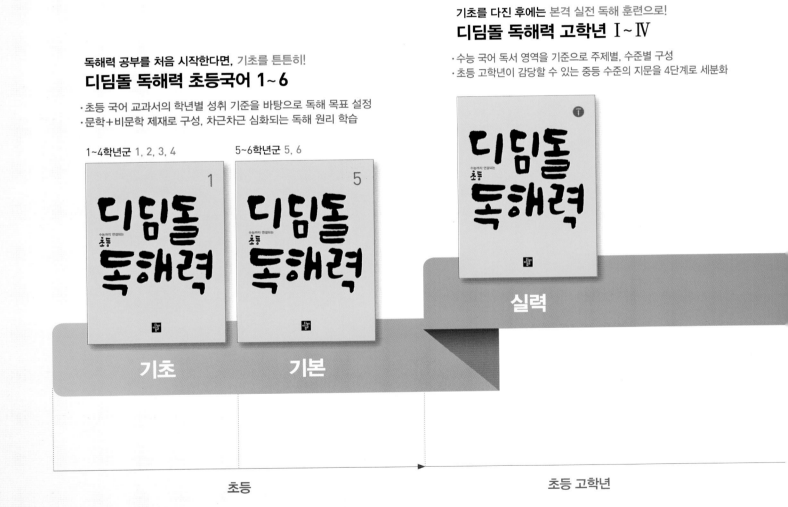

기초를 다진 후에는 본격 실전 독해 훈련으로!
디딤돌 독해력 고학년 Ⅰ~Ⅳ

· 수능 국어 독서 영역을 기준으로 주제별, 수준별 구성
· 초등 고학년이 감당할 수 있는 중등 수준의 지문을 4단계로 세분화

독해력 공부를 처음 시작한다면, 기초를 튼튼히!
디딤돌 독해력 초등국어 1~6

· 초등 국어 교과서의 학년별 성취 기준을 바탕으로 독해 목표 설정
· 문학+비문학 제재로 구성, 차근차근 심화되는 독해 원리 학습

1~4학년군 1, 2, 3, 4   5~6학년군 5, 6

실력

기초   기본

초등   초등 고학년

기본+응용 | 정답과 풀이

2
2

수학 좀 한다면

디딤돌

정답과 풀이

1 네 자리 수

1학기에서 학습한 세 자리 수에 이어 1000부터 10000까지의 수를 배우는 단원입니다. 이 단원에서 가장 중요한 개념은 십진법에 따른 자릿값입니다. 우리가 사용하는 십진법에 따른 수는 0부터 9까지의 숫자만을 사용하여 모든 수를 나타낼 수 있습니다. 따라서 같은 숫자라도 자리에 따라 다른 수를 나타내고, 10개의 숫자만으로 무한히 큰 수를 만들 수 있습니다. 이러한 자릿값의 개념은 수에 대한 이해에서부터 수의 크기 비교, 사칙연산, 중등에서의 다항식까지 연결되므로 네 자리 수를 학습할 때부터 기초를 잘 다질 수 있도록 지도해 주세요.

교과서 개념 이해 **1 천을 알아볼까요** 8~9쪽

1 10, 1 / (1) 1 (2) 1000

2 (1) 1000 (2) 1000

3

4 (1) 100 (2) 10 **5** 400원

2 (1) 800보다 100만큼 더 큰 수는 900, 200만큼 더 큰 수는 1000입니다.
(2) 997보다 1만큼 더 큰 수는 998, 2만큼 더 큰 수는 999, 3만큼 더 큰 수는 1000입니다.

3 100이 10개이면 1000이므로 ⑩을 10개 그립니다.

4 (1) 1000은 900보다 100만큼 더 큰 수입니다.
(2) 1000은 990보다 10만큼 더 큰 수입니다.

> ★ 학부모 지도 가이드
> 1000은 '~보다 몇백만큼 더 큰 수', '~보다 몇십만큼 더 큰 수'로 다양하게 말하게 함으로써 1000에 대한 수 감각을 형성할 수 있도록 지도합니다.

5

100원, 200원, 300원, ...을 세면서 1000원이 되도록 묶으면 400원이 남습니다.

교과서 개념 이해 **2 몇천을 알아볼까요** 10~11쪽

⚠ • 6000, 7000 • 칠천, 팔천, 구천

1 (1) 4000, 사천 (2) 6000, 육천
2 2000, 3000, 6000, 8000
3 (1) 7000, 칠천 (2) 9000, 구천 (3) 8000, 팔천
4 (1) 2000, 2000 (2) 3000, 3000

3 (1) 1000이 7개이면 7000입니다.
7000은 칠천이라고 읽습니다.
(2) 1000이 9개이면 9000입니다.
9000은 구천이라고 읽습니다.
(3) 100이 10개이면 1000입니다.
1000이 7개, 100이 10개이면 1000이 8개이므로 8000입니다. 8000은 팔천이라고 읽습니다.

> ★ 학부모 지도 가이드
> 몇천을 지도할 때 몇백을 학습했던 경험을 상기시켜 천이 몇 개이면 몇천이 됨을 알게 합니다. 또한 수 모형 뿐만 아니라 숫자칩, 모형 화폐 등을 사용하여 다양한 방법으로 나타내 봄으로써 몇천은 천이 몇 개로 이루어진다는 점을 이해하게 합니다.

4 (1) 100이 20개인 수, 10이 200개인 수는 모두 1000이 2개인 수이므로 2000입니다.
(2) 100이 30개인 수, 10이 300개인 수는 모두 1000이 3개인 수이므로 3000입니다.

교과서 개념 이해 **3 네 자리 수를 알아볼까요** 12~13쪽

1 4, 1, 6, 4, 4164, 사천백육십사
2 (위에서부터) 삼천칠백오십삼, 5060, 9814, 팔천백이
3 (1) 2, 1, 0, 9 (2) 6072
4 5603, 오천육백삼

4 1000이 5개, 100이 6개, 1이 3개인 수는 5603입니다.

4 각 자리의 숫자는 얼마를 나타낼까요 14~15쪽

❗ • 천, 5000, 백, 700, 십, 40, 일, 9

1 3000, 400, 20, 8 / 3000, 400, 20, 8

2 (위에서부터)
(1) 4, 2, 6, 1 / 4000, 60 / 4000, 200, 60, 1
(2) 2, 6, 0, 8 / 2000, 600, 0, 8 / 2000, 600, 8

3 (1) 8, 1, 2, 3 (2) 6, 5, 4

4 (1) 40 (2) 800 (3) 2000 (4) 5

3 (1) 8123 ➡

천의 자리	백의 자리	십의 자리	일의 자리
8	1	2	3

(2) 6054 ➡

천의 자리	백의 자리	십의 자리	일의 자리
6	0	5	4

4 (1) 7549에서 4는 십의 자리 숫자이므로 40을 나타냅니다.
(2) 4803에서 8은 백의 자리 숫자이므로 800을 나타냅니다.
(3) 2610에서 2는 천의 자리 숫자이므로 2000을 나타냅니다.
(4) 9025에서 5는 일의 자리 숫자이므로 5를 나타냅니다.

기본기 다지기 16~21쪽

1 (예)
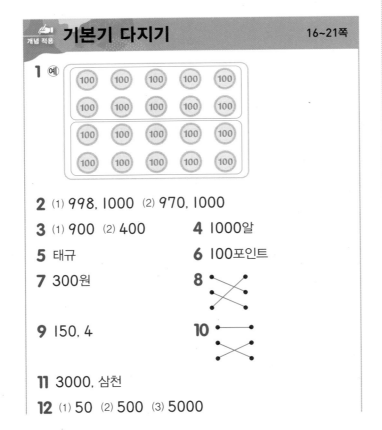

2 (1) 998, 1000 (2) 970, 1000

3 (1) 900 (2) 400   **4** 1000알

5 태규   **6** 100포인트

7 300원   **8** (선 잇기)

9 150, 4   **10** (선 잇기)

11 3000, 삼천

12 (1) 50 (2) 500 (3) 5000

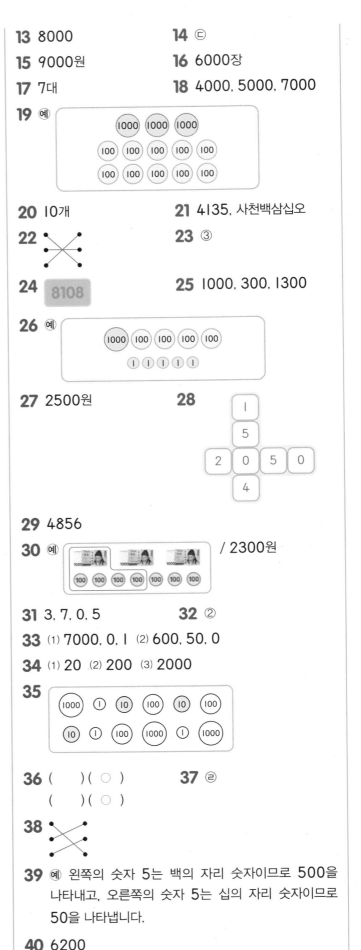

13 8000   **14** ㉢

15 9000원   **16** 6000장

17 7대   **18** 4000, 5000, 7000

19 (예)

20 10개   **21** 4135, 사천백삼십오

22 (선 잇기)   **23** ③

24 8108   **25** 1000, 300, 1300

26 (예)

27 2500원   **28**

29 4856

30 (예)   / 2300원

31 3, 7, 0, 5   **32** ②

33 (1) 7000, 0, 1 (2) 600, 50, 0

34 (1) 20 (2) 200 (3) 2000

35

36 ( ) (○)
( ) (○)   **37** ㉣

38 (선 잇기)

39 (예) 왼쪽의 숫자 5는 백의 자리 숫자이므로 500을 나타내고, 오른쪽의 숫자 5는 십의 자리 숫자이므로 50을 나타냅니다.

40 6200

1 1000은 100이 10개인 수이므로 100원짜리 동전을 10개씩 묶습니다.

3 (1) 1000은 900보다 100만큼 더 큰 수입니다.
(2) 1000은 600보다 400만큼 더 큰 수입니다.

4 10개씩 묶음 100개는 1000이므로 알약은 모두 1000알입니다.

5 준우: 10개씩 묶음이 10개인 수는 100이므로 10개씩 묶음이 100개인 수는 100이 10개인 수와 같습니다. 따라서 1000입니다.
태규: 800보다 200만큼 더 작은 수는 600입니다.
민아: 700보다 300만큼 더 큰 수는 1000입니다.

6 1000은 900보다 100만큼 더 큰 수입니다.
따라서 100포인트를 더 쌓아야 합니다.

7 100원짜리 동전이 6개, 10원짜리 동전이 10개 있으므로 700원입니다.
1000은 700보다 300만큼 더 큰 수이므로 1000원이 되려면 300원이 더 있어야 합니다.

8 · 십 모형 10개는 백 모형 1개와 같으므로 백 모형 4개와 십 모형 10개는 백 모형 5개와 같습니다.
1000은 500보다 500만큼 더 큰 수입니다.
· 1000은 400보다 600만큼 더 큰 수입니다.
· 1000은 200보다 800만큼 더 큰 수입니다.

9 1000은 850보다 150만큼 더 큰 수이고, 996보다 4만큼 더 큰 수입니다.

10 · 1000이 5개인 수는 5000(오천)입니다.
· 1000이 9개인 수는 9000(구천)입니다.
· 1000이 8개인 수는 8000(팔천)입니다.

11 1000이 3개이면 3000이고, 삼천이라고 읽습니다.

12 (1) 5가 10개인 수는 50입니다.
(2) 50이 10개인 수는 500입니다.
(3) 500이 10개인 수는 5000입니다.

13 100이 10개이면 1000이므로 100이 80개이면 1000이 8개인 수와 같습니다. 따라서 8000입니다.

14 ㉠ 3000
㉡ 100이 30개인 수는 1000이 3개인 수이므로 3000입니다.
㉢ 30이 10개인 수는 10이 30개인 수와 같으므로 300입니다.
따라서 나타내는 수가 다른 하나는 ㉢입니다.

15 1000이 9개이면 9000입니다.
따라서 전화를 9통 하면 성금을 9000원 낼 수 있습니다.

16 100이 10개이면 1000이므로 100이 60개이면 6000입니다. 따라서 색종이는 모두 6000장 들어 있습니다.

서술형
17 예 7000은 1000이 7개인 수입니다.
따라서 여객선은 7대가 필요합니다.

단계	문제 해결 과정
①	7000은 1000이 몇 개인 수인지 구했나요?
②	여객선은 몇 대가 필요한지 구했나요?

18 · 1000이 4개이면 4000입니다.
· 100이 10개이면 1000이므로 100이 50개인 수는 1000이 5개인 수와 같습니다. 따라서 5000입니다.
· 100이 10개이면 1000이므로 1000이 6개, 100이 10개인 수는 1000이 7개인 수와 같습니다. 따라서 7000입니다.

19 4000은 1000이 4개입니다.
1000은 100이 10개이므로 4000은 ⑴⑴⑴ 3개와 ⑴⑴ 10개로 나타낼 수 있습니다.

20 5000은 500이 10개인 수입니다. 따라서 500원짜리 동전을 10개 넣어야 합니다.

21 1000이 4개, 100이 1개, 10이 3개, 1이 5개이므로 4135라 쓰고, 사천백삼십오라고 읽습니다.

22 · 사천 ___ 십삼 ➡ 4013 · 사천백 ___ 삼 ➡ 4103
   4 0 1 3   4 1 0 3
· 사천백삼십 ___ ➡ 4130
   4 1 3 0

★ 학부모 지도 가이드
1004라는 수를 썼을 때, 백의 자리와 십의 자리에 쓰인 두 개의 0은 그 자리를 지킴으로써 천의 자리 숫자 1이 천임을 나타내게 해 줍니다.
백의 자리, 십의 자리, 일의 자리 숫자가 각각 0인 네 자리 수를 의도적으로 다루어 봄으로써 0은 자리를 나타내는 역할을 한다는 것을 이해할 수 있도록 지도합니다.

23 ③ 팔천백사 ➡ 8104

24 8280은 팔천이백팔십이라고 읽습니다.

4887은 사천팔백팔십칠이라고 읽습니다.

8108은 팔천백팔이라고 읽습니다.

6898은 육천팔백구십팔이라고 읽습니다.

25 100이 10개인 수는 1000, 100이 3개인 수는 300 입니다. 따라서 100이 13개인 수는 1300입니다.

26 1405는 1000이 1개, 100이 4개, 10이 0개, 1이 5개인 수이므로 ⑩을 1개, ⑩을 4개, ⑩을 0 개, ①을 5개 그립니다.

27 1000원짜리 지폐 2장 → 2000원

100원짜리 동전 5개 → 500원

→ 2500원

28 이천오십 ➡ 2050

천오백사 ➡ 1504

29 100이 18개인 수는 1000이 1개, 100이 8개인 수 와 같습니다

따라서 주어진 수는 1000이 3+1=4(개), 100이 8개, 10이 5개, 1이 6개인 수와 같으므로 4856입니다.

30 쿠키의 가격만큼 묶었을 때 묶이지 않은 돈이 초콜릿의 가격입니다. 따라서 초콜릿의 가격은 2300원입니다.

31 삼천칠백오를 수로 나타내면 3705입니다.

32 각 수의 십의 자리 숫자는 ① 2 ② 8 ③ 7 ④ 1 ⑤ 9 입니다.

34 (1) 6128

└▶ 십의 자리 숫자,
20

(2) 3209

└▶ 백의 자리 숫자,
200

(3) 2004

└▶ 천의 자리 숫자,
2000

35 3333에서 밑줄 친 3은 30을 나타내므로 ⑩ 3개 를 색칠합니다.

36 오천사는 5004, 삼천백은 3100입니다.

백의 자리 숫자를 알아보면

7690 ➡ 6, 5004 ➡ 0, 3100 ➡ 1, 4025 ➡ 0

37 ㉠ 3174 ➡ 70   ㉡ 5723 ➡ 700

㉢ 9007 ➡ 7   ㉣ 7054 ➡ 7000

7000>700>70>7이므로 숫자 7이 나타내는 수가 가장 큰 수는 ㉣ 7054입니다.

38 3006 ➡ 6, 1962 ➡ 60, 7614 ➡ 600

4867 ➡ 60, 2653 ➡ 600, 5326 ➡ 6

서술형

39

단계	문제 해결 과정
①	밑줄 친 두 숫자 5의 다른 점을 설명했나요?

40 천의 자리 숫자는 백의 자리 숫자보다 4만큼 더 크므로 2+4=6입니다.

각 자리의 숫자의 합은 8이고 6+2=8이므로 십의 자리 숫자와 일의 자리 숫자는 각각 0입니다. 따라서 설명하는 수는 6200입니다.

교과서 개념 이해

5 뛰어 세어 볼까요   22~23쪽

1 (1) 2325, 5325 (2) 1525, 1725, 1825

(3) 1345, 1375 (4) 1327, 1328, 1330

2 (1) 9653, 9753, 9853 / 100

(2) 5702, 7702, 8702 / 1000

3 (1) 9469, 9459, 9439

(2) 7535, 7335, 7235

4 4187, 4197, 4207, 4217

5 6625

1 ●씩 뛰어 세면 뛰어 센 자리의 수가 1씩 커집니다.

2 (1) 백의 자리 수가 1씩 커지므로 100씩 뛰어 센 것입니다.

(2) 천의 자리 수가 1씩 커지므로 1000씩 뛰어 센 것입니다.

3 (1) 10씩 거꾸로 뛰어 세면 십의 자리 수는 1씩 작아집니다.

(2) 100씩 거꾸로 뛰어 세면 백의 자리 수는 1씩 작아집니다.

4 보기 는 십의 자리 수가 1씩 커지므로 10씩 뛰어 센 것입니다.

5 6425에서 200 뛰어 세면 백의 자리 수가 2 커지므로 6625입니다.

교과서 개념 이해 **6 수의 크기를 비교해 볼까요** 24~25쪽

❗ • >, > • <, < • >, >

1 < **2** >

3 (1) > (2) <

4 (위에서부터) 8, 5, 2, 9, 2, 7
  (1) 3825 (2) 2986

5 (1) < (2) > (3) > (4) <

---

1 1346과 2263의 천 모형의 수를 비교하면 1<2이므로 2263이 1346보다 큽니다.

2 천의 자리 수가 같으므로 백의 자리 수를 비교하면 5>0이므로 3529가 3047보다 큽니다.

4 천의 자리 수를 비교하면 3>2이므로 가장 작은 수는 2986입니다.
3825와 3276의 백의 자리 수를 비교하면 8>2이므로 가장 큰 수는 3825입니다.

5 (1) 4326<4370
      └ 2<7 ┘
(2) 6124>5997
      └ 6>5 ┘
(3) 7418>7128
      └ 4>1 ┘
(4) 5235<5238
      └ 5<8 ┘

개념 적용 **기본기 다지기** 26~29쪽

41 5450, 6450, 7450

42 2704, 2714, 2734 **43** 100씩

44 3645, 3655, 3675 / 10

45 1000씩, 100씩 **46** 4600, 6400

47 6322

48 (1) 4208, 3208, 2208 (2) 9991, 9990, 9989

49 4565

50 (1) 5410, 5420, 5430, 5440, 5450
   (2) 5300, 5200, 5100, 5000, 4900

51 대기만성 **52** 6854

53 < **54** (1) > (2) < (3) >

55 4085, 4727에 ○표

56 토요일 **57** 나 주유소

58 5206 **59** ㉠

60 4469, 4470, 4471, 4472

61 5, 6, 7, 8, 9에 ○표

62 7540, 4057 **63** 백두산, 소백산

64 소백산, 설악산, 덕유산 **65** 8715, 8751

---

41 1000씩 뛰어 세면 천의 자리 수가 1씩 커집니다.

42 10씩 뛰어 세면 십의 자리 수가 1씩 커집니다.

43 백의 자리 수가 1씩 커지므로 100씩 뛰어 센 것입니다.

44 3625에서 3635로 십의 자리 수가 1 커졌으므로 10씩 뛰어 센 것입니다.

45 ↓: 천의 자리 수가 1씩 커지므로 1000씩 뛰어 센 것입니다.
→: 백의 자리 수가 1씩 커지므로 100씩 뛰어 센 것입니다.

46 •4200에서 오른쪽으로 백의 자리 수가 1씩 커지므로 100씩 뛰어 센 것입니다.
4200−4300−4400−4500−4600이므로 ★에 알맞은 수는 4600입니다.
•6200에서 오른쪽으로 백의 자리 수가 1씩 커지므로 100씩 뛰어 센 것입니다.
6200−6300−6400−6500−6600이므로 ▲에 알맞은 수는 6400입니다.

47 6318에서 6319로 일의 자리 수가 1 커졌으므로 1씩 뛰어 센 것입니다.
6318−6319−6320−6321−6322−6323이므로 ㉠에 알맞은 수는 6322입니다.

48 (1) 천의 자리 수가 1씩 작아지므로 1000씩 거꾸로 뛰어 센 것입니다.
(2) 일의 자리 수가 1씩 작아지므로 1씩 거꾸로 뛰어 센 것입니다.

49 4265−4365−4465−4565이므로 4265에서 100씩 3번 뛰어 센 수는 4565입니다.

50 (1) 10씩 뛰어 세면 십의 자리 수가 1씩 커집니다.
(2) 100씩 거꾸로 뛰어 세면 백의 자리 수가 1씩 작아집니다.

51 ① 1000씩 뛰어 세어 5318이 되는 글자는 '대'입니다.
② 100씩 뛰어 세어 3418이 되는 글자는 '기'입니다.
③ 10씩 뛰어 세어 4368이 되는 글자는 '만'입니다.
④ 1씩 뛰어 세어 5230이 되는 글자는 '성'입니다.

52 서술형
例 7254에서 100씩 거꾸로 4번 뛰어 셉니다.
7254−7154−7054−6954−6854이므로
어떤 수는 6854입니다.

단계	문제 해결 과정
①	7254에서 100씩 거꾸로 4번 뛰어 세었나요?
②	어떤 수를 구했나요?

53

9625		9627		9629		9631		9633		
	9626		9628		9630		9632		9634	

수직선에서는 오른쪽에 있는 수가 더 큽니다.

54 ⑴ 6570 > 5910 ⑵ 3258 < 3602
         └ 6>5 ┘   └ 2<6 ┘
⑶ 7010 > 7001
    └ 1>0 ┘

55 천의 자리 수가 모두 같으므로 먼저 백의 자리 수를 비교합니다. ➡ 4763 < 4901, 4763 > 4085
백의 자리 수가 같은 수끼리 십의 자리 수를 비교합니다. ➡ 4763 > 4727, 4763 < 4780
따라서 4763보다 작은 수는 4085, 4727입니다.

56 서술형
例 6529와 6473의 천의 자리 수가 같으므로 백의 자리 수를 비교하면 5 > 4이므로 6529 > 6473입니다. 따라서 토요일에 더 많이 입장했습니다.

단계	문제 해결 과정
①	두 수의 크기를 비교했나요?
②	어느 요일에 더 많이 입장했는지 구했나요?

57 휘발유 1리터의 가격이 가 주유소는 1709원이고 나 주유소는 1706원입니다.
따라서 1709 > 1706이므로 휘발유 가격이 더 싼 곳
             └ 9>6 ┘
은 나 주유소입니다.

58 천의 자리 수가 모두 같으므로 백의 자리 수를 비교합니다. 백의 자리 수가 가장 큰 5206이 가장 큰 수입니다.

59 ㉠ 7536 ㉡ 7563
7536과 7563은 천의 자리, 백의 자리 수가 같으므로 십의 자리 수를 비교하면 3 < 6이므로
7536 < 7563입니다.

60 4468과 4473 사이에 있는 수를 모두 구합니다.

61 네 자리 수의 크기 비교는 천의 자리부터 순서대로 합니다. 백의 자리 수가 3 < 5이므로 □ 안에 들어갈 수 있는 수는 5와 같거나 5보다 큰 수입니다.

62 수 카드의 수의 크기를 비교하면 7 > 5 > 4 > 0입니다. 가장 큰 수는 천의 자리부터 큰 수를 차례로 놓습니다.
➡ 7540
가장 작은 수는 천의 자리에 0이 올 수 없으므로 천의 자리에 4를 놓고 백의 자리부터 작은 수를 차례로 놓습니다. ➡ 4057

63 산의 높이의 천의 자리 수를 비교하면 1 < 2이므로 가장 높은 산은 2744 m인 백두산입니다. 나머지 산들의 높이는 천의 자리 수가 1로 같으므로 백의 자리 수를 비교하면 가장 낮은 산은 1439 m인 소백산입니다.

64 1950 > 1800, 1439 < 1800, 2744 > 1800,
1915 > 1800, 1708 < 1800, 1614 < 1800이므로 1800 m보다 낮은 산은 소백산, 설악산, 덕유산입니다.

65 8175의 각 자리 숫자의 위치를 바꾸어 8571보다 큰 네 자리 수를 8□□□라고 놓습니다. 8 > 7 > 5 > 1이고 8□□□ > 8571이 되려면 백의 자리 수는 5보다 큰 7이어야 합니다. 따라서 만들 수 있는 수는 8715, 8751입니다.

응용력 기르기 30~33쪽

1 9000원 **1-1** 8000원 **1-2** 8000원
2 0, 1, 2, 3, 4 **2-1** 0, 1, 2, 3 **2-2** 5개
3 2100원, 3000원
3-1 6300원, 7500원
3-2 5600원, 8000원
4 1단계 例 4500보다 커야 하므로 천의 자리 수가 4일 때 백의 자리에 올 수 있는 수는 5, 7입니다.
또 5400보다 작아야 하므로 천의 자리 수가 5일 때 백의 자리에 올 수 있는 수는 3입니다.
➡ 45□□, 47□□, 53□□

2단계 예 45□□일 때: 4537, 4573
47□□일 때: 4735, 4753
53□□일 때: 5347, 5374
따라서 4500보다 크고 5400보다 작은 수는 모두
6개입니다.

/ 6개

4-1 6개

---

1 500이 10개이면 5000이므로 500원짜리 동전 10
개는 1000원짜리 지폐 5장과 같습니다.
따라서 현정이가 낸 돈은 1000원짜리 지폐
$4+5=9$(장)과 같으므로 9000원입니다.

1-1 500원짜리 동전 12개 → 500이 12개
→ 500이 10개이면 5000
500이 2개이면 1000
─────────────────
500이 12개이면 6000
따라서 은선이가 낸 돈은 1000원짜리 지폐
$2+6=8$(장)과 같으므로 8000원입니다.

1-2 500이 10개이면 5000이므로 500원짜리 동전 10
개는 1000원짜리 지폐 5장과 같습니다.
100이 10개이면 1000, 100이 20개이면 2000이
므로 100원짜리 동전 20개는 1000원짜리 지폐 2장
과 같습니다.
따라서 윤호가 낸 돈은 1000원짜리 지폐
$1+5+2=8$(장)과 같으므로 8000원입니다.

2 천의 자리 수가 같으므로 백의 자리 수를 비교합니다.
백의 자리 수가 5가 아닐 때 $5>$□이어야 하므로 □
안에 들어갈 수 있는 수는 0, 1, 2, 3, 4입니다.
백의 자리 수가 5일 때 $1543<1568$이므로 □ 안에
5가 들어갈 수 없습니다.
따라서 □ 안에 들어갈 수 있는 수는 0, 1, 2, 3, 4입
니다.

2-1 천의 자리 수가 같으므로 백의 자리 수를 비교합니다.
백의 자리 수가 3이 아닐 때 □<3이어야 하므로 □
안에 들어갈 수 있는 수는 0, 1, 2입니다.
백의 자리 수가 3일 때 $6318<6342$이므로 □ 안
에 3이 들어갈 수 있습니다.
따라서 □ 안에 들어갈 수 있는 수는 0, 1, 2, 3입니
다.

2-2 천의 자리 수가 같으므로 백의 자리 수를 비교합니다.
백의 자리 수가 4가 아닐 때 □>4이어야 하므로 □
안에 들어갈 수 있는 수는 5, 6, 7, 8, 9입니다.
백의 자리 수가 4일 때 $3425<3471$이므로 □ 안
에 4가 들어갈 수 없습니다.
따라서 □ 안에 들어갈 수 있는 수는 5, 6, 7, 8, 9로
모두 5개입니다.

3 일주일은 7일이므로 지호가 1주 동안 저금한 금액은
0원에서 150원씩 7번 뛰어 세면 알 수 있습니다.
$150-300-450-600-750-900-1050$
➡ 1050원입니다.
・지호가 2주 동안 저금한 금액은 0원에서 1050원
씩 2번 뛰어 세면 알 수 있으므로 $1050-2100$
➡ 2100원입니다.
・수연이가 2주 동안 저금한 금액은 0원에서 1500원
씩 2번 뛰어 세면 알 수 있으므로 $1500-3000$
➡ 3000원입니다.

3-1 일주일은 7일이므로 은석이가 1주 동안 저금한 금액은
0원에서 300원씩 7번 뛰어 세면 알 수 있습니다.
$300-600-900-1200-1500-1800-$
2100 ➡ 2100원입니다.
・은석이가 3주 동안 저금한 금액은 0원에서 2100원
씩 3번 뛰어 세면 알 수 있으므로
$2100-4200-6300$ ➡ 6300원입니다.
・현아가 3주 동안 저금한 금액은 0원에서 2500원
씩 3번 뛰어 세면 알 수 있으므로
$2500-5000-7500$ ➡ 7500원입니다.

3-2 일주일은 7일이므로 영우가 1주 동안 받는 용돈은
0원에서 200원씩 7번 뛰어 세면 알 수 있습니다.
$200-400-600-800-1000-1200-$
1400 ➡ 1400원입니다.
・영우가 4주 동안 받는 용돈은 0원에서 1400원씩
4번 뛰어 세면 알 수 있으므로 $1400-2800-$
$4200-5600$ ➡ 5600원입니다.
・진영이가 4주 동안 받는 용돈은 0원에서 2000원
씩 4번 뛰어 세면 알 수 있으므로 $2000-4000$
$-6000-8000$ ➡ 8000원입니다.

4-1 2600보다 커야 하므로 천의 자리 수가 2일 때 백의
자리에 올 수 있는 수는 6입니다.

또 3600보다 작아야 하므로 천의 자리 수가 3일 때 백의 자리에 올 수 있는 수는 2, 4입니다.

➡ 26□□, 32□□, 34□□

26□□일 때: 2634, 2643

32□□일 때: 3246, 3264

34□□일 때: 3426, 3462

따라서 2600보다 크고 3600보다 작은 수는 모두 6개입니다.

1단원 단원 평가 Level ❶　　34~36쪽

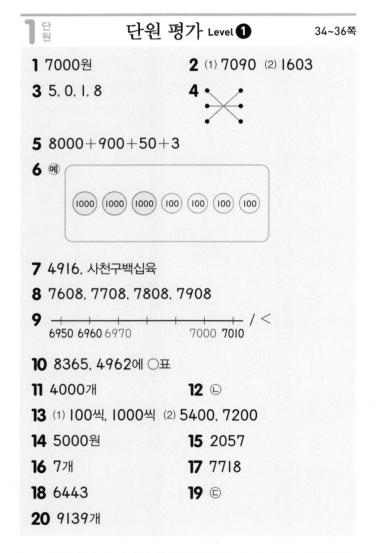

1 7000원　　**2** (1) 7090 (2) 1603

3 5, 0, 1, 8　　**4**

5 8000+900+50+3

6 (예)
(1000) (1000) (1000) (100) (100) (100) (100)

7 4916, 사천구백십육

8 7608, 7708, 7808, 7908

9 ┼─┼─┼─┼─┼─┼─┼─┼ / <
6950 6960 6970　　7000 7010

10 8365, 4962에 ○표

11 4000개　　**12** ㉡

13 (1) 100씩, 1000씩 (2) 5400, 7200

14 5000원　　**15** 2057

16 7개　　**17** 7718

18 6443　　**19** ㉢

20 9139개

---

1 1000이 7개이면 7000이므로 돈은 모두 7000원입니다.

2 읽지 않은 자리에는 0을 씁니다.

6 3400=3000+400+0+0이므로 (1000)을 3개, (100)을 4개 그립니다.

---

8 100씩 뛰어 세면 백의 자리 수가 1씩 커집니다.

9 6950에서 다음 칸이 6960이므로 눈금 한 칸의 크기는 10입니다.
6950, 6960, 6970, 6980, 6990, 7000이므로 크기에 맞게 수직선에 표시하고 크기를 비교하면 6970<7000입니다.

10 숫자 6이 나타내는 수를 각각 알아봅니다.
2<u>6</u>50 ➡ 600, 83<u>6</u>5 ➡ 60, <u>6</u>103 ➡ 6000, 49<u>6</u>2 ➡ 60, 721<u>6</u> ➡ 6, <u>6</u>478 ➡ 6000

11 100이 10개이면 1000이므로 100이 40개이면 4000입니다.

12 ㉡ 5401 ㉣ 4869
➡ 5401>5394>4987>4869

13 (1) ➡는 백의 자리 수가 1씩 커지므로 100씩 뛰어 센 것입니다.
⬇는 천의 자리 수가 1씩 커지므로 1000씩 뛰어 센 것입니다.
(2) 5100에서 오른쪽으로 5100, 5200, 5300, 5400이므로 ♥는 5400입니다. 4200에서 아래쪽으로 4200, 5200, 6200, 7200이므로 ★은 7200입니다.

14 1000씩 뛰어 세어 구합니다.
<9월> <10월> <11월> <12월>
2000원─3000원─4000원─5000원
따라서 12월까지 저금한다면 모두 5000원이 됩니다.

15 수 카드의 수를 비교하면 0<2<5<7입니다. 가장 작은 수는 천의 자리부터 작은 수를 차례로 놓습니다. 0은 천의 자리에 올 수 없으므로 천의 자리에 0 다음으로 작은 수인 2를 놓고 나머지 수를 작은 수부터 차례로 놓으면 가장 작은 수는 2057입니다.

16 천의 자리 수, 백의 자리 수가 같으므로 십의 자리 수를 비교합니다.
73>□8이므로 □는 7보다 작아야 합니다.
따라서 □ 안에 들어갈 수 있는 수는 0, 1, 2, 3, 4, 5, 6으로 모두 7개입니다.

17 100이 17개인 수는 1000이 1개, 100이 7개인 수와 같습니다.

1이 18개인 수는 10이 1개, 1이 8개인 수와 같습니다. 따라서 주어진 수는 1000이 6+1=7(개), 100이 7개, 10이 1개, 1이 8개인 수와 같으므로 7718입니다.

18 • 천의 자리 숫자가 나타내는 수는 6000이므로 천의 자리 숫자는 6입니다. ➡ 6□□□
• 십의 자리 숫자는 천의 자리 숫자보다 2만큼 더 작으므로 6-2=4입니다. ➡ 6□4□
• 일의 자리 수는 2보다 크고 4보다 작으므로 3입니다. ➡ 6□43
• 백의 자리 숫자와 일의 자리 숫자의 합은 7이므로 백의 자리 숫자는 7-3=4입니다. ➡ 6443

19 예 ㉠ 999보다 1만큼 더 큰 수는 1000입니다.
㉡ 700보다 300만큼 더 큰 수는 1000입니다.
㉢ 980보다 20만큼 더 작은 수는 960입니다.
따라서 나타내는 수가 다른 하나는 ㉢입니다.

평가 기준	배점
㉠, ㉡, ㉢이 나타내는 수를 각각 구했나요?	4점
나타내는 수가 다른 하나를 찾았나요?	1점

서술형
20 예 6139에서 1000씩 3번 뛰어 세면 6139-7139-8139-9139입니다.
따라서 구슬은 모두 9139개가 됩니다.

평가 기준	배점
6139에서 1000씩 3번 뛰어 세었나요?	3점
구슬은 모두 몇 개가 되는지 구했나요?	2점

1단원 단원 평가 Level ❷   37~39쪽

1 예

2 8000, 팔천
3 (1) 육천칠백사 (2) 2085
4 4759
5 ④
6 (1) 1000 (2) 2000
7 (1) < (2) >
8 400, 250
9 3092, 3102, 3122
10 ④
11 백설공주

---

12 500
13 6장
14 ㉠, ㉢, ㉡
15 7720원
16 8380원
17 ㉢
18 7401, 7410
19 30봉지
20 7836

1 1000은 100이 10개인 수이므로 10개를 묶습니다.
2 1000이 8개이면 8000입니다.
8000은 팔천이라고 읽습니다.
3 (2) 이천 팔십오 ➡ 2085
         2 0 8 5
5 ④ 900보다 100만큼 더 작은 수는 800입니다.
6 (1) 100이 10개이면 1000입니다.
(2) 100이 20개이면 2000입니다.
7 (1) 5843 < 6027 (2) 3851 > 3829
       └5<6┘   └5>2┘
9 3072에서 3082로 십의 자리 수가 1 커졌으므로 10씩 뛰어 세었습니다.
10 ① 1672 ➡ 600   ② 6435 ➡ 6000
③ 8067 ➡ 60   ④ 5406 ➡ 6
⑤ 4698 ➡ 600
11 ① 2561 ➡ 60 ➡ 백
② 3759 ➡ 3000 ➡ 설
③ 8024 ➡ 4 ➡ 공
④ 6103 ➡ 100 ➡ 주
12 2000에서 500씩 거꾸로 뛰어 세면 2000-1500-1000-500입니다.
13 100원짜리 동전이 60개이면 6000원입니다.
6000은 1000이 6개인 수이므로 6000원은 1000원짜리 지폐 6장으로 바꿀 수 있습니다.
14 ㉠ 3627 ㉡ 3085 ㉢ 3402
➡ 3627 > 3402 > 3085
    ㉠   ㉢   ㉡
15 3720에서 1000씩 4번 뛰어 세면 3720-4720-5720-6720-7720이므로 모두 7720원이 됩니다.
16 1000원짜리 지폐 7장 → 7000원
100원짜리 동전 13개 → 1300원
10원짜리 동전 8개 →   80원
                            8380원

17 ㉠ 3□□□와 31□□에서 천의 자리 수가 같지만 백의 자리 수를 비교할 수 없으므로 크기를 비교할 수 없습니다.

㉡ □□74와 □547에서 천의 자리, 백의 자리 수를 알 수 없으므로 크기를 비교할 수 없습니다.

㉢ 19□□와 196□에서 천의 자리 수, 백의 자리 수가 같지만 십의 자리 수를 비교할 수 없으므로 크기를 비교할 수 없습니다.

㉣ 51□8과 52□7에서 천의 자리 수가 같으므로 백의 자리 수를 비교하면 두 수의 크기를 비교할 수 있습니다.

18 7400보다 큰 네 자리 수를 7□□□로 놓습니다. □ 안에는 4, 0, 1이 한 번씩 들어가고 7□□□>7400이 되어야 하므로 백의 자리 수는 4가 되어야 합니다.

따라서 만들 수 있는 네 자리 수는 7401, 7410입니다.

서술형
19 예 3000은 1000이 3개인 수이므로 100이 30개인 수입니다.

따라서 구슬을 30봉지 사야 합니다.

평가 기준	배점
3000은 100이 몇 개인 수인지 구했나요?	3점
구슬을 몇 봉지 사야 하는지 구했나요?	2점

서술형
20 예 첫째 줄은 천의 자리 수가 1씩 커지므로 1000씩 뛰어 센 것입니다. ➡ ★=7832

둘째 줄은 십의 자리 수가 1씩 커지므로 10씩 뛰어 센 것입니다. ➡ ◆=7836

따라서 7832<7836이므로 더 큰 수는 7836입니다.

평가 기준	배점
★과 ◆에 알맞은 수를 각각 구했나요?	3점
★과 ◆에 알맞은 수의 크기를 비교하여 더 큰 수를 구했나요?	2점

2 곱셈구구

1학기에 '같은 수를 여러 번 더하는 것'을 곱셈식으로 나타낼 수 있다는 것을 배웠다면 2학기에는 곱셈구구의 구성 원리와 여러 가지 계산 방법을 탐구하여 2단에서 9단까지의 곱셈구구표를 만들어 보고, 1단 곱셈구구와 0과 어떤 수의 곱을 알아봅니다. 이때 단순한 곱셈구구의 암기보다는 곱셈구구의 구성 원리를 파악하는 데 중점을 두고 구체적 조작 활동을 통하여 이해하도록 합니다. 이러한 곱셈구구의 구성 원리는 배수, 분배법칙까지 연결되므로 충분히 이해할 수 있도록 지도해 주세요.

교과서 개념 이해 **1** 2단 곱셈구구를 알아볼까요   42~43쪽

❗ • 2, 4   • 6, 8, 12, 16, 18

1 14 / 14   2 6, 4, 10

3 2, 2, 2, 2, 2, 2, 12 / 2, 12, 2

1 2씩 7묶음 ➡ 2의 7배

➡ 2+2+2+2+2+2+2=14 ➡ 2×7=14

★ 학부모 지도 가이드

같은 수로 묶여 있거나 배열된 물건의 개수를 셀 때 묶어 세기, 뛰어 세기, 동수누가 등의 방법을 사용하지만 이러한 방법의 불편함을 느끼고 곱셈의 기초가 되는 곱셈표를 만들어서 활용하면 쉽고 편리하다는 점을 알 수 있게 지도합니다.

2 $2 \times 3 = 6$
$2 \times 4 = 8$ $\Big\}+2$
$2 \times 5 = 10$ $\Big\}+2$

교과서 개념 이해 **2** 5단 곱셈구구를 알아볼까요   44~45쪽

❗ • 2, 10   • 15, 25, 30, 45

1 2, 10 / 3, 15 / 5   2 20, 5, 30

3 5, 5, 5, 5, 5, 5, 5, 35 / 5, 35, 5

2 $5 \times 4 = 20$
$5 \times 5 = 25$ $\Big\}+5$
$5 \times 6 = 30$ $\Big\}+5$

3 3, 6단 곱셈구구를 알아볼까요 46~47쪽

1 24, 30 / 6

2 3, 3, 3, 3, 3, 15 / 3, 15, 3

3 (1) 2, 12 (2) 4, 12

3
$$6 \times 2 = 12$$
$$\times 2 \uparrow \quad \downarrow \times 2$$
$$3 \times 4 = 12$$

(1) 인형은 6씩 2묶음이므로 $6 \times 2 = 12$입니다.
(2) 인형은 3씩 4묶음이므로 $3 \times 4 = 12$입니다.

기본기 다지기 48~51쪽

1 4, 8

2 8, 12, 18

3 (1) 4 (2) 8

4 2, 7, 14

5 예

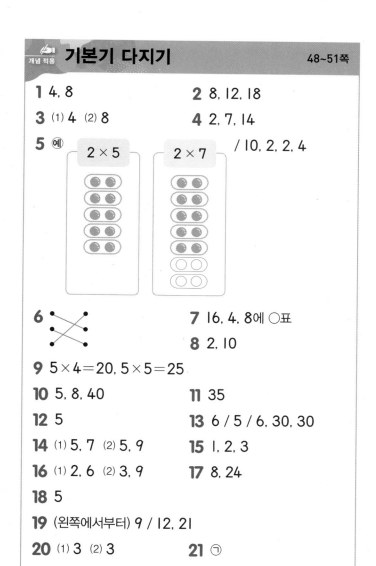

/ 10, 2, 2, 4

6

7 16, 4, 8에 ○표

8 2, 10

9 $5 \times 4 = 20$, $5 \times 5 = 25$

10 5, 8, 40

11 35

12 5

13 6 / 5 / 6, 30, 30

14 (1) 5, 7 (2) 5, 9

15 1, 2, 3

16 (1) 2, 6 (2) 3, 9

17 8, 24

18 5

19 (왼쪽에서부터) 9 / 12, 21

20 (1) 3 (2) 3

21 ㉠

22 3, 18

23 12, 12 / 18, 18

24 5

25 (위에서부터) 6 / 24, 54

26 서하, 은수

27 (위에서부터) 18, 6

28 윤정

29 (1) 48자루 (2) 예 지우개, 5 / 3, 5, 15

---

1 2씩 4번 뛰어 세면 8이므로 $2 \times 4 = 8$입니다.

2 $2 \times 4 = 8$, $2 \times 6 = 12$, $2 \times 9 = 18$

3 (1) $2 \times 2 = 4$ (2) $2 \times 8 = 16$

4 운동장에 있는 학생은 2명씩 7쌍이므로 곱셈식으로 나타내면 $2 \times 7 = 14$입니다.

5 2×7은 2×5보다 2씩 2묶음 더 많게 그려야 하므로 4만큼 더 큽니다.

참고 | ⬭⬭ 으로 그릴 수도 있습니다.

6 $2 \times 3 = 6$, $2 \times 6 = 12$, $2 \times 9 = 18$

7 $2 \times 8 = 16$, $2 \times 2 = 4$, $2 \times 4 = 8$이므로 16, 4, 8에 ○표 합니다.

8 소시지는 5개씩 2묶음이므로 곱셈식으로 나타내면 $5 \times 2 = 10$입니다.

9 5개씩 4묶음이므로 $5 \times 4 = 20$입니다.
5개씩 5묶음이므로 $5 \times 5 = 25$입니다.

10 붙임딱지는 한 묶음에 5장씩 8묶음이므로 곱셈식으로 나타내면 $5 \times 8 = 40$입니다.

11 5cm씩 7개이므로 $5 \times 7 = 35$ (cm)입니다.

12 곱셈에서는 두 수를 바꾸어 곱해도 곱은 같습니다.

13 5개씩 6묶음인 귤의 수를 5단 곱셈구구를 이용하여 계산하면 모두 30개입니다.

14 (1) $5 \times 7 = 35$이므로 $35 = 5 \times 7$입니다.
(2) $5 \times 9 = 45$이므로 $45 = 5 \times 9$입니다.

15 $5 \times 4 = 20$이므로 □ 안에는 4보다 작은 수가 들어가야 합니다. 따라서 □ 안에 들어갈 수 있는 수는 1, 2, 3입니다.

16 (1) 구슬이 3씩 2묶음이므로 곱셈식으로 나타내면 $3 \times 2 = 6$입니다.
(2) 구슬이 3씩 3묶음이므로 곱셈식으로 나타내면 $3 \times 3 = 9$입니다.

17 세발자전거 한 대의 바퀴는 3개이고, 세발자전거가 8대 있으므로 바퀴는 모두 $3 \times 8 = 24$(개)입니다.

18 3단 곱셈구구에서 곱하는 수가 1씩 커지면 그 곱은 3씩 커집니다.

19 ・$3 \times 4 = 12$
・$3 \times 7 = 21$
・$3 \times □ = 27$에서 $3 \times 9 = 27$이므로 $□ = 9$입니다.

20 곱셈에서는 두 수를 바꾸어 곱해도 곱은 같습니다.

21 ㉠ $2 \times \square = 18 \Rightarrow 2 \times 9 = 18$이므로 $\square = 9$
　　㉡ $3 \times \square = 24 \Rightarrow 3 \times 8 = 24$이므로 $\square = 8$
　　㉢ $5 \times \square = 30 \Rightarrow 5 \times 6 = 30$이므로 $\square = 6$
　　㉣ $3 \times \square = 15 \Rightarrow 3 \times 5 = 15$이므로 $\square = 5$
　　따라서 $\square$ 안에 알맞은 수가 가장 큰 것은 ㉠입니다.

22 떡이 6개씩 3묶음이므로 곱셈식으로 나타내면
　　$6 \times 3 = 18$입니다.

24 6단 곱셈구구에서 곱하는 수가 1씩 커지면 그 곱은 6
　　씩 커집니다.

25 $6 \times 4 = 24$, $6 \times 6 = 36$, $6 \times 9 = 54$

26 지은: 6씩 4번 더해서 구할 수 있습니다.
　　연준: 3×7에 3을 더해서 구할 수 있습니다.

27 $6 = 2 \times 3$으로 나타낼 수 있습니다. 따라서 3×6은
　　3에 2를 곱한 후 다시 3을 곱한 값과 같습니다.

서술형
28 ⑩ (수호가 가지고 있는 사탕의 수) $= 6 \times 5 = 30$(개)
　　입니다. $34 > 30$이므로 사탕을 더 많이 가지고 있는
　　사람은 윤정입니다.

단계	문제 해결 과정
①	수호가 가지고 있는 사탕의 수를 구했나요?
②	사탕을 더 많이 가지고 있는 사람은 누구인지 구했나요?

29 (1) 6자루씩 묶인 연필을 8묶음 샀으므로
　　　$6 \times 8 = 48$(자루)입니다.
　　(2) 3개씩 묶인 지우개를 5묶음 샀으므로
　　　$3 \times 5 = 15$(개)입니다.

교과서 개념 이해
4 4, 8단 곱셈구구를 알아볼까요　52~53쪽

1 $32, 40 / 8$

2 $4, 4, 4, 4, 4, 4, 24 / 4, 24, 4$

3 ⑴ $4, 32$　⑵ $8, 32$

3　　$8 \times 4 = 32$
　　$\times 2 \uparrow$　　$\downarrow \times 2$
　　　$4 \times 8 = 32$

　　⑴ 송편은 8씩 4묶음이므로 $8 \times 4 = 32$입니다.
　　⑵ 송편은 4씩 8묶음이므로 $4 \times 8 = 32$입니다.

교과서 개념 이해
5 7단 곱셈구구를 알아볼까요　54~55쪽

! • $21, 28, 49$　• $14, 28, 35, 56$

1 $14, 3, 28$

2 $7, 35 / 7 / 7, 7, 35$

3
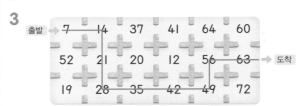

1　　$7 \times 2 = 14$
　　　$7 \times 3 = 21$　$\Big\}\, +7$
　　　$7 \times 4 = 28$　$\}\, +7$

3 7단 곱셈구구를 외워 봅니다.

교과서 개념 이해
6 9단 곱셈구구를 알아볼까요　56~57쪽

1 $18, 3, 27, 4, 36 / 9$　　**2** $36, 5, 6, 54$

3 $9, 9 / 27, 36$　　　　　　**4** $5, 45, 9, 45$

2　　$9 \times 4 = 36$
　　　$9 \times 5 = 45$　$\Big\}\, +9$
　　　$9 \times 6 = 54$　$\}\, +9$

개념 적용 기본기 다지기　58~61쪽

30 ⬭⬤⬤⬤⬤⬭◯◯◯◯⬭◯◯◯◯

31 $4, 16$　　　　　　　　**32** 7

33 $1, 2, 3$　　　　　　　　**34** ㉢, ㉣, ㉠, ㉡

35 ⑩ $4, 9 /$ ⑩ $6, 6$　　　**36** $4, 32$

37 (위에서부터) $16, 24, 36 / 32, 48, 72$

38 4, 8, 12, 16, 20, 24, 28에 ○표
8, 16, 24에 △표

39 6×4, 3×8, 4×6에 ○표

40 (1) 4, 16, 16　(2) 2, 16, 16

41 1, 2, 3　　　**42** ㉠, ㉣

43 (1) $>$　(2) $=$　　**44** 28

45 5, 35　　　**46**

47 3, 21　　　**48** 7

49 ㉡　　　**50** 14, 28, 42

51 (1) 7, 7　(2) 7, 8　　**52** 3, 27

53 (1) 81　(2) 7

54 (위에서부터) 36, 45 / 63, 54

55 (1) 8, 7, 2　(2) 4, 3, 6

56 방법 1　예 9씩 6묶음이므로 $9 \times 6 = 54$입니다.
방법 2　예 6×3을 3번 더하면 됩니다. $6 \times 3 = 18$
이므로 $18 + 18 + 18 = 54$입니다.

57 5, 예 4, 예 6

30 4×3은 4씩 3묶음이므로 접시에 ○를 4개씩 그립니다.

31 야구공이 4개씩 4묶음이므로 곱셈식으로 나타내면
$4 \times 4 = 16$입니다.

32 $4 \times \square = 28$에서 $4 \times 7 = 28$이므로 $\square = 7$입니다.

33 $2 \times 2 = 4$이므로 $4 = 4 \times 1$입니다.
$2 \times 4 = 8$이므로 $8 = 4 \times 2$입니다.
$2 \times 6 = 12$이므로 $12 = 4 \times 3$입니다.

34 ㉠ $2 \times 9 = 18$, ㉡ $6 \times 2 = 12$, ㉢ $3 \times 7 = 21$,
㉣ $4 \times 5 = 20$이므로 곱이 큰 것부터 차례로 기호를
쓰면 ㉢, ㉣, ㉠, ㉡입니다.

35 $36 = 4 \times 9$, $36 = 6 \times 6$, $36 = 9 \times 4$로 나타낼 수
있습니다.

36 8씩 4번 뛰어 세면 32이므로 $8 \times 4 = 32$입니다.

37 $4 \times 4 = 16$, $4 \times 6 = 24$, $4 \times 9 = 36$,
$8 \times 4 = 32$, $8 \times 6 = 48$, $8 \times 9 = 72$
같은 수를 곱할 때 8단 곱은 4단 곱의 2배가 됩니다.

38 • 4단 곱셈구구를 외워 봅니다.
$4 \times 1 = 4$, $4 \times 2 = 8$, $4 \times 3 = 12$, $4 \times 4 = 16$,
$4 \times 5 = 20$, $4 \times 6 = 24$, $4 \times 7 = 28$, …
• 8단 곱셈구구를 외워 봅니다.
$8 \times 1 = 8$, $8 \times 2 = 16$, $8 \times 3 = 24$, …

39 $8 \times 3 = \underline{24}$
$\underline{6 \times 4 = 24}$, $2 \times 9 = 18$, $6 \times 6 = 36$
$5 \times 6 = 30$, $\underline{3 \times 8 = 24}$, $\underline{4 \times 6 = 24}$

40 (1) 주스는 4씩 4묶음이므로 $4 \times 4 = 16$(병)입니다.
(2) 주스는 8씩 2묶음이므로 $8 \times 2 = 16$(병)입니다.

41 $4 \times 2 = 8$이므로 $8 \times 1 = 8$입니다.
$4 \times 4 = 16$이므로 $8 \times 2 = 16$입니다.
$4 \times 6 = 24$이므로 $8 \times 3 = 24$입니다.

42 ㉡ 8씩 5번 더해서 구합니다.
㉢ $8 \times 5 = 5 \times 8$이므로 5와 8의 곱으로 구합니다.

43 (1) $8 \times 7 = 56$, $6 \times 9 = 54$이므로 $8 \times 7 > 6 \times 9$
입니다.
(2) $4 \times 8 = 32$, $8 \times 4 = 32$이므로 $4 \times 8 = 8 \times 4$
입니다.

44 7씩 4번 뛰어 세면 28이므로 $7 \times 4 = 28$입니다.

45 연필이 7자루씩 5묶음이므로 곱셈식으로 나타내면
$7 \times 5 = 35$입니다.

46 $7 \times 7 = 49$, $7 \times 9 = 63$, $7 \times 6 = 42$

47 7 cm씩 3번 뛰었으므로 곱셈식으로 나타내면
$7 \times 3 = 21$ (cm)입니다.

48 7단 곱셈구구의 값은 7, 14, 21, 28, 35, 42, 49,
56, 63입니다.

6	34	13	24	62
65	42	56	21	1
26	14	60	63	57
44	25	8	35	68
59	38	51	49	15
27	41	20	17	43

따라서 색칠하여 완성된 숫자는 7입니다.

49 ㉡ $7 \times 8 = 56$이므로 초콜릿은 모두 56개입니다.

50 7×2는 7을 2번 더한 것이고, 7×4는 7을 4번 더
한 것이므로 7×2와 7×4를 더하면 7×6과 같습
니다.

51 (1) $7 \times 7 = 49$이므로 $49 = 7 \times 7$입니다.

(2) $7 \times 8 = 56$이므로 $56 = 7 \times 8$입니다.

52 구슬이 9개씩 3묶음이므로 곱셈식으로 나타내면 $9 \times 3 = 27$입니다.

53 (1) $9 \times 9 = 81$

(2) $9 \times \square = 63$에서 $9 \times 7 = 63$이므로 $\square = 7$

54 9단 곱셈구구를 외워 봅니다.

55 (1) $9 \times 8 = 72$

(2) $9 \times 4 = 36$

서술형
56

단계	문제 해결 과정
①	한 가지 방법으로 설명했나요?
②	다른 한 가지 방법으로 설명했나요?

57 $9 \times 5 = 45$이므로 $9 \times \square$가 45보다 작으려면 $\square$ 안에는 5보다 작은 수가 들어가야 합니다.
또 $9 \times \square$가 45보다 크려면 $\square$ 안에는 5보다 큰 수가 들어가야 합니다.

---

7 1단 곱셈구구와 0의 곱을 알아볼까요 62~63쪽

⚠️ • 어떤 수에 ○표 • 0에 ○표

1 2, 4, 4, 6

2 (1) 6, 4, 2, 0 (2) 21, 14, 7, 0

3 (1) 0 (2) 0 (3) 0

4

2 (1) 2단 곱셈구구에서 곱하는 수가 1씩 작아지면 그 곱은 2씩 작아지므로 $2 \times 0 = 0$입니다.

(2) 7단 곱셈구구에서 곱하는 수가 1씩 작아지면 곱은 7씩 작아지므로 $7 \times 0 = 0$입니다.

3 (1) 0과 어떤 수의 곱은 항상 0입니다.

(2) 어떤 수와 0의 곱은 항상 0입니다.

4 $5 \times 0 = 0$, $8 \times 1 = 8$, $0 \times 4 = 0$, $1 \times 9 = 9$

---

8 곱셈표를 만들어 볼까요 64~65쪽

⚠️ • 6 • 0, 5

1 (1) 5 (2) 24

2

×	3	4	5	6	7	8	9
3	9	12	15	18	21	24	27
4	12	16	20	24	28	32	36
5	15	20	25	30	35	40	45
6	18	24	30	36	42	48	54
7	21	28	35	42	49	56	63
8	24	32	40	48	56	64	72
9	27	36	45	54	63	72	81

3 (1) 4 (2) 9 (3) 같습니다에 ○표

4 35, 35 / 같습니다에 ○표

5 8×9

2 세로줄과 가로줄의 수가 만나는 칸에 두 수의 곱을 써 넣습니다.
$3 \times 6 = 18$, $3 \times 9 = 27$, $4 \times 7 = 28$,
$5 \times 8 = 40$, $6 \times 6 = 36$, $7 \times 5 = 35$,
$8 \times 3 = 24$, $9 \times 5 = 45$

┌─ ★ 학부모 지도 가이드 ─
│ 곱을 구하기 어려운 경우에는 알고 있는 낮은 곱셈구구를
│ 활용하여 곱을 구할 수 있게 합니다.
│ 예 $9 \times 5 = ?$ → $5 \times 9 = 45$를 이용하여 계산합니다.
│ 또한 곱셈구구가 되지 않을 때에는 동수누가의 개념으로
│ 곱셈의 원리를 찾을 수 있도록 지도합니다.

5 $9 \times 8 = 72$이므로 곱이 72인 곱셈구구를 찾으면 8×9입니다.

---

9 곱셈구구를 이용하여 문제를 해결해 볼까요 66~67쪽

1 12   **2** 7, 5, 35

3 $6 \times 3 = 18$ / 18개   **4** 12개

5 45권

6 (1) 12개 (2) 10개 (3) 22개

1 $3 \times 4 = 12$ (cm)

2 $7 \times 5 = 35$ (개)

3 $6 \times 3 = 18$(개)

4 $2 \times 6 = 12$(개)

5 $9 \times 5 = 45$(권)

6 (1) (노란색 연결 모형의 수)$= 4 \times 3 = 12$(개)
   (2) (초록색 연결 모형의 수)$= 5 \times 2 = 10$(개)
   (3) (전체 연결 모형의 수)$=$(노란색 연결 모형의 수)
   $+$(초록색 연결 모형의 수)
   $= 12 + 10 = 22$(개)

기본기 다지기

68~71쪽

58 5, 5

59 (1) 1 (2) 9

60 1

61 $+$, $\times$

62 1

63 3, 0

64 (1) 0 (2) 0 (3) 0

65 0

66 ③

67 10

68 1, 5, 0, 0, 5

69 4점

70

×	1	2	3	4	5	6	7
1	1	2	3	4	5	6	7
2	2	4	6	8	10	12	14
3	3	6	9	12	15	18	21
4	4	8	12	16	20	24	28
5	5	10	15	20	25	30	35
6	6	12	18	24	30	36	42
7	7	14	21	28	35	42	49

71 3, 4, 12 / 4, 3, 12 / 6, 2, 12

72 (1) 2단 (2) 9단 (3) 5단

73 예 화살표 방향으로 곱한 두 수의 곱은 같습니다.

74 32

75

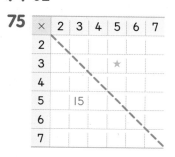

76 42

77 25명

78 45살

79 34 cm

80 44개

81 51개

82 4, 26

83 24점

58 $1 \times \blacksquare = \blacksquare$

59 (1) $\square \times 7 = 7$에서 $1 \times 7 = 7$이므로 $\square = 1$입니다.
   (2) $1 \times \square = 9$에서 $1 \times 9 = 9$이므로 $\square = 9$입니다.

60 어떤 수를 곱해도 항상 어떤 수 자신이 나오게 되는 수는 1입니다. $1 \times 2 = 2$, $1 \times 6 = 6$, $1 \times 7 = 7$

61 1보다 8만큼 더 큰 수는 9이므로 $1 + 8 = 9$입니다.
   1과 8의 곱은 8이므로 $1 \times 8 = 8$입니다.

서술형
62 예 $4 \times 1 = 4$이므로 ㉠$= 1$이고, $1 \times 3 = 3$이므로 ㉡$= 1$입니다. 따라서 ㉠$\times$㉡$= 1 \times 1 = 1$입니다.

단계	문제 해결 과정
①	㉠과 ㉡에 알맞은 수를 각각 구했나요?
②	㉠$\times$㉡의 값을 구했나요?

63 어항 3개에 금붕어가 한 마리도 없으므로 어항에 들어 있는 금붕어의 수를 곱셈식으로 나타내면 $0 \times 3 = 0$입니다.

64 (2) $\square \times 6 = 0$에서 $0 \times 6 = 0$이므로 $\square = 0$입니다.
   (3) $1 \times \square = 0$에서 $1 \times 0 = 0$이므로 $\square = 0$입니다.

65 (어떤 수)$\times 0 = 0$, $0 \times$(어떤 수)$= 0$

66 어떤 수에 0을 곱하거나 0에 어떤 수를 곱하면 곱은 항상 0입니다. 따라서 ①, ②, ④, ⑤는 0, ③은 1입니다.

67 $10 \times 0 = 0$이므로 $0 = 10 - 10$입니다.

69 • 0이 적힌 공을 4번 꺼냈으므로 $0 \times 4 = 0$(점)입니다.
   • 1이 적힌 공을 2번 꺼냈으므로 $1 \times 2 = 2$(점)입니다.
   • 2가 적힌 공을 1번 꺼냈으므로 $2 \times 1 = 2$(점)입니다.
   ➡ (은석이가 얻은 점수)$= 0 + 2 + 2 = 4$(점)

72 (1) 2단 곱의 일의 자리 숫자는 2, 4, 6, 8, 0의 순서로 되어 있습니다.
   (2) 9단 곱의 일의 자리 숫자는 9, 8, 7, 6, 5, 4, 3, 2, 1로 1씩 작아집니다.
   (3) 5단 곱의 일의 자리 숫자는 5, 0으로만 되어 있습니다.

73 '↘ 방향으로 더한 수는 ↗ 방향으로 더한 수보다 1만큼 더 큽니다.'도 답이 될 수 있습니다.

74 4단 곱셈구구에 있는 수 중에서 $5 \times 5 = 25$보다 큰 수는 28, 32, 36입니다. 이 중에서 8단 곱셈구구에도 있는 수는 32입니다.

75 ★이 있는 칸은 $3 \times 5 = 15$입니다. 곱셈표를 점선을 따라 접었을 때 3×5와 만나는 곳은 5×3이고 $5 \times 3 = 15$입니다.

76 7단 곱셈구구의 수 중에서 짝수는 14, 28, 42, 56 입니다. 이 중에서 십의 자리 숫자가 40을 나타내는 수는 42입니다.

77 $5 \times 5 = 25$(명)

78 $9 \times 5 = 45$(살)

79 $9 \times 4 = 36$이므로 밧줄의 길이는 $36 - 2 = 34$(cm)입니다.

서술형
80 ㉠ 8개씩 5명에게 나누어 준 사탕은 $8 \times 5 = 40$(개) 입니다. 나누어 주고 사탕이 4개가 남았으므로 처음에 있던 사탕은 $40 + 4 = 44$(개)입니다.

단계	문제 해결 과정
①	8개씩 5명에게 나누어 준 사탕의 수를 구했나요?
②	처음에 있던 사탕의 수를 구했나요?

81 (감자의 수)$= 8 \times 2 = 16$(개)
(고구마의 수)$= 5 \times 7 = 35$(개)
➡ (감자와 고구마의 수)$= 16 + 35 = 51$(개)

82

$7 \times 4 = 28$　　　$28 - 2 = 26$

83

해인						
은채						

해인이가 3번 이겼으므로 $8 \times 3 = 24$(점)을 얻었습니다.

응용력 기르기
개념 완성

72~75쪽

1 4줄	**1-1** 6줄	**1-2** 3상자
2 56	**2-1** 3	**2-2** 54, 12
3 35	**3-1** 40	**3-2** 45

4 1단계 ㉠ 보기 는 $9 \times 5 = 45$, $5 \times 2 = 10$, $9 \times 2 = 18$ 이므로 양 끝 ○ 안의 두 수의 곱을 가운데 ○에 쓰는 규칙입니다.

2단계 ㉠ $㉠ \times ㉣ = 15$에서 $3 \times 5 = 15$이므로 $㉠ = 3$, $㉣ = 5$ 또는 $㉠ = 5$, $㉣ = 3$입니다. $㉢ \times ㉣ = 24$에서 $㉣ = 5$일 때 $㉢ \times 5 = 24$인 $㉢$의 값이 없으므로 $㉠ = 5$, $㉣ = 3$입니다.

3단계 ㉠ $㉣ = 3$이고 $㉢ \times 3 = 24$에서 $8 \times 3 = 24$이므로 $㉢ = 8$입니다. $㉠ \times ㉢ = ㉡$이고 $㉠ = 5$, $㉢ = 8$이므로 $5 \times 8 = ㉡$에서 $㉡ = 40$입니다.

/ 5, 40, 8, 3

4-1

1 귤은 모두 $8 \times 3 = 24$(개)입니다. $24 = 6 \times 4$이므로 귤을 한 줄에 6개씩 놓으면 4줄이 됩니다.

1-1 바둑돌은 모두 $9 \times 2 = 18$(개)입니다. $18 = 3 \times 6$이므로 바둑돌을 한 줄에 3개씩 놓으면 6줄이 됩니다.

1-2 야구공은 모두 $6 \times 2 = 12$(개)입니다. $12 = 4 \times 3$이므로 야구공을 한 상자에 4개씩 담으면 3상자가 됩니다.

2 수 카드의 수의 크기를 비교하면 $8 > 7 > 6 > 2 > 0$ 입니다. 곱이 가장 크려면 가장 큰 수와 둘째로 큰 수를 곱해야 하므로 가장 큰 곱은 $8 \times 7 = 56$입니다.

2-1 수 카드의 수의 크기를 비교하면 $1 < 3 < 4 < 5 < 9$입 니다. 곱이 가장 작으려면 가장 작은 수와 둘째로 작은 수를 곱해야 하므로 가장 작은 곱은 $1 \times 3 = 3$입니다.

2-2 수 카드의 수의 크기를 비교하면 $9 > 7 > 6 > 5 > 2$ 입니다.
• 가장 큰 수와 둘째로 큰 수를 곱했을 때 곱이 가장 크므로 둘째로 큰 곱은 가장 큰 수와 셋째로 큰 수를 곱해야 합니다. ➡ $9 \times 6 = 54$
• 가장 작은 수와 둘째로 작은 수를 곱했을 때 곱이 가장 작으므로 둘째로 작은 곱은 가장 작은 수와 셋째로 작은 수를 곱해야 합니다. ➡ $2 \times 6 = 12$

3 ① 7단 곱셈구구의 수는 7, 14, 21, 28, 35, 42, 49, 56, 63입니다.

② ①의 수 중에서 $9 \times 4 = 36$보다 작은 수는 7, 14, 21, 28, 35입니다.

③ $4 \times 5 = 20$과 $4 \times 3 = 12$를 더한 값은 $20 + 12 = 32$이고 ②의 수 중에서 32보다 큰 수는 35입니다.

따라서 어떤 수는 35입니다.

3-1 ① 8단 곱셈구구의 수는 8, 16, 24, 32, 40, 48, 56, 64, 72입니다.

② ①의 수 중에서 $7 \times 5 = 35$보다 큰 수는 40, 48, 56, 64, 72입니다.

③ $6 \times 3 = 18$과 $4 \times 7 = 28$을 더한 값은 $18 + 28 = 46$이고 ②의 수 중에서 46보다 작은 수는 40입니다.

따라서 어떤 수는 40입니다.

3-2 ① 9단 곱셈구구의 수는 9, 18, 27, 36, 45, 54, 63, 72, 81입니다.

② ①의 수 중에서 $5 \times 8 = 40$보다 큰 수는 45, 54, 63, 72, 81입니다.

③ $8 \times 3 = 24$이고 8×3을 두 번 더한 값은 $24 + 24 = 48$이므로 ②의 수 중에서 48보다 작은 수는 45입니다.

따라서 어떤 수는 45입니다.

4-1

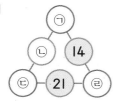

보기 는 양 끝 ◯ 안의 두 수의 곱을 가운데 ◯에 쓰는 규칙입니다.

㉠ $\times$ ㉣ $= 14$에서 $2 \times 7 = 14$이므로 ㉠ $= 2$, ㉣ $= 7$ 또는 ㉠ $= 7$, ㉣ $= 2$입니다.

㉢ $\times$ ㉣ $= 21$에서 ㉣ $= 2$일 때 ㉢ $\times 2 = 21$인 ㉢의 값이 없으므로 ㉠ $= 2$, ㉣ $= 7$입니다.

㉣ $= 7$이고 ㉢ $\times 7 = 21$에서 $3 \times 7 = 21$이므로 ㉢ $= 3$입니다.

㉠ $\times$ ㉢ $=$ ㉡이고 ㉠ $= 2$, ㉢ $= 3$이므로 $2 \times 3 =$ ㉡에서 ㉡ $= 6$입니다.

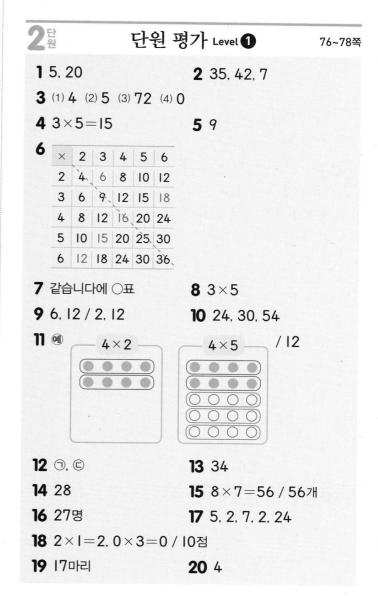

1 5, 20 　　　　　　　　**2** 35, 42, 7

3 (1) 4 　(2) 5 　(3) 72 　(4) 0

4 $3 \times 5 = 15$ 　　　　　　**5** 9

6

×	2	3	4	5	6
2	4	6	8	10	12
3	6	9	12	15	18
4	8	12	16	20	24
5	10	15	20	25	30
6	12	18	24	30	36

7 같습니다에 ◯표 　　　　**8** 3×5

9 6, 12 / 2, 12 　　　　　**10** 24, 30, 54

11 예　[4×2] 　[4×5]　 / 12

12 ㉠, ㉢ 　　　　　　　　**13** 34

14 28 　　　　　　　　　**15** $8 \times 7 = 56$ / 56개

16 27명 　　　　　　　　**17** 5, 2, 7, 2, 24

18 $2 \times 1 = 2$, $0 \times 3 = 0$ / 10점

19 17마리 　　　　　　　　**20** 4

1 4개씩 5묶음이므로 $4 \times 5 = 20$입니다.

2 7단 곱셈구구에서 곱하는 수가 1씩 커지면 그 곱은 7씩 커집니다.

3 (1) $2 \times 2 = 4$

(2) $6 \times 5 = 30$

(3) $9 \times 8 = 72$

(4) $0 \times 7 = 0$

4 3씩 5번 뛰어 세면 15이므로 $3 \times 5 = 15$입니다.

5 어떤 수와 1의 곱은 항상 어떤 수입니다.

$9 \times 1 = 9$이므로 ● $= 9$입니다.

8 $5 \times 3 = 15$이므로 곱이 15인 곱셈구구를 찾으면 3×5입니다.

다른 풀이 | 곱하는 두 수의 순서를 서로 바꾸어 곱해도 곱은 같으므로 $5 \times 3 = 3 \times 5$입니다.

9 2씩 묶으면 6묶음입니다. ➡ $2 \times 6 = 12$
6씩 묶으면 2묶음입니다. ➡ $6 \times 2 = 12$

10 6×4는 6을 4번 더한 것이고 6×5는 6을 5번 더한 것이므로 6×4와 6×5를 더하면 6×9와 같습니다.

11 $4 \times 2 = 8$
$4 \times 3 = 12$ $\Big\} +4$
$4 \times 4 = 16$ $\Big\} +4$
$4 \times 5 = 20$ $\Big\} +4$

12 ㉡ 5×6에 5×2를 더합니다.

13 $1 \times 7 = 7$, $3 \times 9 = 27$
➡ $7 + 27 = 34$

14 $7 \times 4 = 28$(cm)

15 $8 \times 7 = 56$(개)

16 $9 \times 3 = 27$(명)

17

●●●●● → $5 \times 2 = 10$		
●●●●●●● → $7 \times 2 = 14$		➡ 24개

18 4가 적힌 공을 2번 꺼냈으므로 $4 \times 2 = 8$(점)입니다.
2가 적힌 공을 1번 꺼냈으므로 $2 \times 1 = 2$(점)입니다.
0이 적힌 공을 3번 꺼냈으므로 $0 \times 3 = 0$(점)입니다.
따라서 얻은 점수는 모두 $8 + 2 + 0 = 10$(점)입니다.

서술형
19 예 사슴의 수의 3배는 5의 3배이므로
$5 \times 3 = 15$(마리)입니다.
따라서 타조는 $15 + 2 = 17$(마리)입니다.

평가 기준	배점
사슴의 수의 3배는 몇 마리인지 구했나요?	2점
타조는 몇 마리인지 구했나요?	3점

서술형
20 예 $6 \times 6 = 36$이므로 $\square \times 9 = 36$입니다.
$4 \times 9 = 36$이므로 $\square = 4$입니다.

평가 기준	배점
6×6을 계산했나요?	2점
$\square$ 안에 알맞은 수를 구했나요?	3점

2단원 단원 평가 Level ❷ 79~81쪽

1 4, 12

2 (1) 12 (2) 40

3 (위에서부터) 7, 12, 24, 54

4 7

5 ②, ⑤

6 <

7 9

8 0

9 2

10 3, 2, 4 / 4, 3, 2

11 (위에서부터) 32, 7, 63, 36

12 민경

13 24

14 48개

15 31

16 22개

17 37살

18 63

19 방법 1 예 4×2와 7×3을 더하면
$8 + 21 = 29$(개)입니다.

방법 2 예 7×5에서 3×2를 빼면
$35 - 6 = 29$(개)입니다.

20 29개

---

1 체리가 3개씩 4묶음입니다. ➡ $3 \times 4 = 12$

2 (1) $2 \times 6 = 12$ (2) $8 \times 5 = 40$

3 $6 \times 2 = 12$, $6 \times 4 = 24$, $6 \times 7 = 42$,
$6 \times 9 = 54$

4 ■ × ▲ = ▲ × ■

5 ② $8 \times 1 = 8$ ⑤ $4 \times 0 = 0$

6 $5 \times 5 = 25$, $3 \times 9 = 27$ ➡ $25 < 27$

7 9단 곱셈구구에서는 곱하는 수가 1씩 커지면 그 곱은 9씩 커집니다.

8 $1 \times 5 = 5$이므로 ㉠ = 5, $0 \times 7 = 0$이므로 ㉡ = 0입니다. 따라서 ㉠ × ㉡ = $5 \times 0 = 0$입니다.

9

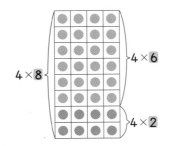

10 $8 \times 2 = 16$, $8 \times 3 = 24$, $8 \times 4 = 32$이므로 만들 수 있는 곱셈식은 $8 \times 3 = 24$, $8 \times 4 = 32$입니다.

11

- $\bigcirc=8\times4=32$
- $8\times\bigcirc=56$에서 $8\times7=56$이므로 $\bigcirc=7$입니다.
- $\bigcirc=7\times9=63$
- $\bigcirc=4\times9=36$

12 민경: $3\times4=12$와 곱이 같은 곱셈구구는

$2\times6=12$, $4\times3=12$, $6\times2=12$입니다.

13 3단 곱셈구구에 있는 수 중에서 $4\times5=20$보다 큰 수는 21, 24, 27입니다.

이 중에서 6단 곱셈구구에도 있는 수는 24입니다.

14 $8\times6=48$(개)

15 $4\times8=32$이므로 $\square<32$입니다.

따라서 $\square$ 안에 들어갈 수 있는 수 중에서 가장 큰 수는 31입니다.

16 (세발자전거 4대의 바퀴 수)$=3\times4=12$(개)

(두발자전거 5대의 바퀴 수)$=2\times5=10$(개)

➡ (전체 바퀴 수)$=12+10=22$(개)

17 (선아의 나이의 5배)$=8\times5=40$(살)

➡ (삼촌의 나이)$=40-3=37$(살)

18 어떤 수를 $\square$라고 하면 $\square+7=16$에서

$\square=16-7=9$입니다.

따라서 바르게 계산하면 $9\times7=63$입니다.

_{서술형}
19 '4×5와 3×3을 더하면 $20+9=29$(개)입니다.' 등 여러 가지 방법이 있습니다.

평가 기준	배점
한 가지 방법으로 설명했나요?	3점
다른 한 가지 방법으로 설명했나요?	2점

_{서술형}
20 **예** 친구 7명에게 준 사탕은 $7\times3=21$(개)입니다. 따라서 혜진이에게 남은 사탕은 $50-21=29$(개)입니다.

평가 기준	배점
친구 7명에게 준 사탕의 수를 구했나요?	3점
혜진이에게 남은 사탕의 수를 구했나요?	2점

3 길이 재기

1학기에 임의 단위의 불편함을 해소하기 위한 수단으로 보편 단위인 cm를 배웠습니다. 2학기에는 cm로 나타냈을 때 큰 수를 써야 하는 불편함을 느끼고 더 긴 길이의 단위인 m를 배웁니다. 사물의 길이를 단명수(cm)와 복명수(몇 m 몇 cm)로 각각 표현하여 길이를 재어 봅니다. 복명수는 이후 mm 단위나 km 단위에도 사용되므로 같은 단위끼리 자리를 맞추어 나타내야 한다는 점을 아이들이 이해할 수 있어야 합니다. 복명수끼리의 계산도 자연수의 덧셈처럼 단위끼리 계산해야 함을 이해하고, 이후 $100\,cm=1\,m$임을 이용하여 받아올림과 받아내림까지 계산할 수 있도록 해 주세요. 그리고 1 m의 길이가 얼만큼인지를 숙지하여 자 없이도 물건의 길이를 어림해 보고 길이에 대한 양감을 기를 수 있도록 지도해 주세요.

_{교과서
개념 이해} **1** cm보다 더 큰 단위를 알아볼까요 84~85쪽

1 • 100 • 1 m 20 cm, 1미터 20센티미터

1

2 (1) 50 cm (2) 1 m 50 cm

3 (1) 7미터 60센티미터 (2) 5미터 34센티미터

4 603, 6, 3 / 867, 8, 67 / 210, 2, 10

5 (1) 2, 65 (2) 409 (3) 3, 7

1

2 (2) $150\,cm=\underline{100\,cm}+50\,cm=1\,m+50\,cm$

$=1\,m\,50\,cm$

3 (1) 7 m 60 cm를 읽을 때 칠 미터라고 읽고, 일곱 미터라고 읽지 않습니다.

5 (1) $265\,cm=200\,cm+65\,cm$

$=2\,m+65\,cm=2\,m\,65\,cm$

(2) $4\,m\,9\,cm=4\,m+9\,cm=400\,cm+9\,cm$

$=409\,cm$

(3) $307\,cm=300\,cm+7\,cm=3\,m+7\,cm$

$=3\,m\,7\,cm$

'몇 m 몇 cm'와 같은 복명수 표기법은 학생들이 처음 접하는 방식이므로 충분히 연습하게 합니다. 그리고 복명수로 나타내면 단명수로 나타낼 때보다 더 직관적으로 길이의 정도를 알 수 있지만 받아올림이 있는 길이의 합이나 받아내림이 있는 차는 단명수로 계산하는 것이 더 편리할수 있으므로 두 가지 방법을 모두 숙지하고 상황에 따라편리한 방법을 선택할 수 있도록 지도해 주세요.

교과서 개념 이해 **2 자로 길이를 재어 볼까요** 86~87쪽

1 (1) 0 (2) 120 (3) 1, 20

2 ( ) (○) **3** 140, 1, 40

4 102, 1, 6 **5** 2, 10

2 교실 칠판 긴 쪽의 길이는 10 cm보다 길므로 10 cm 자로 재면 여러 번 재어야 하고 정확하게 재기 어렵습니다.

3 밧줄의 왼쪽 끝이 줄자의 눈금 0에 맞추어져 있으므로 오른쪽 끝에 있는 줄자의 눈금을 읽습니다.

4 106 cm를 1 m 06 cm로 나타내지 않도록 주의합니다.

5 210 cm=200 cm+10 cm=2 m+10 cm
     =2 m 10 cm

교과서 개념 이해 **3 길이의 합을 구해 볼까요** 88~89쪽

1 (위에서부터)
   (1) 2, 3, 0 / 3, 9, 0
   (2) 2, 3, 5 / 5, 5, 0 / 7, 8, 5

2 4, 80 / 4, 80 **3** 72, 7, 72

4 (1) 9, 78 (2) 10, 37 **5** (1) 4, 94 (2) 57, 65

1 ① 같은 단위끼리 자리를 맞추어 씁니다.
   ② cm끼리 더합니다.
   ③ m끼리 더합니다.

4 (1) 5 m 27 cm+4 m 51 cm=9 m 78 cm

   (2) 7 m 25 cm+3 m 12 cm=10 m 37 cm

교과서 개념 이해 **4 길이의 차를 구해 볼까요** 90~91쪽

1 (위에서부터)
   (1) 1, 2, 0 / 7, 5, 0
   (2) 9, 3, 6 / 5, 2, 2 / 4, 1, 4

2 3, 30 **3** 45, 5, 45

4 (1) 2, 24 (2) 3, 15 **5** (1) 5, 23 (2) 14, 32

1 ① 같은 단위끼리 자리를 맞추어 씁니다.
   ② cm끼리 뺍니다.
   ③ m끼리 뺍니다.

4 (1) 8 m 49 cm−6 m 25 cm=2 m 24 cm

   (2) 5 m 30 cm−2 m 15 cm=3 m 15 cm

교과서 개념 이해 **5 길이를 어림해 볼까요** 92~93쪽

1 (1) 4 (2) 4 **2** 2

3 3 **4** 10

5 (그림)

2 약 1 m의 2배 정도이기 때문에 신발장의 길이는 약 2 m입니다.

3 약 1 m의 3배 정도이기 때문에 시소의 길이는 약 3 m입니다.

4 약 2 m의 5배 정도이기 때문에 무대의 길이는 약 10 m입니다.

길이를 재어야 하는 상황에서 자가 없을 때 가장 효과적인 방법은 어림입니다. 어림을 할 때 1 m가 되는 사물이나 신체의 부분을 알고 있다면 이를 기준으로 두 배, 세 배되는 길이를 비교적 쉽게 어림할 수 있습니다. 또한 두 걸음이 1 m인 것과 시소의 길이가 약 6걸음이라는 조건을통해 시소의 길이가 약 3 m라는 것을 알 수 있으며, 무대에 있는 탁자의 길이가 약 2 m인 것을 이용하여 무대에탁자가 약 몇 번 들어갈지 가늠하는 방식으로 무대의 길이를 어림할 수 있습니다. 이렇게 생활 속에 있는 긴 길이를 다양한 방법으로 어림할 수 있도록 지도해 주세요.

1 8미터 6센티미터

2 (1) 3 (2) 540

3

4 (1) cm (2) m (3) cm

5 143 cm

6 선우

7 ㉡, 508 cm

8 ㉠, ㉢

9 ㉠, ㉣, ㉡, ㉢

10 7, 4, 2

11 160, 1, 60

12 1 m 20 cm

13 ⑩ 책상의 한끝을 줄자의 눈금 0에 맞추지 않았기 때문입니다.

14 ⑩ 182 cm, 1 m 82 cm
/ ⑩ 250 cm, 2 m 50 cm

15 (1) 8, 29 (2) 5, 80

16 9, 75

17 5, 70

18 (○)( )

19 5 m 45 cm

20 8 m 57 cm

21 16 m 80 cm

22 ㉡

23 18 m 95 cm

24 31 m 77 cm

25 (1) 3, 50 (2) 4, 15

26 2, 33

27 5 m 52 cm

28 35, 52

29 주영, 6 m 5 cm

30 1 m 19 cm

31 ⑩ 6, 5, 7

32 (○)( )
( )(○)

33 8 m

34 2 m

35 ⑩ 소파의 긴 쪽, 2 m 5 cm 또는 205 cm /
싱크대의 긴 쪽, 1 m 95 cm 또는 195 cm

36 태호, 윤주, 서하

37 (1) 3 m (2) 180 cm (3) 30 m

38 5 m

39 ㉡, ㉢

40 상호

41 22

---

2 100 cm=1 m입니다.
(1) 300 cm=3 m
(2) 5 m 40 cm=5 m+40 cm
=500 cm+40 cm=540 cm

3 ・4 m 70 cm=4 m+70 cm
=400 cm+70 cm=470 cm
・4 m 7 cm=4 m+7 cm
=400 cm+7 cm=407 cm

---

4 1 m=100 cm임을 생각하여 알맞은 단위를 써넣습니다.

서술형
5 ⑩ 1 m보다 43 cm 더 긴 길이는 1 m 43 cm입니다. 1 m=100 cm이므로 승혁이의 키는
1 m 43 cm=100 cm+43 cm=143 cm입니다.

단계	문제 해결 과정
①	1 m보다 43 cm 더 긴 길이는 1 m 43 cm임을 알았나요?
②	승혁이의 키를 cm 단위로 나타냈나요?

6 1 m=100 cm
태하: 1 cm가 10개이면 10 cm입니다.
선우: 10이 10개인 수는 100이므로 10 cm가 10개이면 100 cm입니다.

7 ㉡ 5 m 8 cm=5 m+8 cm
=500 cm+8 cm=508 cm

8 3 m 25 cm=325 cm이므로 높이가 325 cm보다 낮은 트럭을 찾으면 ㉠, ㉢입니다.

9 ㉠ 4 m 11 cm=411 cm
㉢ 2 m 80 cm=280 cm
➡ 411 cm>409 cm>396 cm>280 cm

10 큰 단위의 수가 클수록 길이가 깁니다.
수 카드의 수의 크기를 비교하면 7>4>2이므로 큰 수부터 차례로 쓰면 가장 긴 길이는 7 m 42 cm입니다.

11 줄자의 왼쪽 끝이 줄자의 눈금 0에 맞추어져 있고 오른쪽 끝에 있는 눈금이 160이므로 서랍장의 길이는 160 cm입니다.
160 cm=100 cm+60 cm=1 m 60 cm

12 액자의 한끝이 줄자의 눈금 0에 맞추어져 있고 다른 쪽 끝에 있는 눈금이 120이므로 액자의 길이는 120 cm=100 cm+20 cm=1 m 20 cm입니다.

14 냉장고의 높이: 182 cm=100 cm+82 cm
=1 m 82 cm
소파의 길이: 2 m 50 cm=200 cm+50 cm
=250 cm

15 m는 m끼리, cm는 cm끼리 더합니다.

16 7 m 40 cm+2 m 35 cm=9 m 75 cm

17 m는 m끼리, cm는 cm끼리 더합니다.
cm끼리의 계산: $50+20=70$
m끼리의 계산: $3+\square=8$, $8-3=\square$, $\square=5$

18 $227\,cm=2\,m\,27\,cm$입니다.
$227\,cm+3\,m\,52\,cm$
$=2\,m\,27\,cm+3\,m\,52\,cm$
$=5\,m\,79\,cm$
➡ $6\,m>5\,m\,79\,cm$

19 $3\,m\,25\,cm+2\,m\,20\,cm=5\,m\,45\,cm$

20 $405\,cm=4\,m\,5\,cm$이므로 가장 긴 길이는
$4\,m\,52\,cm$, 가장 짧은 길이는 $405\,cm$입니다.
➡ $4\,m\,52\,cm+405\,cm$
$=4\,m\,52\,cm+4\,m\,5\,cm$
$=8\,m\,57\,cm$

21 $10\,m\,20\,cm+6\,m\,60\,cm=16\,m\,80\,cm$

22 ㉠ $17\,m\,45\,cm+48\,m\,52\,cm$
$=65\,m\,97\,cm$
㉡ $29\,m\,27\,cm+36\,m\,65\,cm$
$=65\,m\,92\,cm$
➡ $65\,m\,97\,cm>65\,m\,92\,cm$이므로 길이가 더 짧은 것은 ㉡입니다.

서술형
23 예) (규태가 가지고 있는 철사의 길이)
$=$(성훈이가 가지고 있는 철사의 길이)$+6\,m\,15\,cm$
$=12\,m\,80\,cm+6\,m\,15\,cm$
$=18\,m\,95\,cm$

단계	문제 해결 과정
①	규태가 가지고 있는 철사의 길이를 구하는 식을 세웠나요?
②	규태가 가지고 있는 철사의 길이를 구했나요?

24 $13\,m\,47\,cm+18\,m\,30\,cm=31\,m\,77\,cm$

25 m는 m끼리, cm는 cm끼리 뺍니다.

26 $7\,m\,\underline{56}\,cm-5\,m\,\underline{23}\,cm=\underline{2}\,m\,\underline{33}\,cm$

27 $3\,m\,12\,cm<8\,m\,64\,cm$
➡ $8\,m\,64\,cm-3\,m\,12\,cm=5\,m\,52\,cm$
주의 | 두 길이의 차는 긴 길이에서 짧은 길이를 빼서 구합니다.

28 $55\,m\,71\,cm-20\,m\,19\,cm=35\,m\,52\,cm$

29 $32\,m\,90\,cm>26\,m\,85\,cm$이므로 주영이의 끈이 $32\,m\,90\,cm-26\,m\,85\,cm=6\,m\,5\,cm$ 더 짧습니다.

30 (늘어난 고무줄의 길이)
$=$(늘어난 후 고무줄의 길이)$-$(처음 고무줄의 길이)
$=3\,m\,80\,cm-2\,m\,61\,cm=1\,m\,19\,cm$

31 $8\,m\,36\,cm-2\,m\,5\,cm=6\,m\,31\,cm$
주어진 수 카드로 만들 수 있는 길이 중 $6\,m\,31\,cm$ 보다 긴 길이는 $6\,m\,57\,cm$, $6\,m\,75\,cm$, $7\,m\,56\,cm$, $7\,m\,65\,cm$입니다.

32 $100\,cm$가 넘는 물건의 길이는 m 단위로 나타내기에 알맞습니다.

33
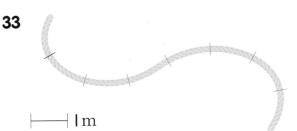
├───┤ $1\,m$

측정해야 할 길이가 곡선으로 주어지더라도 단위길이로 몇 번쯤 되는지 다른 도구 없이 어림해 보도록 합니다.

34 옷장의 높이는 화분의 높이의 약 4배입니다.
$50\,cm$의 2배는 $1\,m$이므로 옷장의 높이는 약 $2\,m$ 입니다.

35 $1\,m$의 양감을 이용하여 $2\,m$가 조금 넘거나 $2\,m$가 조금 못 되는 물건을 찾아봅니다.

36 윤주가 잰 사물함의 길이는 약 $3\,m$, 태호가 잰 칠판의 길이는 약 $4\,m$, 서하가 잰 식탁의 길이는 약 $2\,m$입니다.
따라서 긴 길이를 어림한 사람부터 순서대로 이름을 쓰면 태호, 윤주, 서하입니다.

38 한 걸음이 $50\,cm$이므로 두 걸음은 $100\,cm$, 즉 $1\,m$ 입니다. 따라서 10걸음은 약 $5\,m$입니다.

39 ㉠ 방문의 높이: 약 $2\,m$
㉡ 축구장 긴 쪽의 길이: 약 $100\,m$
㉢ 건물 10층의 높이: 약 $30\,m$
㉣ 리코더 10개를 이어 놓은 길이: 약 $3\,m$

40 실제 길이 1 m 15 cm와의 차이가 더 작은 사람을 찾습니다.

현아: 1 m 15 cm−1 m 3 cm=12 cm

상호: 124 cm−1 m 15 cm
= 1 m 24 cm−1 m 15 cm=9 cm

➡ 9 cm<12 cm이므로 실제 길이에 더 가깝게 어림한 사람은 상호입니다.

41 왼쪽 가로등에서 분수대까지의 거리: 약 8 m

분수대의 길이: 약 6 m

분수대에서 오른쪽 가로등까지의 거리: 약 8 m

➡ 8+6+8=22 (m)

응용력 기르기
100~103쪽

1 8, 9 **1-1** 0, 1, 2, 3 **1-2** 4개

2 2 m 78 cm **2-1** 2 m 75 cm

2-2 54 m 41 cm

3 8, 7, 5 / 1, 2, 3 / 9, 98

3-1 9, 7, 5 / 1, 2, 4 / 8, 51

3-2 7, 6, 4 / 1, 3, 5 / 8 m 99 cm

4 1단계 예 (색 테이프 3장의 길이의 합)
= 2 m 28 cm+2 m 28 cm+2 m 28 cm
= 4 m 56 cm+2 m 28 cm=6 m 84 cm

2단계 예 (겹쳐진 부분의 길이의 합)
= 32 cm+32 cm=64 cm

3단계 예 (이어 붙인 색 테이프의 전체 길이)
= (색 테이프 3장의 길이의 합)
−(겹쳐진 부분의 길이의 합)
= 6 m 84 cm−64 cm=6 m 20 cm

/ 6 m 20 cm

4-1 4 m 32 cm

---

1 1 m=100 cm이므로 5 m 74 cm=574 cm입니다.

5□2>574이므로 □는 7보다 커야 합니다.

따라서 □ 안에 들어갈 수 있는 수는 8, 9입니다.

1-1 1 m=100 cm이므로 7 m 36 cm=736 cm입니다.

7□4<736이므로 □는 3과 같거나 3보다 작아야 합니다.

따라서 □ 안에 들어갈 수 있는 수는 0, 1, 2, 3입니다.

1-2 1 m=100 cm이므로 8 m 61 cm=861 cm입니다.

8□5>861이므로 □는 6과 같거나 6보다 커야 합니다. 따라서 □ 안에 들어갈 수 있는 수는 6, 7, 8, 9로 모두 4개입니다.

2 (민성이의 키)=133 cm=1 m 33 cm

(형의 키)=(민성이의 키)+12 cm
= 1 m 33 cm+12 cm=1 m 45 cm

➡ (민성이의 키)+(형의 키)
= 1 m 33 cm+1 m 45 cm=2 m 78 cm

2-1 (영호가 가진 막대의 길이)
= (태희가 가진 막대의 길이)−39 cm
= 1 m 57 cm−39 cm=1 m 18 cm

➡ (두 사람이 가진 막대의 길이의 합)
= (태희가 가진 막대의 길이)
+(영호가 가진 막대의 길이)
= 1 m 57 cm+1 m 18 cm=2 m 75 cm

2-2 (유하가 가진 끈의 길이)
= (선우가 가진 끈의 길이)+22 cm
= 27 m 16 cm+22 cm=27 m 38 cm

(민주가 가진 끈의 길이)
= (선우가 가진 끈의 길이)−13 cm
= 27 m 16 cm−13 cm=27 m 3 cm

➡ (유하와 민주가 가진 끈의 길이의 합)
= 27 m 38 cm+27 m 3 cm=54 m 41 cm

3 가장 긴 길이를 만들려면 m 단위부터 큰 수를 차례로 넣으면 8 m 75 cm입니다.

가장 짧은 길이를 만들려면 m 단위부터 작은 수를 차례로 넣으면 1 m 23 cm입니다.

➡ 8 m 75 cm+1 m 23 cm=9 m 98 cm

3-1 가장 긴 길이를 만들려면 m 단위부터 큰 수를 차례로 넣으면 9 m 75 cm입니다.

가장 짧은 길이를 만들려면 m 단위부터 작은 수를 차례로 넣으면 1 m 24 cm입니다.

➡ 9 m 75 cm−1 m 24 cm=8 m 51 cm

3-2 가장 긴 길이는 7 m 65 cm이고 둘째로 긴 길이는 7 m 64 cm입니다.

가장 짧은 길이는 1 m 34 cm이고 둘째로 짧은 길이는 1 m 35 cm입니다.

➡ 7 m 64 cm+1 m 35 cm=8 m 99 cm

4-1 (색 테이프 4장의 길이의 합)

$=1\,m\,20\,cm+1\,m\,20\,cm+1\,m\,20\,cm$

$+1\,m\,20\,cm=4\,m\,80\,cm$

(겹쳐진 부분의 길이의 합)

$=16\,cm+16\,cm+16\,cm=48\,cm$

➡ (이어 붙인 색 테이프의 전체 길이)

　＝(색 테이프 4장의 길이의 합)

　　ー(겹쳐진 부분의 길이의 합)

　＝$4\,m\,80\,cm-48\,cm=4\,m\,32\,cm$

3단원 단원 평가 Level ❶　104~106쪽

1 1 m 49 cm, 1미터 49센티미터

2 (1) 1　(2) 10　**3** (1) 7, 8　(2) 453

4 1 m 30 cm　**5** (1) m　(2) m　(3) cm

6 5　**7** 140, 1, 40

8 (○)( )

9 (1) 5 m 86 cm　(2) 3 m 25 cm

10 ②, ⑤　**11** 10, 42

12 31 m 99 cm　**13** 4

14 유진, 3 cm　**15** 8 m 35 cm

16 13 m 17 cm　**17** 6, 25

18 2, 7, 3 / 3, 2, 7　**19** 지윤

20 3 m 68 cm

---

1 $1\,m+49\,cm=1\,m\,49\,cm$

3 (1) $708\,cm=700\,cm+8\,cm=7\,m\,8\,cm$

　(2) $4\,m\,53\,cm=400\,cm+53\,cm=453\,cm$

4 빗자루의 왼쪽 끝이 줄자의 눈금 0에 맞추어져 있고 오른쪽 끝에 있는 눈금이 130이므로 130 cm입니다.

$130\,cm=1\,m\,30\,cm$

5 1 m=100 cm임을 생각하여 m와 cm를 알맞게 써 넣습니다.

6 1 m의 약 5배 정도이기 때문에 끈의 길이는 약 5 m 입니다.

7 책상의 길이는 140 cm입니다.

$140\,cm=100\,cm+40\,cm=1\,m\,40\,cm$

---

8 $504\,cm=5\,m\,4\,cm$이므로

$5\,m\,40\,cm>5\,m\,4\,cm$입니다.

다른 풀이 | $5\,m\,40\,cm=540\,cm$이므로

$540\,cm>504\,cm$입니다.

11 $7\,m\,27\,cm+3\,m\,15\,cm=10\,m\,42\,cm$

12 $309\,cm=3\,m\,9\,cm$

$28\,m\,90\,cm>21\,m\,9\,cm>3\,m\,9\,cm$이므로 가장 긴 길이는 28 m 90 cm, 가장 짧은 길이는 309 cm입니다.

➡ $28\,m\,90\,cm+3\,m\,9\,cm=31\,m\,99\,cm$

13 약 1 m의 4배 정도이기 때문에 자동차의 길이는 약 4 m입니다.

14 $139\,cm=1\,m\,39\,cm$

$1\,m\,42\,cm>1\,m\,39\,cm$이므로 유진이의 키가 $1\,m\,42\,cm-1\,m\,39\,cm=3\,cm$ 더 큽니다.

15 $5\,m\,10\,cm+3\,m\,25\,cm=8\,m\,35\,cm$

16 (남은 실의 길이)

　＝(처음 실의 길이)ー(사용한 실의 길이)

　＝$72\,m\,60\,cm-59\,m\,43\,cm$

　＝$13\,m\,17\,cm$

17 $47-★=22$ ➡ $47-22=★$, $★=25$

　$●-3=3$ ➡ $3+3=●$, $●=6$

18 $9\,m\,85\,cm-7\,m\,24\,cm=2\,m\,61\,cm$

주어진 수 카드로 만들 수 있는 길이 중 2 m 61 cm 보다 길고, 3 m 45 cm보다 짧은 길이는

2 m 73 cm, 3 m 27 cm입니다.

서술형
19 **예** 지윤: $305\,cm=3\,m\,5\,cm$이므로

$3\,m\,5\,cm-3\,m=5\,cm$

민우: $3\,m-2\,m\,90\,cm=10\,cm$

$5\,cm<10\,cm$이므로 3 m에 더 가깝게 어림한 사람 은 지윤입니다.

평가 기준	배점
3 m와 두 사람이 자른 끈의 길이의 차를 각각 구했나요?	3점
3 m에 더 가깝게 어림한 사람은 누구인지 구했나요?	2점

서술형
20 **예** (현수의 털실의 길이)

　＝(민아의 털실의 길이)＋155 cm

　＝$2\,m\,13\,cm+1\,m\,55\,cm=3\,m\,68\,cm$

평가 기준	배점
현수의 털실의 길이를 구하는 식을 세웠나요?	2점
현수의 털실의 길이를 구했나요?	3점

단원 평가 Level ❷

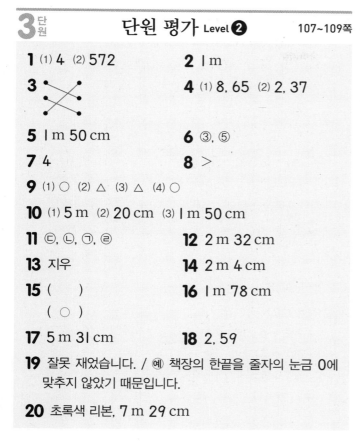

1 (1) 4 (2) 572 **2** 1 m

3

4 (1) 8, 65 (2) 2, 37

5 1 m 50 cm **6** ③, ⑤

7 4 **8** >

9 (1) ○ (2) △ (3) △ (4) ○

10 (1) 5 m (2) 20 cm (3) 1 m 50 cm

11 ㉢, ㉡, ㉠, ㉣ **12** 2 m 32 cm

13 지우 **14** 2 m 4 cm

15 ( ) **16** 1 m 78 cm
(○)

17 5 m 31 cm **18** 2, 59

19 잘못 재었습니다. / ⑩ 책장의 한끝을 줄자의 눈금 0에 맞추지 않았기 때문입니다.

20 초록색 리본, 7 m 29 cm

---

1 100 cm=1 m입니다.
  (1) 400 cm=4 m
  (2) 5 m 72 cm=5 m+72 cm
     =500 cm+72 cm=572 cm

2 1 cm가 100개이면 100 cm입니다.
  ➡ 100 cm=1 m

3 • 3 m 3 cm=3 m+3 cm
     =300 cm+3 cm=303 cm
  • 3 m 30 cm=3 m+30 cm
     =300 cm+30 cm=330 cm
  • 3 m 33 cm=3 m+33 cm
     =300 cm+33 cm=333 cm

4 m는 m끼리, cm는 cm끼리 계산합니다.

5 책장의 길이는 150 cm이므로
  150 cm=1 m 50 cm입니다.

6 신발, 필통, 공책 긴 쪽의 길이는 1 m보다 짧으므로 cm를 사용하여 길이를 나타내기에 알맞습니다.

7 약 1 m의 4배 정도이기 때문에 담장의 길이는 약 4 m입니다.

8 930 cm=900 cm+30 cm=9 m 30 cm
  ➡ 9 m 30 cm > 9 m 23 cm

9 1 m=100 cm이므로 물건의 길이가 100 cm를 넘는지 넘지 않는지 생각해 봅니다.

11 ㉠ 7 m 52 cm=752 cm
  ㉡ 8 m 4 cm=804 cm
  ➡ 810 cm > 804 cm > 752 cm > 709 cm

12 431 cm=4 m 31 cm
  ➡ 6 m 63 cm−4 m 31 cm=2 m 32 cm

13 16=8+8이므로 서아가 잰 진열장의 길이는 약 2 m, 6=2+2+2이므로 지우가 잰 화단의 길이는 약 3 m입니다.
  따라서 더 긴 길이를 어림한 사람은 지우입니다.

14 4 m 53 cm−2 m 49 cm=2 m 4 cm

15 32 m 50 cm+413 cm
  =32 m 50 cm+4 m 13 cm=36 m 63 cm
  ➡ 36 m 63 cm > 36 m 58 cm

16 (아버지의 키)=(영민이의 키)+46 cm
     =1 m 32 cm+46 cm
     =1 m 78 cm

17 (가로등의 높이)=(나무의 높이)−5 m 27 cm
     =10 m 58 cm−5 m 27 cm
     =5 m 31 cm

18

	㉠ m		19 cm
+	5 m	㉡ cm	
	7 m	78 cm	

  19+㉡=78 ➡ 78−19=㉡, ㉡=59
  ㉠+5=7 ➡ 7−5=㉠, ㉠=2

서술형 19

평가 기준	배점
길이를 잘못 재었다는 것을 알았나요?	2점
길이를 잘못 잰 까닭을 썼나요?	3점

서술형 20 ⑩ 24 m 72 cm > 17 m 43 cm이므로
  24 m 72 cm−17 m 43 cm=7 m 29 cm입니다.
  따라서 초록색 리본이 7 m 29 cm 더 깁니다.

평가 기준	배점
무슨 색 리본이 더 긴지 구했나요?	2점
몇 m 몇 cm 더 긴지 구했나요?	3점

4 시각과 시간

긴바늘이 한 바퀴 돌 때 짧은바늘은 숫자 눈금 한 칸을 움직인다는 원리를 바탕으로 '몇 시 몇 분'까지 읽어 봅니다. 또 시계의 바늘을 그릴 때에는 두 바늘의 속도가 다르므로 긴바늘이 30분을 가리킬 때는 짧은바늘이 숫자와 숫자 사이의 중앙을 가리키고 30분 이전을 가리킬 때는 앞의 숫자에 가깝게, 30분 이후를 가리킬 때는 뒤의 숫자에 가깝게 짧은바늘을 그려야 함을 이해하게 해 주세요. 또 시각과 시간의 정확한 개념을 이해하여 이후 시각과 시간의 덧셈과 뺄셈의 학습과도 매끄럽게 연계될 수 있도록 지도해 주세요.

교과서 개념 이해 1 몇 시 몇 분을 읽어 볼까요 (1)   112~113쪽

❗ • 8, 25

1

2 (1) 2, 3 (2) 7 (3) 2, 35
3 (1) 6, 15 (2) 1, 40 (3) 4, 45 (4) 9, 20
4 (1)  (2)

1 시계의 긴바늘이 가리키는 숫자가 1이면 5분, 2이면 10분, 3이면 15분, ...을 나타냅니다.

2 짧은바늘이 2와 3 사이를 가리키고 긴바늘이 7을 가리키므로 2시 35분입니다.

3 (1) 짧은바늘이 6과 7 사이를 가리키고 긴바늘이 3을 가리키므로 6시 15분입니다.
(2) 짧은바늘이 1과 2 사이를 가리키고 긴바늘이 8을 가리키므로 1시 40분입니다.
(3) 짧은바늘이 4와 5 사이를 가리키고 긴바늘이 9를 가리키므로 4시 45분입니다.
(4) 짧은바늘이 9와 10 사이를 가리키고 긴바늘이 4를 가리키므로 9시 20분입니다.

4 (1) 3시 50분입니다. 긴바늘이 가리키는 숫자 10은 50분을 나타내므로 긴바늘이 10을 가리키도록 그립니다.
(2) 11시 25분입니다. 긴바늘이 가리키는 숫자 5는 25분을 나타내므로 긴바늘이 5를 가리키도록 그립니다.

교과서 개념 이해 2 몇 시 몇 분을 읽어 볼까요 (2)   114~115쪽

❗ • 2 • 2, 11

1 (1) 1 (2) 8, 2 (3) 4, 42
2 9, 20, 9, 23
3 (1) 6, 52 (2) 4, 31 (3) 2, 28 (4) 11, 39
4 1, 2 / 2 /

1 짧은바늘이 4와 5 사이를 가리키고 긴바늘이 8에서 작은 눈금으로 2칸 더 간 곳을 가리키므로 4시 42분입니다.

2 짧은바늘이 9와 10 사이를 가리키고 긴바늘이 4에서 작은 눈금으로 3칸 더 간 곳을 가리키므로 9시 23분입니다.

3 (1) 짧은바늘이 6과 7 사이를 가리키고 긴바늘이 10에서 작은 눈금으로 2칸 더 간 곳을 가리키므로 6시 52분입니다.
(2) 짧은바늘이 4와 5 사이를 가리키고 긴바늘이 6에서 작은 눈금으로 1칸 더 간 곳을 가리키므로 4시 31분입니다.
(3) 짧은바늘이 2와 3 사이를 가리키고 긴바늘이 5에서 작은 눈금으로 3칸 더 간 곳을 가리키므로 2시 28분입니다.
(4) 짧은바늘이 11과 12 사이를 가리키고 긴바늘이 7에서 작은 눈금으로 4칸 더 간 곳을 가리키므로 11시 39분입니다.

다른 풀이 | (4) 짧은바늘이 11과 12 사이를 가리키고 긴바늘이 8에서 작은 눈금으로 1칸 덜 간 곳을 가리키므로 11시 39분입니다.

4 긴바늘이 3에서 작은 눈금으로 2칸 더 간 곳을 가리키
도록 그립니다.

교과서
개념 이해
3 여러 가지 방법으로 시각을 읽어 볼까요 116~117쪽

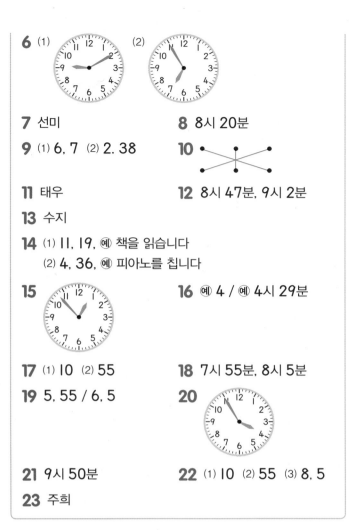

에 ○표   에 ○표

1 (1) 5, 55   (2) 5   (3) 6, 5

2 (1) 4, 55 / 5, 5   (2) 10, 50 / 11, 10

3 (1) 10   (2) 9, 55

4

2 (1) 짧은바늘이 4와 5 사이를 가리키고 긴바늘이 11을
가리키므로 4시 55분입니다.
4시 55분에서 5시가 되려면 5분이 더 지나야 하
므로 5시 5분 전과 같습니다.
(2) 짧은바늘이 10과 11 사이를 가리키고 긴바늘이 10
을 가리키므로 10시 50분입니다.
10시 50분에서 11시가 되려면 10분이 더 지나야
하므로 11시 10분 전과 같습니다.

3 (1) 6시 50분은 10분 후에 7시가 되므로 7시 10분
전입니다.
(2) 10시 5분 전은 10시가 되기 5분 전의 시각과 같으
므로 9시 55분입니다.

4 ·3시 55분은 5분 후에 4시가 되므로 4시 5분 전과
같습니다.
·1시 50분은 10분 후에 2시가 되므로 2시 10분 전
과 같습니다.
·8시 45분은 15분 후에 9시가 되므로 9시 15분 전
과 같습니다.

기본기 다지기   118~121쪽

1 40

2 3, 4, 5, 3, 25

3 (1) 1, 35   (2) 5, 5

4 (   ) (   ) (○)

5 10시 15분

---

6 (1)   (2)

7 선미   **8** 8시 20분

9 (1) 6, 7   (2) 2, 38   **10**

11 태우   **12** 8시 47분, 9시 2분

13 수지

14 (1) 11, 19, 예 책을 읽습니다
(2) 4, 36, 예 피아노를 칩니다

15   **16** 예 4 / 예 4시 29분

17 (1) 10   (2) 55   **18** 7시 55분, 8시 5분

19 5, 55 / 6, 5   **20**

21 9시 50분   **22** (1) 10   (2) 55   (3) 8, 5

23 주희

3 (1) 짧은바늘이 1과 2 사이를 가리키고 긴바늘이 7을 가
리키므로 1시 35분입니다.
(2) 짧은바늘이 5와 6 사이를 가리키고 긴바늘이 1을
가리키므로 5시 5분입니다.

4 7시 몇 분이므로 짧은바늘은 7과 8 사이를 가리키고
45분이므로 긴바늘은 9를 가리키는 시계를 찾습니다.

5 시계의 짧은바늘이 10과 11 사이를 가리키고 긴바늘이
3을 가리키므로 10시 15분입니다.

6 (1) 10분이므로 긴바늘이 2를 가리키도록 그립니다.
(2) 55분이므로 긴바늘이 11을 가리키도록 그립니다.

7

➡ 5시 15분,   ➡ 10시 10분,

➡ 3시 55분,   ➡ 2시 40분

8 **예** 긴바늘이 가리키는 **4**를 **20**분이 아니라 **4**분이라고 읽었기 때문입니다.

단계	문제 해결 과정
①	동우가 시각을 잘못 읽은 까닭을 설명했나요?
②	시각을 바르게 읽었나요?

9 (1) 짧은바늘이 **6**과 **7** 사이를 가리키고 긴바늘이 **1**에서 작은 눈금으로 **2**칸 더 간 곳을 가리키므로 **6**시 **7**분입니다.

(2) 짧은바늘이 **2**와 **3** 사이를 가리키고 긴바늘이 **7**에서 작은 눈금으로 **3**칸 더 간 곳을 가리키므로 **2**시 **38**분입니다.

10 • 짧은바늘이 **5**와 **6** 사이를 가리키고 긴바늘이 **9**에서 작은 눈금으로 **1**칸 더 간 곳을 가리키므로 **5**시 **46**분입니다.

• 짧은바늘이 **9**와 **10** 사이를 가리키고 긴바늘이 **7**에서 작은 눈금으로 **2**칸 더 간 곳을 가리키므로 **9**시 **37**분입니다.

• 짧은바늘이 **3**과 **4** 사이를 가리키고 긴바늘이 **1**에서 작은 눈금으로 **3**칸 더 간 곳을 가리키므로 **3**시 **8**분입니다.

11 **4**시 **9**분은 짧은바늘이 **4**와 **5** 사이를 가리키고 긴바늘이 **2**에서 작은 눈금으로 **1**칸 덜 간 곳을 가리키도록 그려야 합니다.

12 • 수지: 짧은바늘이 **8**과 **9** 사이를 가리키고 긴바늘이 **9**에서 작은 눈금으로 **2**칸 더 간 곳을 가리키므로 **8**시 **47**분입니다.

• 현우: 짧은바늘이 **9**와 **10** 사이를 가리키고 긴바늘이 **12**에서 작은 눈금으로 **2**칸 더 간 곳을 가리키므로 **9**시 **2**분입니다.

13 수지는 **8**시 **47**분에 도착했고 현우는 **9**시 **2**분에 도착했으므로 더 먼저 도착한 사람은 수지입니다.

14 (1) 짧은바늘이 **11**과 **12** 사이를 가리키고 긴바늘이 **4**에서 작은 눈금으로 **1**칸 덜 간 곳을 가리키므로 **11**시 **19**분입니다.

(2) 짧은바늘이 **4**와 **5** 사이를 가리키고 긴바늘이 **7**에서 작은 눈금으로 **1**칸 더 간 곳을 가리키므로 **4**시 **36**분입니다.

15 12:53은 **12**시 **53**분이므로 짧은바늘이 **12**와 **1** 사이를 가리키고 긴바늘이 **10**에서 작은 눈금으로 **3**칸 더 간 곳을 가리키도록 그립니다.

16 **4**시 **26**분부터 **4**시 **29**분까지 다양한 답이 나올 수 있습니다.

17 (1) **4**시 **50**분은 **10**분 후에 **5**시가 되므로 **5**시 **10**분 전입니다.

(2) **12**시 **5**분 전은 **12**시가 되기 **5**분 전 시각과 같으므로 **11**시 **55**분입니다.

18 **8**시 **5**분 전은 **5**분 후에 **8**시가 되므로 **7**시 **55**분입니다. **8**시 **5**분 후는 **8**시에서 **5**분이 지난 시각이므로 **8**시 **5**분입니다.

19 짧은바늘이 **5**와 **6** 사이를 가리키고 긴바늘이 **11**을 가리키므로 **5**시 **55**분입니다.

5시 **55**분에서 **6**시가 되려면 **5**분이 더 지나야 하므로 **6**시 **5**분 전과 같습니다.

20 **4**시 **5**분 전은 **4**시가 되기 **5**분 전의 시각과 같으므로 **3**시 **55**분입니다.

따라서 긴바늘이 **11**을 가리키도록 그립니다.

★ **학부모 지도 가이드**

학생들이 어려워하는 경우 정각을 먼저 나타내고 정각이 되기 위해 몇 분이 지나야 하는지 생각하게 하거나 몇 시 몇 분으로 먼저 바꾼 후 시계에 나타내도록 지도합니다.

21 **10**시 **10**분 전부터 입장이 가능하므로 **9**시 **50**분부터 입장할 수 있습니다.

23 **예** **3**시 **15**분 전은 **3**시가 되기 **15**분 전의 시각과 같으므로 **2**시 **45**분입니다. **2**시 **45**분은 **2**시 **50**분보다 이른 시각이므로 집에 더 빨리 도착한 사람은 주희입니다.

단계	문제 해결 과정
①	주희가 집으로 돌아온 시각을 구했나요?
②	집에 더 빨리 도착한 사람을 구했나요?

교과서
개념이해 **4 ┃시간을 알아볼까요** 122~123쪽

❗ • 9

1 (1)

9시	10분	20분	30분	40분	50분	10시	10분	20분	30분	40분	50분	11시

(2) 60, 1

2 (1) 1 (2) 60 (3) 2

3

4 (1) 2시간 (2) 2바퀴

1 시간 띠의 칸 수를 세어 보면 6칸이므로 60분입니다.
60분=1시간입니다.

2 ⑶ 120분=60분+60분=1시간+1시간=2시간

3 60분 동안 시계의 긴바늘은 한 바퀴 돕니다. 따라서 60분 후 시계의 긴바늘은 같은 수를 가리킵니다.

4 시계의 긴바늘은 1시간 동안 한 바퀴를 돕니다.
윤정이가 집에서 나갔다가 들어오는 데 걸린 시간은 2시간이므로 시계의 긴바늘은 2바퀴를 돕니다.

124~125쪽
교과서 개념 이해 **5** 걸린 시간을 알아볼까요

❗ • 8, 10

1 ⑴
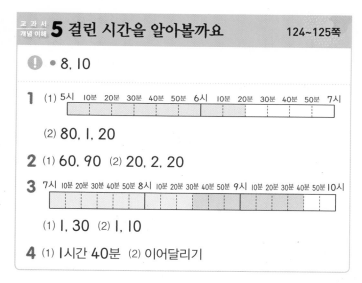

⑵ 80, 1, 20

2 ⑴ 60, 90 ⑵ 20, 2, 20

3

⑴ 1, 30 ⑵ 1, 10

4 ⑴ 1시간 40분 ⑵ 이어달리기

---

1 ⑵ 시간 띠의 칸 수를 세어 보면 8칸이므로 80분입니다.
80분=60분+20분=1시간 20분

3 ⑴ 시간 띠의 칸 수를 세어 보면 9칸이므로 90분입니다.
90분=60분+30분=1시간 30분입니다.

⑵ 시간 띠의 칸 수를 세어 보면 7칸이므로 70분입니다.
70분=60분+10분=1시간 10분입니다.

4 • 이어달리기: 9시 10분 $\xrightarrow{50분 후}$ 10시 ➡ 50분
• 줄다리기: 10시 $\xrightarrow{1시간 후}$ 11시 $\xrightarrow{40분 후}$ 11시 40분
➡ 1시간 40분
• 공 굴리기: 11시 40분 $\xrightarrow{1시간 후}$ 12시 40분
$\xrightarrow{10분 후}$ 12시 50분 ➡ 1시간 10분

126~127쪽
교과서 개념 이해 **6** 하루의 시간을 알아볼까요

❗ • 오전에 ○표 • 오후에 ○표

1 ⑴

하는 일	아침 식사	학교 생활	점심 식사	운동	놀기	저녁 식사	독서	휴식 및 잠
걸린 시간 (시간)	1	4	1	2	3	1	1	11

⑵ 24시간

2 ⑴ 48 ⑵ 24, 27 ⑶ 11, 1, 11

3
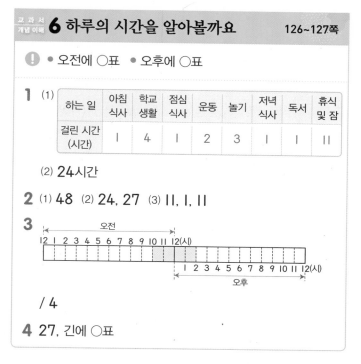

/ 4

4 27, 긴에 ○표

---

1 ⑵ 계획한 일을 하는 데 걸리는 시간을 모두 더해 봅니다.

3 오전 10시부터 오후 2시까지 4칸을 색칠했으므로 원희가 사슴벌레를 관찰한 시간은 4시간입니다.

4 첫날 오전 7시 $\xrightarrow{24시간 후}$ 다음날 오전 7시
$\xrightarrow{3시간 후}$ 다음날 오전 10시
➡ 24시간+3시간=27시간

128~129쪽
교과서 개념 이해 **7** 달력을 알아볼까요

❗ • 10, 9

1 ⑴ 30일 ⑵ 7일 ⑶ 화요일, 수요일, 목요일, 금요일, 토요일, 일요일, 월요일 ⑷ 11월 25일, 월요일

2 ⑴ 5번 ⑵ 토요일 ⑶ 13일

3 ⑴

월	1	2	3	4	5	6	7	8	9	10	11	12
날수(일)	31	28(29)	31	30	31	30	31	31	30	31	30	31

⑵ 1월, 3월, 5월, 7월, 8월, 10월, 12월

4 ⑴ 14 ⑵ 24 ⑶ 4, 2, 4 ⑷ 6, 2, 6

---

1 ⑴ 달력의 마지막 날짜가 30일이므로 이 달은 모두 30일입니다.

2 ⑴ 화요일은 모두 같은 세로줄이므로 2일, 9일, 16일, 23일, 30일로 5번 있습니다.

⑶ 1주일은 7일이므로 7일 후는 한 칸 아래인 13일입니다.

4 (1) 2주일＝1주일＋1주일＝7일＋7일＝14일

(2) 2년＝1년＋1년＝12개월＋12개월＝24개월

(3) 1주일＝7일임을 이용하여 18일에는 1주일이 몇 번 있는지 알아봅니다.

18일＝7일＋7일＋4일＝1주일＋1주일＋4일
＝2주일 4일

(4) 12개월＝1년임을 이용하여 30개월에는 1년이 몇 번 있는지 알아봅니다.

30개월＝12개월＋12개월＋6개월＝2년 6개월

기본기 다지기
개념 적용 · 130~135쪽

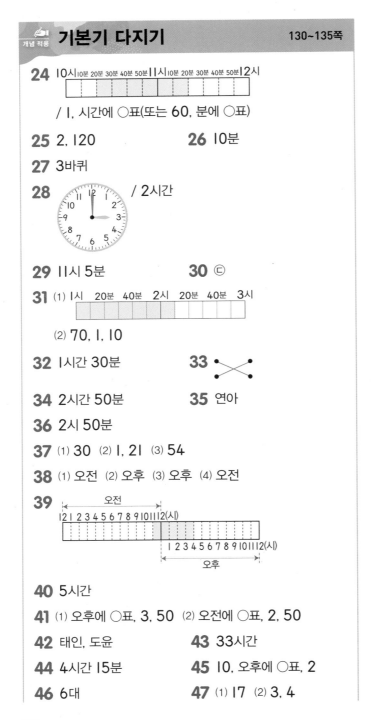

24 10시 10분 20분 30분 40분 50분 11시 10분 20분 30분 40분 50분 12시

/ 1, 시간에 ○표(또는 60, 분에 ○표)

25 2, 120 **26** 10분

27 3바퀴

28 / 2시간

29 11시 5분 **30** ㉢

31 (1) 1시 20분 40분 2시 20분 40분 3시

(2) 70, 1, 10

32 1시간 30분 **33**

34 2시간 50분 **35** 연아

36 2시 50분

37 (1) 30 (2) 1, 21 (3) 54

38 (1) 오전 (2) 오후 (3) 오후 (4) 오전

39
오전
12 1 2 3 4 5 6 7 8 9 10 11 12(시)
1 2 3 4 5 6 7 8 9 10 11 12(시)
오후

40 5시간

41 (1) 오후에 ○표, 3, 50 (2) 오전에 ○표, 2, 50

42 태인, 도윤 **43** 33시간

44 4시간 15분 **45** 10, 오후에 ○표, 2

46 6대 **47** (1) 17 (2) 3, 4

48 ③ **49** ①, ③

50 62일 **51** 4번

52 목요일 **53** 7월 31일

54 8월 17일, 토요일 **55** 10일

56 11월 10일 **57** 수요일

58

일	월	(화)	수	목	(금)	토
			1	2	3	4
5	6	7	8	9	10	11
12	13	14	15	16	17	18
19	20	21	22	23	24	25
26	27	28	29	30		

59 17에 ○표 **60** 19일

24 시간 띠의 칸 수를 세어 보면 6칸이므로 60분＝1시간 입니다.

25 4시 40분에서 6시 40분까지는 2시간입니다.
➡ 2시간＝60분＋60분＝120분

26 3시부터 3시 50분까지 50분 동안 줄넘기를 했습니다. 4시가 되려면 10분을 더 해야 합니다.

27 3시 30분에서 6시 30분까지는 3시간입니다. 긴바늘을 한 바퀴 돌리면 한 시간이 지나므로 긴바늘을 3바퀴만 돌리면 됩니다.

28 30분씩 4가지 전통놀이를 체험했으므로 체험을 한 시간은 2시간입니다.

29 50분 동안 수업을 하고 10분을 쉬므로 다음 수업은 1시간 후에 시작합니다.
2교시 시작 시각: 10시 5분
3교시 시작 시각: 11시 5분

30 ㉢ 150분＝60분＋60분＋30분＝2시간 30분

31 (1) 1시부터 2시 10분까지 색칠합니다.
(2) 시간 띠의 칸 수를 세어 보면 7칸이므로 70분입니다.
70분＝60분＋10분＝1시간 10분

32 그림을 그리기 시작한 시각은 2시 20분이고, 끝낸 시각은 3시 50분입니다.
2시 20분 ─1시간 후→ 3시 20분 ─30분 후→ 3시 50분
➡ 1시간 30분

33 페이스 페인팅: 30분, 로봇 만들기: 1시간 20분
마술 쇼: 1시간 20분, 드론 날리기: 30분

34 1부 공연 시간: 1시간 20분, 2부 공연 시간: 1시간 10분
➡ 1시간 20분＋20분＋1시간 10분＝2시간 50분

35 ・연아: 2시 30분 $\xrightarrow{\text{1시간 후}}$ 3시 30분 $\xrightarrow{\text{40분 후}}$ 4시 10분

➡ 1시간 40분

・정우: 4시 35분 $\xrightarrow{\text{1시간 후}}$ 5시 35분 $\xrightarrow{\text{30분 후}}$ 6시 5분

➡ 1시간 30분

따라서 1시간 40분이 1시간 30분보다 긴 시간이므로 책을 더 오래 읽은 사람은 연아입니다.

36 예) 연극이 시작된 시각은 5시 10분에서 2시간 20분 전입니다.

5시 10분 $\xrightarrow{\text{2시간 전}}$ 3시 10분 $\xrightarrow{\text{20분 전}}$ 2시 50분

따라서 연극이 시작된 시각은 2시 50분입니다.

단계	문제 해결 과정
①	연극이 시작된 시각은 5시 10분에서 2시간 20분 전임을 알았나요?
②	연극이 시작된 시각을 구했나요?

37 1일=24시간입니다.

(1) 1일 6시간=24시간+6시간=30시간

(2) 45시간=24시간+21시간=1일 21시간

(3) 2일 6시간=24시간+24시간+6시간=54시간

38 낮 12시를 기준으로 전날 밤 12시부터 낮 12시까지를 오전, 낮 12시부터 밤 12시까지를 오후라고 합니다.

39 시간 띠의 1칸의 크기는 1시간이므로 오전 11시부터 오후 4시까지 색칠하면 5칸입니다.

40 39번 시간 띠에서 5칸을 색칠했으므로 인하가 야구장에 있었던 시간은 5시간입니다.

41 (1) 긴바늘이 한 바퀴를 돌면 60분=1시간이 지납니다. 따라서 오후 2시 50분에서 1시간이 지나면 오후 3시 50분이 됩니다.

(2) 짧은바늘이 한 바퀴를 돌면 12시간이 지납니다. 따라서 오후 2시 50분에서 12시간이 지나면 오전 2시 50분이 됩니다.

42 은성: 팽이 만들기 체험은 첫날 오후에 했습니다.

지선: ○, × 퀴즈는 다음날 오전에 했습니다.

43 오전 9시부터 다음날 오전 9시까지 24시간이고 오전 9시부터 오후 6시까지는 9시간입니다.

따라서 첫날 오전 9시부터 다음날 오후 6시까지는 24시간+9시간=33시간입니다.

44 주은이가 도서관에 도착한 시각은 오전 10시 45분이고, 집으로 간 시각은 오후 3시입니다.

오전 10시 45분 $\xrightarrow{\text{4시간 후}}$ 오후 2시 45분

$\xrightarrow{\text{15분 후}}$ 오후 3시

따라서 주은이가 도서관에 있었던 시간은 4시간 15분입니다.

45 짧은바늘이 두 바퀴 돌면 24시간이 지나므로 9일 오후 2시에서 24시간 후는 10일 오후 2시입니다.

46 낮 12시까지 출발하는 기차가 모두 몇 대인지 알아봅니다.

기차가 출발하는 시각은 6시 10분, 7시 10분, 8시 10분, 9시 10분, 10시 10분, 11시 10분이므로 오전에 출발하는 기차는 모두 6대입니다.

47 1주일=7일입니다.

(1) 2주일 3일=7일+7일+3일=17일

(2) 25일=7일+7일+7일+4일=3주일 4일

48 1년=12개월입니다.

③ 1년 3개월=1년+3개월

=12개월+3개월

=15개월

49 ① 1월: 31일, 11월: 30일

② 3월: 31일, 10월: 31일

③ 2월: 28일(29일), 6월: 30일

④ 4월: 30일, 9월: 30일

⑤ 5월: 31일, 7월: 31일

50 7월과 8월은 31일까지 있습니다. 따라서 태건이가 두 달 동안 줄넘기를 한 날은 모두 31일+31일=62일입니다.

51 월요일은 5일, 12일, 19일, 26일로 4번 있습니다.

53 민호 생일인 8월 7일의 일주일 전은 7월 마지막 날입니다. 7월은 31일까지 있으므로 현우의 생일은 7월 31일입니다.

54 민호 생일인 8월 7일의 10일 후는 8월 17일이고, 토요일입니다.

55 10월 달력에서 화요일은 1일, 8일, 15일, 22일, 29일로 5번이고, 목요일은 3일, 10일, 17일, 24일, 31일로 5번입니다. 따라서 10월 한 달 동안 민주가 수영장에 가는 날은 10일입니다.

56 10월 31일이 목요일이므로 11월 1일은 금요일, 11월 2일은 토요일, 11월 3일은 일요일입니다. 11월 첫째 일요일이 11월 3일이므로 둘째 일요일은 7일 후인 11월 10일입니다.

57 7일마다 같은 요일이 반복됩니다.

27일 ← 20일 ← 13일 ← 6일

따라서 27일은 6일과 같은 요일인 수요일입니다.

58 9월은 30일까지 있습니다.

59 셋째 금요일은 17일입니다.

서술형
60 예 5월은 31일까지 있으므로 5월 21일부터 5월 31일까지는 11일입니다. 또 6월 1일부터 6월 8일까지는 8일입니다. 따라서 음악회를 하는 기간은
11+8=19(일)입니다.

단계	문제 해결 과정
①	5월은 31일까지 있다는 것을 알았나요?
②	음악회를 하는 기간은 며칠인지 구했나요?

★ 학부모 지도 가이드
이 단원에서는 60분, 12시간마다 바뀌는 오전과 오후, 24시간, 일주일마다 단위가 바뀌는 등 다양한 단위가 혼재되어 있고 단위 사이의 관계가 10배와 같이 일정하지 않기 때문에 학생들이 어려워할 수 있습니다. 시간의 개념은 아날로그시계와 시간 띠, 디지털시계를 활용하여 시각의 변화를 알고 시간을 나타낼 수 있도록 지도합니다.

개념 완성 응용력 기르기
136~139쪽

1 4시 40분
1-1 7시 12분
1-2 3시 6분 전
2 오후 12시 30분
2-1 오전 11시 40분
2-2 오후 12시 50분
3 오전 7시 55분
3-1 오전 9시 10분
3-2 오전 10시 48분
4 **1단계** 예 4월은 30일, 5월은 31일, 6월은 30일까지 있으므로 4월 1일부터 6월 30일까지는 30+31+30=91(일)입니다. 따라서 백일잔치를 하는 날은 6월 30에서 9일 후인 7월 9일입니다.
2단계 예 1주일은 7일이므로 4주일은 28일입니다.
100일=28일+28일+28일+14일+2일이므로 100일은 14주일 2일입니다. 14주일 1일이 되는 날은 태어난 날과 같은 화요일이므로 100일째 되는 날은 수요일입니다.
/ 7월 9일, 수요일
4-1 4월 20일, 월요일

1 짧은바늘이 4와 5 사이를 가리키고 긴바늘이 8을 가리키므로 시계가 나타내는 시각은 4시 40분입니다.

1-1 짧은바늘이 7과 8 사이를 가리키고 긴바늘이 2에서 작은 눈금으로 2칸 더 간 곳을 가리키므로 시계가 나타내는 시각은 7시 12분입니다.

1-2 짧은바늘이 2와 3 사이를 가리키고 긴바늘이 10에서 작은 눈금으로 4칸 더 간 곳을 가리키므로 시계가 나타내는 시각은 2시 54분입니다.
2시 54분은 3시 6분 전입니다.

2

	시작하는 시각	끝나는 시각
1교시	9시 20분	10시
2교시	10시 10분	10시 50분
3교시	11시	11시 40분
4교시	11시 50분	12시 30분

따라서 4교시가 끝나는 시각은 오후 12시 30분입니다.

2-1

	시작하는 시각	끝나는 시각
1교시	8시 50분	9시 25분
2교시	9시 35분	10시 10분
3교시	10시 20분	10시 55분
4교시	11시 5분	11시 40분

따라서 4교시가 끝나는 시각은 오전 11시 40분입니다.

2-2

	시작하는 시각	끝나는 시각
1교시	9시	9시 40분
2교시	9시 50분	10시 30분
3교시	10시 40분	11시 20분
점심 시간	11시 20분	12시 10분
4교시	12시 10분	12시 50분

따라서 4교시가 끝나는 시각은 오후 12시 50분입니다.

3 하루에 5분씩 늦어지므로 하루가 지난 후 지수의 시계는 오전 8시에서 5분이 늦은 시각인 오전 7시 55분을 가리킵니다.

3-1 하루에 5분씩 빨라지므로 2일 동안 빨라지는 시간은 5+5=10(분)입니다.
따라서 2일 후 준호의 시계는 오전 9시에서 10분이 빠른 시각인 오전 9시 10분을 가리킵니다.

3-2 오늘 오후 11시부터 내일 오전 11시까지는 12시간입니다. 1시간에 1분씩 늦어지므로 12시간 동안에 늦어지는 시간은 12분입니다. 따라서 내일 오전 11시에 태연이의 시계는 오전 11시에서 12분이 늦은 시각인 오전 10시 48분을 가리킵니다.

4-1 3월은 31일, 4월은 30일까지 있으므로 3월 2일부터 4월 30일까지는 30+30=60(일)입니다. 따라서 케이크를 준비해야 하는 날은 4월 30일에서 10일 전인 4월 20일입니다.

1주일은 7일이므로 7주일은 49일입니다.

50일=49일+1일이므로 50일은 7주일 1일입니다.

7주일 1일이 되는 날은 입학한 날과 같은 월요일이므로 50일째 되는 날은 월요일입니다.

4단원 단원 평가 Level ❶ 140~142쪽

1 10, 7
2
3 (1) 오후 (2) 오전
4
5 (선 잇기)
6 2시 35분
7 (1) 1, 4 (2) 29
8 은희
9 2시 50분
10 2바퀴
11 12, 오전에 ○표 / 8, 30
12 ⑤
13 31일
14 45분
15 로켓 만들기, 무선 충전 자동차 만들기
16 드론 만들기
17 19시간
18 4시
19 1시간 5분
20 23일, 목요일

1 짧은바늘이 10과 11 사이를 가리키고 긴바늘이 1에서 작은 눈금으로 2칸 더 간 곳을 가리키므로 10시 7분입니다.

2 왼쪽 시계가 나타내는 시각은 3시 35분이므로 긴바늘이 7을 가리키도록 그립니다.

3 낮 12시를 기준으로 전날 밤 12시부터 낮 12시까지를 오전, 낮 12시부터 밤 12시까지를 오후라고 합니다.

4 32분이므로 긴바늘이 6에서 작은 눈금으로 2칸 더 간 곳을 가리키도록 그립니다.

5 • 4시 43분은 짧은바늘이 4와 5 사이를 가리키고 긴바늘이 8에서 작은 눈금으로 3칸 더 간 곳을 가리킵니다.

• 9시 26분은 짧은바늘이 9와 10 사이를 가리키고 긴바늘이 5에서 작은 눈금으로 한 칸 더 간 곳을 가리킵니다.

6 짧은바늘이 2와 3 사이를 가리키고 긴바늘이 7을 가리키므로 2시 35분입니다.

7 (1) 16개월=12개월+4개월=1년+4개월
　　　　　=1년 4개월

(2) 2년 5개월=2년+5개월=24개월+5개월
　　　　　=29개월

8 유미가 도착한 시각은 8시 55분입니다.
따라서 학교에 더 일찍 도착한 사람은 은희입니다.

9 소희가 청소를 시작한 시각은 1시 40분입니다. 따라서 청소를 끝낸 시각은 1시 40분에서 1시간 10분 후인 2시 50분입니다.

10 3시 50분에서 5시 50분까지는 2시간입니다. 긴바늘은 한 시간 동안 한 바퀴 돌므로 2시간 동안에는 2바퀴를 돌았습니다.

11 짧은바늘이 한 바퀴 도는 데 걸리는 시간은 12시간입니다.

12 ① 2시간=60분+60분=120분
② 1일 6시간=24시간+6시간=30시간
③ 25일=7일+7일+7일+4일=3주일 4일
④ 1년 7개월=12개월+7개월=19개월
⑤ 28개월=12개월+12개월+4개월=2년 4개월

13 3월은 31일까지 있으므로 윤지는 31일 동안 달리기를 했습니다.

14 3시 30분 —30분 후→ 4시 —15분 후→ 4시 15분
➡ 30분+15분=45분

15 전날 밤 12시부터 낮 12시까지를 오전, 낮 12시부터 밤 12시까지를 오후라고 합니다.

16 가상 현실 극장: 30분, 드론 만들기: 1시간 30분,
로켓 만들기: 1시간,
무선 충전 자동차 만들기: 1시간 20분

17 어제 —12시간 후→ 오늘 —7시간 후→ 오늘
오후 3시　　　　　오전 3시　　　　　오전 10시
➡ 12시간+7시간=19시간

18 짧은바늘: 3과 4 사이 ➡ 3시
긴바늘: 10 ➡ 50분
10분 전의 시각은 3시 50분입니다. 따라서 지금 시각은 3시 50분에서 10분이 지난 시각이므로 4시입니다.

서술형
19 ㈎ 책 읽기를 시작한 시각은 2시 55분이고, 끝낸 시각은 4시입니다. 2시 55분부터 3시 55분까지는 1시간이고, 3시 55분부터 4시까지는 5분이므로 책을 읽은 시간은 1시간 5분입니다.

평가 기준	배점(5점)
책 읽기를 시작한 시각과 끝낸 시각을 각각 알았나요?	2점
책을 읽은 시간을 구했나요?	3점

서술형
20 ㈎ 일주일은 7일이고 일주일마다 같은 요일이 반복됩니다. 따라서 형우의 생일인 8월 9일 목요일에서 이주일 후는 9+7+7=23(일)이고, 목요일입니다.

평가 기준	배점(5점)
일주일이 며칠인지 알았나요?	2점
형우 생일의 이주일 후가 며칠이고, 무슨 요일인지 구했나요?	3점

4단원 단원 평가 Level ❷   143~145쪽

1 4, 35
2 (1) 오전 (2) 오후
3 6, 55 / 7, 5
4 (1) 21 (2) 2, 2
5 1시 53분
6 ㉡
7
8 월요일
9 3시 25분
10 6시 45분 / 8시 15분
11 1시간 30분
12 2시간 20분
13 오후에 ○표, 7, 20
14 새롬, 민기, 호준
15 12시 45분
16 11월 6일, 일요일
17 11시 50분
18 34시간
19 민호
20 일요일

1 시계의 짧은바늘이 4와 5 사이를 가리키고 긴바늘이 7을 가리키므로 시계가 나타내는 시각은 4시 35분입니다.

2 (1) 전날 밤 12시부터 낮 12시까지를 오전이라고 하므로 아침 운동을 한 시각은 오전 6시 30분입니다.

(2) 낮 12시부터 밤 12시까지를 오후라고 하므로 저녁 식사를 한 시각은 오후 6시 30분입니다.

3 짧은바늘이 6과 7 사이를 가리키고 긴바늘이 11을 가리키므로 6시 55분입니다. 6시 55분은 7시가 되기 5분 전의 시각이므로 7시 5분 전이라고도 합니다.

4 (1) 3주일=7일+7일+7일=21일
(2) 16일=7일+7일+2일=2주일 2일

5 시계의 짧은바늘이 1과 2 사이를 가리키므로 1시 몇 분이고, 긴바늘이 10에서 작은 눈금으로 3칸 더 간 곳을 가리키므로 몇 시 53분입니다. 따라서 시계가 나타내는 시각은 1시 53분입니다.

6 ㉡ 230분=60분+60분+60분+50분
=3시간 50분

7 2시 15분 전은 2시가 되기 15분 전의 시각과 같으므로 1시 45분입니다. 따라서 긴바늘이 9를 가리키도록 그립니다.

8 15일부터 1주일씩 거꾸로 알아봅니다.
15일 $\xrightarrow{\text{1주일 전}}$ 8일 $\xrightarrow{\text{1주일 전}}$ 1일
따라서 15일은 1일과 같은 요일인 월요일입니다.

9 성수가 그림을 그리기 시작한 시각은 4시에서 35분 전입니다.
4시 $\xrightarrow{\text{30분 전}}$ 3시 30분 $\xrightarrow{\text{5분 전}}$ 3시 25분
따라서 성수가 그림을 그리기 시작한 시각은 3시 25분입니다.

10 • 시작된 시각: 시계의 짧은바늘이 6과 7 사이를 가리키고 긴바늘이 9를 가리키므로 시계가 나타내는 시각은 6시 45분입니다.
• 끝난 시각: 시계의 짧은바늘이 8과 9 사이를 가리키고 긴바늘이 3을 가리키므로 시계가 나타내는 시각은 8시 15분입니다.

11 6시 45분 $\xrightarrow{\text{1시간 후}}$ 7시 45분 $\xrightarrow{\text{30분 후}}$ 8시 15분
따라서 연주회가 진행된 시간은 1시간 30분입니다.

12 오전 11시 $\xrightarrow{\text{2시간 후}}$ 오후 1시 $\xrightarrow{\text{20분 후}}$ 오후 1시 20분
따라서 야구 경기를 한 시간은 2시간 20분입니다.

13 짧은바늘은 시를 나타내며 한 바퀴를 돌면 12시간이 지납니다. 따라서 오전 7시 20분에서 12시간이 지나면 오후 7시 20분이 됩니다.

14
- 호준: 7시 55분
- 민기: 8시 10분 전 ➡ 7시 50분
- 새롬: 7시 15분

따라서 일찍 일어난 사람부터 차례로 이름을 쓰면 새롬, 민기, 호준입니다.

15 축구를 마친 시각은 2시 15분입니다.

2시 15분 $\xrightarrow{1시간 전}$ 1시 15분 $\xrightarrow{30분 전}$ 12시 45분

따라서 축구를 시작한 시각은 12시 45분입니다.

16 21일에서 15일 전은 21−15=6(일)이므로 동생의 생일은 11월 6일입니다.

21일이 월요일이므로 21−7−7=7(일)도 월요일이고 하루 전인 6일은 일요일입니다.

17 거울에 비친 시계의 시각은 10시 50분이고, 긴바늘이 한 바퀴 돌면 1시간 후가 됩니다.

따라서 10시 50분에서 1시간 후는 11시 50분입니다.

18 도훈이네 가족이 첫날 출발한 시각은 오전 10시이고 다음날 도착한 시각은 오후 8시입니다.

오전 10시부터 다음날 오전 10시까지 24시간이고, 오전 10시부터 오후 8시까지는 10시간입니다.

따라서 도훈이네 가족이 여행을 다녀오는 데 걸린 시간은 34시간입니다.

서술형
19 (예) 진우: 3시 30분 $\xrightarrow{1시간 후}$ 4시 30분

$\xrightarrow{10분 후}$ 4시 40분

민호: 4시 10분 $\xrightarrow{1시간 후}$ 5시 10분 $\xrightarrow{20분 후}$ 5시 30분
컴퓨터를 사용한 시간은 진우가 1시간 10분, 민호가 1시간 20분이므로 컴퓨터를 더 오래 사용한 사람은 민호입니다.

평가 기준	배점(5점)
진우와 민호가 컴퓨터를 사용한 시간을 각각 구했나요?	3점
컴퓨터를 더 오래 사용한 사람은 누구인지 구했나요?	2점

서술형
20 (예) 10월은 31일까지 있으므로 10월의 마지막 날은 10월 31일입니다.

1일 8일 15일 22일 29일

7일마다 같은 요일이 반복되므로 10월 29일은 금요일이고 2일 후인 10월 31일은 일요일입니다.

평가 기준	배점(5점)
10월의 마지막 날의 날짜를 알았나요?	2점
10월의 마지막 날은 무슨 요일인지 구했나요?	3점

5 표와 그래프

자료의 분류와 정리는 중요한 통계 활동입니다. 다양한 자료를 분류하고 정리함으로써 미래를 예측하고 합리적인 의사 결정을 하는 데 밑거름이 됩니다. 자료를 정리하고 표현하는 대표적인 방법으로는 표와 그래프가 사용됩니다. 학급 시간표, 급식표 등 교실 상황에서 쉽게 접할 수 있는 표와 그래프를 통해 익숙해질 수 있도록 지도합니다. 이후 그래프는 그림그래프, 막대그래프 등으로 점차 기호화 되고 유형이 늘어나므로 자료를 도식화하여 나타내는 연습을 충분히 해 볼 수 있도록 지도해 주세요.

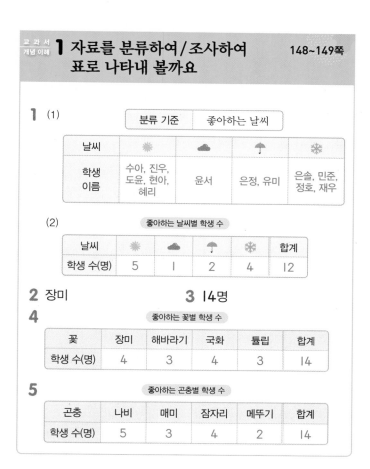

교과서 개념 이해
1 자료를 분류하여 / 조사하여 표로 나타내 볼까요
148~149쪽

1 (2) 날씨별로 학생 수를 세어 표의 빈칸에 씁니다.
(합계)=5+1+2+4=12(명)

4
- 장미: 은정, 명수, 상희, 혜경 ➡ 4명
- 해바라기: 상호, 동섭, 영준 ➡ 3명
- 국화: 지혜, 미선, 재학, 유라 ➡ 4명
- 튤립: 정민, 소연, 지우 ➡ 3명

★ 학부모 지도 가이드
분류 활동과 연계하여 표로 나타낼 수 있음을 알려주고, 자료를 분류할 때 자료가 중복되거나 빠지지 않도록 자료에 ×, / 등의 표시를 하도록 지도합니다.

5
- 나비: 태희, 민경, 해인, 성빈, 채린 ➡ 5명
- 매미: 지호, 은우, 윤서 ➡ 3명
- 잠자리: 예성, 현아, 지민, 재성 ➡ 4명
- 메뚜기: 준영, 도하 ➡ 2명

(합계)=5+3+4+2=14(명)

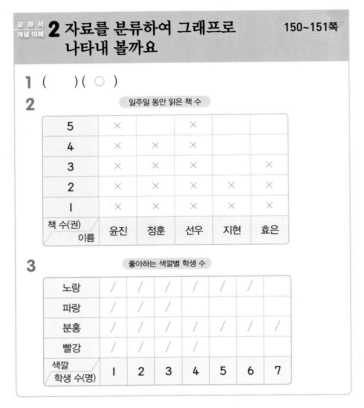

2 자료를 분류하여 그래프로 나타내 볼까요

150~151쪽

1 (   ) (○)

2

일주일 동안 읽은 책 수

책 수(권)	윤진	정훈	선우	지현	효은
5	×		×		
4	×	×	×		
3	×	×	×		×
2	×	×	×	×	×
1	×	×	×	×	×

3

좋아하는 색깔별 학생 수

색깔 \ 학생 수(명)	1	2	3	4	5	6	7
노랑	/	/	/	/	/		
파랑	/	/	/				
분홍	/	/	/	/	/	/	/
빨강	/	/	/	/			

1 그래프에 ○, ×, / 등을 이용하여 개수만큼 그립니다. 이때 한 칸에 하나씩 표시하고, 아래에서 위로 빈칸 없이 채워서 표시해야 합니다.

2 일주일 동안 읽은 책 수만큼 ×를 아래에서 위로 빈칸 없이 채워서 표시합니다.

3 좋아하는 색깔별 학생 수만큼 /를 왼쪽에서 오른쪽으로 빈칸 없이 채워서 표시합니다.

> ★ 학부모 지도 가이드
> 그래프로 나타낼 때 가로와 세로의 위치를 헷갈리지 않도록 가로축과 세로축이 나타내는 것을 확인하도록 지도합니다.

---

3 표와 그래프를 보고 무엇을 알 수 있을까요

152~153쪽

❗ • 표에 ○표 • 그래프에 ○표

1 14명

2 3명

3

좋아하는 과자별 학생 수

학생 수(명) \ 과자	감자 과자	새우 과자	초코칩 과자	양파 과자
5	×			
4	×		×	
3	×	×	×	
2	×	×	×	×
1	×	×	×	×

4 양파 과자, 2명

5 감자 과자, 초코칩 과자

1 합계를 보면 알 수 있습니다.

3 좋아하는 과자별 학생 수만큼 ×를 아래에서 위로 빈칸 없이 채워서 표시합니다.

4 그래프에서 ×가 가장 적은 과자를 찾습니다.

5 그래프에서 3보다 큰 수에 ×가 표시된 과자를 찾으면 감자 과자, 초코칩 과자입니다.

기본기 다지기

154~161쪽

1 겨울   **2** 20명

3

좋아하는 계절별 학생 수

계절	봄	여름	가을	겨울	합계
학생 수(명)	4	7	3	6	20

4 ©, ⊙, ⓒ

5

좋아하는 우유별 학생 수

우유	초코우유	딸기우유	바나나우유	합계
학생 수(명)	3	4	5	12

6

모양을 만드는 데 사용한 조각 수

조각	⬡	▱	▲	◀	합계
조각 수(개)	4	4	4	8	20

7

색깔별 구슬 수

색깔	빨간색	노란색	초록색	합계
구슬 수(개)	8	10	7	25

/ 2, 3

8

학생별 맞힌 문제 수

이름	시연	민우	태경	정아	합계
문제 수(개)	3	2	4	3	12

9

문제별 맞힌 학생 수

문제	1번	2번	3번	4번	5번	합계
학생 수(명)	4	3	2	2	1	12

10

음표 종류별 음표 수

음표	♩	♪	♪	♪	합계
음표 수(개)	3	1	8	1	13

11 ㉡, ㉢, ㉠, ㉣

12 예) 장래 희망, 학생 수

13

장래 희망별 학생 수

학생 수(명) \ 장래 희망	선생님	과학자	운동선수	연예인
7		○		
6		○		
5	○	○		
4	○	○		○
3	○	○	○	○
2	○	○	○	○
1	○	○	○	○

14

좋아하는 색깔별 학생 수

색깔	분홍	초록	빨강	파랑	합계
학생 수(명)	3	6	2	4	15

15

좋아하는 색깔별 학생 수

/ 학생 수

학생 수(명) \ 색깔	분홍	초록	빨강	파랑
6		×		
5		×		
4		×		×
3	×	×		×
2	×	×	×	×
1	×	×	×	×

16

좋아하는 색깔별 학생 수

/ 색깔

색깔 \ 학생 수(명)	1	2	3	4	5	6
파랑	○	○	○	○		
빨강	○	○				
초록	○	○	○	○	○	
분홍	○	○	○			

17 예)

좋아하는 빵의 종류별 학생 수

종류 \ 학생 수(명)	1	2	3	4	5	6
소금빵	/	/	/	/	/	
크림빵	/	/	/	/		
단팥빵	/	/	/			

18 예) 아래에서 위로 빈칸 없이 채워서 표시하지 않았습니다.

19 7명 **20** 22명

21 떡볶이, 햄버거 / 예) 반에서 가장 많은 학생들이 좋아하는 간식이기 때문입니다.

22 6명 **23** 준영

24 희우, 현수 **25** 2명

26 21명

27

좋아하는 음식별 학생 수

음식 \ 학생 수(명)	1	2	3	4	5	6	7
햄버거	/	/	/	/	/	/	/
돈가스	/	/	/	/	/		
김밥	/	/	/				
불고기	/	/	/	/	/	/	

28 햄버거 **29** ㉢

30 드론 항공, 생명 과학 **31** 4권

32 25권

33

종류별 읽은 책 수

책 수(권) \ 종류	동화책	위인전	과학 잡지	학습 만화
8			○	
7			○	○
6	○		○	○
5	○		○	○
4	○	○	○	○
3	○	○	○	○
2	○	○		○
1	○	○		○

34 4일 **35** 4일

36

월별 비 온 날수

월 \ 날수(일)	1	2	3	4	5	6	7	8
9	○	○	○	○	○	○	○	
8	○	○	○	○	○	○		
7	○	○	○	○	○			
6	○	○	○	○				
5	○	○	○	○				

37 (예) 비가 온 날수가 많고 적음을 한눈에 비교하기 쉽습니다.

38

키우고 싶은 동물별 학생 수

동물	강아지	고양이	햄스터	고슴도치	합계
학생 수(명)	7	4	3	4	18

39 (예)

키우고 싶은 동물별 학생 수

7	×			
6	×			
5	×			
4	×	×		×
3	×	×	×	×
2	×	×	×	×
1	×	×	×	×
학생 수(명) / 동물	강아지	고양이	햄스터	고슴도치

40 강아지, 햄스터, 고양이, 고슴도치

41

학생별 한 달 동안 읽은 책 수

이름	지수	민기	우성	송현	합계
책 수(권)	5	4	7	6	22

학생별 한 달 동안 읽은 책 수

송현	△	△	△	△	△	△	
우성	△	△	△	△	△	△	△
민기	△	△	△	△			
지수	△	△	△	△	△		
이름 / 책 수(권)	1	2	3	4	5	6	7

2 조사한 학생은 모두 20명입니다.

3 ・봄: 수현, 세정, 진석, 진아 ➡ 4명
・여름: 민규, 성수, 시경, 유라, 태훈, 경서, 미진 ➡ 7명
・가을: 진영, 명민, 진우 ➡ 3명
・겨울: 지호, 상훈, 민아, 수정, 준영, 은하 ➡ 6명

5 ・초코우유: 준호, 정민, 서진 ➡ 3명
・딸기우유: 민경, 현수, 은주, 미소 ➡ 4명
・바나나우유: 진아, 수지, 승우, 은경, 서희 ➡ 5명

6 빠뜨리거나 두 번 세지 않도록 표시를 하면서 조각 수를 셉니다.

7 표를 완성하고 처음에 있던 구슬 수와 남아 있는 구슬 수를 비교합니다.
빨간색: $10-8=2$(개) 없어졌습니다.
초록색: $10-7=3$(개) 없어졌습니다.

8 학생별 ○표의 수를 세어 표의 빈칸에 씁니다.

9 문제별 ○표의 수를 세어 표의 빈칸에 씁니다.

12 그래프의 가로에 장래 희망을 나타내면 세로에는 학생 수를 나타냅니다.

13 장래 희망별 학생 수만큼 ○를 아래에서 위로 빈칸 없이 채워서 그립니다.

14 색깔을 빠뜨리거나 두 번 세지 않도록 표시를 하면서 수를 셉니다.

15 그래프의 세로에 학생 수를 나타내 그린 것입니다.

16 그래프의 세로에 색깔을 나타내 그린 것입니다.

18

단계	문제 해결 과정
①	그래프에서 잘못된 부분을 찾아 까닭을 설명했나요?

20 합계를 보면 은채네 반 학생은 모두 22명입니다.

21

단계	문제 해결 과정
①	윤지네 반과 은채네 반의 운동회 날 먹을 간식을 정했나요?
②	그렇게 정한 까닭을 썼나요?

22 가로에 모둠 학생들의 이름을 나타냈으므로 수를 세어 보면 6명입니다.

24 ○의 수가 같은 학생을 찾아보면 5장씩을 모은 희우와 현수입니다.

25 5장을 기준으로 선을 긋고 그 위에 있는 수까지 모은 학생을 찾아보면 소민, 슬기로 모두 2명입니다.

26 (전체 학생 수)$=6+3+5+7=21$(명)

28 그래프에서 /이 가장 많은 음식은 햄버거입니다.

29 ⓒ 주희가 좋아하는 음식이 무엇인지 알 수는 없습니다.

31 위인전의 수를 □권이라고 하면 과학 잡지의 수가 8권이므로 $□×2=8$에서 $□=4$입니다. 따라서 시경이가 읽은 위인전은 4권입니다.

32 (읽은 책 수)$=6+4+8+7=25$(권)

34 (6월에 비가 온 날수)$=30-5-6-8-7=4$(일)

35 비가 온 날이 가장 많은 달은 8월(8일)이고, 가장 적은 달은 6월(4일)입니다. ➡ $8-4=4$(일)

37

단계	문제 해결 과정
①	그래프가 표보다 편리한 점을 설명했나요?

40 강아지를 키우고 싶은 학생은 7명으로 가장 많고, 햄스터를 키우고 싶은 학생은 3명으로 가장 적습니다. 고양이와 고슴도치를 키우고 싶은 학생은 4명으로 같습니다.

41 그래프에서 지수가 읽은 책 수는 5권이므로
(우성이가 읽은 책 수)=22-5-4-6=7(권)
입니다. 학생별로 한 달 동안 읽은 책 수만큼 △를 그래프의 왼쪽에서 오른쪽으로 빈칸 없이 표시합니다.

응용력 기르기　162~165쪽

1 창포　　　　**1-1** 범퍼카

2 5명　　　　**2-1** 6명

3 안전체험관　**3-1** 스테이크

4 **1단계** ⓐ 각 학생의 ○와 △의 수의 차를 구하면 윤호는 1개, 성아는 4개, 은주는 2개, 태민이는 3개입니다.

　　2단계 ⓐ ○와 △의 수의 차를 비교하면 4>3>2>1이 므로 읽은 동화책과 만화책 수의 차가 큰 사람부터 차례로 이름을 쓰면 성아, 태민, 은주, 윤호입니다.

／성아, 태민, 은주, 윤호

1

식물	민들레	로즈마리	창포	투구꽃
표	2	1	3	2
자료	2	1	2	2

따라서 주현이에게 가장 기억에 남는 식물은 창포입니다.

1-1

놀이 기구	플룸라이드	범퍼카	회전목마	롤러코스터
표	2	3	2	1
자료	2	2	2	1

따라서 서진이가 탄 놀이 기구는 범퍼카입니다.

2 (B형인 학생 수)=(A형인 학생 수)-2
　　　　　　　　　　=8-2=6(명)
➡ (AB형인 학생 수)=26-8-6-7=5(명)

2-1 (가지를 싫어하는 학생 수)
　　=(호박을 싫어하는 학생 수)+3=4+3=7(명)
➡ (당근을 싫어하는 학생 수)
　　=20-4-7-3=6(명)

3 체험학습으로 가고 싶은 장소별 남학생 수와 여학생 수를 더합니다.

장소	직업체험관	박물관	안전체험관	치즈마을	합계
학생 수(명)	25	22	32	29	108

체험학습으로 가고 싶은 장소별 학생 수를 비교해 보면 안전체험관을 가고 싶은 학생이 32명으로 가장 많습니다. 따라서 체험학습 장소를 안전체험관으로 정하면 좋을 것 같습니다.

3-1 급식으로 먹고 싶은 특식별 남학생 수와 여학생 수를 더합니다.

음식	스파게티	스테이크	보쌈	마라탕	합계
학생 수(명)	31	36	28	28	123

급식으로 먹고 싶은 특식별 학생 수를 비교해 보면 스테이크를 먹고 싶은 학생이 36명으로 가장 많습니다. 따라서 특식 메뉴를 스테이크로 정하면 좋을 것 같습니다.

5단원 단원 평가 Level ❶　166~168쪽

1 2시간

2

인터넷 사용 시간별 학생 수

시간	30분	1시간	2시간	합계
학생 수(명)	3	4	2	9

3 4명　　　　　　　**4** 9명

5 ⓐ 선물, 학생 수

6

받고 싶은 선물별 학생 수

5		/		
4	/	/		
3	/	/		/
2	/	/	/	/
1	/	/	/	/
학생 수(명)／선물	옷	장난감	신발	책

7 책　　　　　　　**8** 그래프

9

티셔츠의 색깔별 학생 수

색깔	노랑	빨강	파랑	합계
학생 수(명)	4	2	3	9

10

티셔츠의 색깔별 학생 수

4	△		
3	△		△
2	△	△	△
1	△	△	△
학생 수(명)／색깔	노랑	빨강	파랑

11 ㉡

12

가위바위보에서 이긴 횟수

이름	지수	민성	유빈	도현	합계
횟수(회)	4	2	6	3	15

가위바위보에서 이긴 횟수

이름\횟수(회)	1	2	3	4	5	6
도현	○	○	○			
유빈	○	○	○	○	○	○
민성	○	○				
지수	○	○	○	○		

13 유빈, 지수, 도현, 민성 **14** 표

15 16개 **16** 사과

17

좋아하는 운동별 학생 수

이름	축구	야구	농구	수영	합계
학생 수(명)	7	6	4	4	21

18 2명

19 ⑩ 가장 많은 학생들이 좋아하는 동화책과 가장 적은 학생들이 좋아하는 동화책을 한눈에 알아보기에 편리합니다.

20 ⑩ ・유라네 모둠 학생은 모두 9명입니다.
・유라네 모둠 학생들이 가장 좋아하는 음식은 갈비입니다.

1 동비는 하루 동안 인터넷을 2시간 사용합니다.

2 시간별 학생 수를 세어 표를 완성합니다.

3 2의 표를 보면 하루 동안 인터넷을 1시간 사용하는 학생은 4명입니다.

4 2의 표에서 합계는 9명이므로 진희네 모둠 학생은 모두 9명입니다.

7 6의 그래프에서 /이 가장 적은 선물을 찾으면 책입니다.

11 ㉠ 빨간색 티셔츠를 입고 있는 학생은 2명입니다.
㉡ 희주가 입고 있는 티셔츠의 색깔은 알 수 없습니다.
㉢ 둘째로 많은 학생들이 입고 있는 티셔츠 색깔은 파랑입니다.

12 ・그래프에서 지수는 4회, 유빈이는 6회이므로 표의 횟수에 씁니다.
・표에서 민성이는 2회, 도현이는 3회이므로 그래프에 ○를 민성이는 2개, 도현이는 3개 그립니다.

13 그래프에서 ○가 많은 사람부터 차례로 쓰면 유빈, 지수, 도현, 민성입니다.

14 표는 합계가 있으므로 가위바위보에서 이긴 횟수의 합계를 알아보기에 편리합니다.

15 (오늘 팔린 사과 수)=50−12−8−14=16(개)

17 (축구와 농구를 좋아하는 학생 수)
=21−6−4=11(명)
농구를 좋아하는 학생 수를 □명이라고 하면 축구를 좋아하는 학생 수는 (□+3)명이므로 □+□+3=11 입니다. ➡ □+□=8, □=4
따라서 농구를 좋아하는 학생은 4명, 축구를 좋아하는 학생은 7명입니다.

18 농구를 좋아하는 학생이 4명이므로 야구를 좋아하는 학생은 농구를 좋아하는 학생보다 6−4=2(명) 더 많습니다.

서술형 19

평가 기준	배점
그래프가 표보다 편리한 점을 바르게 설명했나요?	5점

서술형 20

평가 기준	배점
표를 보고 알 수 있는 내용 한 가지를 썼나요?	2점
표를 보고 알 수 있는 내용 다른 한 가지를 썼나요?	3점

5단원 단원 평가 Level ❷ 169~171쪽

1 햄버거 **2** 성현, 시연, 미래

3

좋아하는 간식별 학생 수

간식	떡볶이	만두	햄버거	어묵	합계
학생 수(명)	4	3	6	2	15

4 표 **5** 4명

6

회장 후보별 받은 표의 수

표의 수(표)\후보	승호	민서	준하	영민
8	○			
7	○		○	
6	○		○	
5	○		○	○
4	○		○	○
3	○	○	○	○
2	○	○	○	○
1	○	○	○	○

7 민서   **8** 승호

9

심고 싶은 장소별 학생 수가 아닌 — 방학 때 가고 싶은 장소별 학생 수

장소	산	바다	놀이공원	고궁	합계
학생 수(명)	4	6	4	1	15

10 15명   **11** 놀이공원

12 5명   **13** 6장

14

학생별 모은 칭찬 붙임딱지의 수

7				△
6		△		△	△
5		△		△	△
4		△	△	△	△
3		△	△	△	△
2		△	△	△	△
1		△	△	△	△
붙임딱지 수(장) / 이름	정연	혜연	선호	민기

15 선호   **16** 6명

17

심고 싶은 나무별 학생 수

나무	벚나무	금전수	벤자민	철쭉	합계
학생 수(명)	2	4	6	3	15

심고 싶은 나무별 학생 수

6			/	
5			/	
4		/	/	
3		/	/	/
2	/	/	/	/
1	/	/	/	/
학생 수(명) / 나무	벚나무	금전수	벤자민	철쭉

18 벤자민, 금전수

19 4명 /

혈액형별 학생 수

AB형	○	○			
O형	○	○	○	○	
B형	○	○	○		
A형	○	○	○	○	○
혈액형 / 학생 수(명)	1	2	3	4	5

20 14명

---

3 간식별 학생 수를 세어 표를 완성합니다.

4 좋아하는 간식별 학생 수는 표를 보면 한눈에 알 수 있습니다.

---

5 회장 후보는 승호, 민서, 준하, 영민으로 모두 **4**명입니다.

7 ○의 수가 가장 적은 후보는 민서입니다.

8 승호가 받은 표의 수가 **8**표로 가장 많으므로 회장이 되는 사람은 승호입니다.

9 장소별 학생 수를 세어 표를 완성합니다.

10 표에서 합계를 보면 모두 **15**명입니다.

11 산에 가고 싶은 학생 수와 놀이공원에 가고 싶은 학생 수가 **4**명으로 같습니다.

12 가장 많은 학생들이 가고 싶은 장소는 바다로 **6**명이고 가장 적은 학생들이 가고 싶은 장소는 고궁으로 **1**명입니다. ➡ 6−1=**5**(명)

13 (민기가 모은 칭찬 붙임딱지의 수)
=23−6−4−7=**6**(장)

15 정연이가 모은 칭찬 붙임딱지는 6장이므로 6장보다 많은 학생은 7장을 모은 선호입니다.

16 그래프에서 금전수를 심고 싶은 학생은 **4**명입니다.
(벤자민을 심고 싶은 학생 수)
=15−2−4−3=**6**(명)

19 예 AB형인 학생은 **2**명입니다. 따라서 O형인 학생은 2×2=**4**(명)입니다.

평가 기준	배점
O형인 학생 수를 구했나요?	3점
그래프를 완성했나요?	2점

20 예 A형인 학생은 **5**명, B형인 학생은 **3**명, O형인 학생은 **4**명, AB형인 학생은 **2**명입니다. 따라서 조사한 학생은 모두 5+3+4+2=**14**(명)입니다.

평가 기준	배점
혈액형별 학생 수를 각각 구했나요?	3점
조사한 전체 학생 수를 구했나요?	2점

6 규칙 찾기

규칙을 인식하고 사용하는 능력은 수학의 기초이기 때문에 신체 활동, 소리, 운동 등의 반복 등을 바탕으로 도형, 그림, 수 등을 사용하여 규칙을 익힐 수 있도록 도와주세요. 또 물체나 무늬의 배열에서 다음에 올 것이나 중간에 빠진 것을 추측함으로써 문제 해결 능력도 기를 수 있으므로 다양한 형태의 규칙 문제를 해결하도록 합니다. 규칙이 있는 수의 배열은 고등 과정에서 배우는 여러 가지 형태의 수열 개념과 연결이 되고 하나의 규칙을 여러 가지 배열에 적용해 보는 것은 1:1 대응 개념을 익히는 기초 학습이 되므로 여러 배열을 보고 내재된 규칙성을 인지할 수 있도록 지도해 주세요.

★ 학부모 지도 가이드
회전 규칙을 처음 접하는 경우 어려움이 느껴지지 않도록 위치와 방향이 어떻게 변화하고 있는지 살펴볼 수 있게 해 주세요. 그리고 방향을 설명할 때 어려움을 느낄 수 있으므로 시계 방향 또는 시계 반대 방향 그림을 그리며 설명을 해 주세요.

5 연두색 구슬과 노란색 구슬이 반복됩니다. 노란색 구슬이 한 개씩 늘어나고 있습니다.

교과서 개념 이해 1 무늬에서 규칙을 찾아볼까요 174~175쪽

1 (1) ( ) (○) ( )   (2) 파란색, 파란색

2 ○

3

1	2	2	1	2	2	1	2	2	1
2	2	1	2	2	1	2	2	1	2
2	1	2	2	1	2	2	1	2	2

/ 예 1, 2, 2가 반복됩니다.

4

5

1 (1) ★ ♥ ◆가 반복됩니다.

2 ◇○◇가 반복됩니다.

3 모양을 숫자로 바꾸어 규칙을 나타낼 수도 있습니다.

★ 학부모 지도 가이드
하나의 규칙을 여러 가지 배열에 적용해 보는 것은 1:1 대응 개념을 익히는 기초 학습입니다.
1:1 대응은 이후 중고등 과정에서 배우는 집합, 함수, 기하 등 수학의 많은 영역에 적용될 뿐만 아니라 수학 이외의 영역에서 필요한 사고력의 근간이 되는 개념이므로 단순한 수준에서부터 1:1 대응의 개념을 느껴 볼 수 있게 해 주세요.

4 색칠된 부분이 시계 방향으로 한 칸씩 돌아가고 있습니다.

다른 풀이 ②③/①④ 일 때, 색칠된 칸이 ①, ②, ③, ④의 순서로 이동합니다.

교과서 개념 이해 2 쌓은 모양에서 규칙을 찾아볼까요 176~177쪽

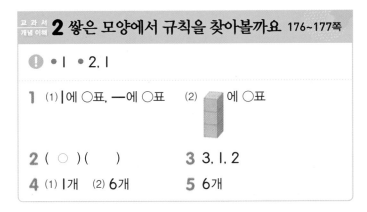

1 (1) | 에 ○표, ― 에 ○표   (2) 🔲 에 ○표

2 (○) ( )   **3** 3, 1, 2

4 (1) 1개 (2) 6개   **5** 6개

1 쌓기나무를 | 모양과 ― 모양으로 번갈아 쌓았습니다.

2 오른쪽 모양은 윗층으로 올라갈수록 쌓기나무가 1개씩 줄어들지만 서로 엇갈리게 쌓았습니다.

4 (2) 다음에 이어질 모양은 오른쪽과 같습니다. 따라서 쌓기나무는 모두 6개입니다.

다른 풀이

5 쌓기나무가 6개, 3개씩 반복됩니다.

개념 적용 기본기 다지기 178~181쪽

1 (1) (○) ( )   (2) ( ) (○)

2 ㉢

3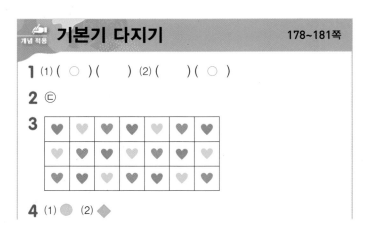

4 (1) 🔵 (2) ◆

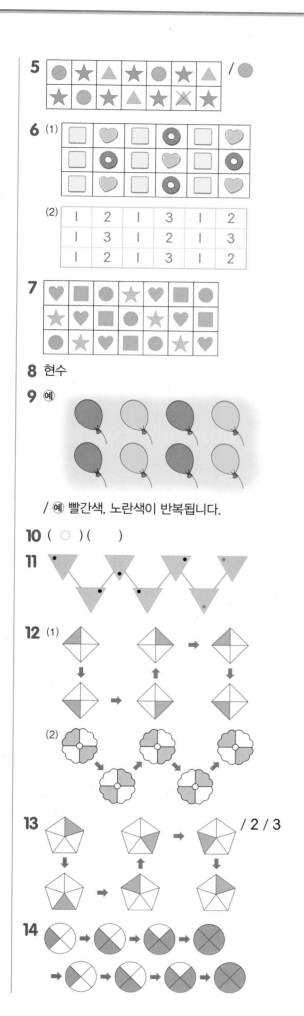

5 / ●

6 (1)

(2)

1	2	1	3	1	2
1	3	1	2	1	3
1	2	1	3	1	2

7

8 현수

9 예

/ 예 빨간색, 노란색이 반복됩니다.

10 (○) (　　)

11

12 (1)

(2)

13 / 2 / 3

14

---

15 ●, ▲

/ 예 ●와 ▲가 반복되고 ▲는 한 개씩 늘어납니다.

16

17

18 유하

19 예 쌓기나무가 2개씩 늘어납니다.

20 ㉢　　　　　　　**21** 3개

22 6개　　　　　　　**23** 6개

24 8개　　　　　　　**25** 25개

---

1 (1) ●●▲■가 반복됩니다.

(2) ■■●■가 반복됩니다.

2 ㉢은 ■●■가 반복됩니다.

3 연두색, 노란색, 빨간색이 반복됩니다.

4 (1) ●●▲가 반복됩니다.

(2) 모양은 ◇♡□가 반복되고, 색깔은 연두색, 보라색이 반복됩니다.

5 ●★▲★이 반복됩니다.

6 (2) 1, 2, 1, 3이 반복됩니다.

7 ♥■●★이 반복됩니다.

또는 ＼ 방향으로 같은 모양이 반복됩니다.

8 ㉠은 ●●■가 반복되므로 빈칸에는 ■가 들어갑니다.

㉡은 ▲■●▲가 반복되므로 빈칸에는 ▲가 들어갑니다.

따라서 바르게 말한 사람은 현수입니다.

9 자신이 생각한 규칙으로 풍선을 색칠해 봅니다.

10 🔶 모양이 시계 반대 방향으로 돌아가고 있습니다.

11 ●이 삼각형의 꼭짓점을 따라서 시계 방향으로 돌아가고 있습니다.

12 (1) 색칠된 부분이 시계 반대 방향으로 돌아가고 있습니다.

(2) ①②②① 일 때 ①, ②의 순서로 색칠됩니다.

다른 풀이 | (1) ◇ 일 때 ①, ②, ③, ④의 순서로 색 칠됩니다.

13 색칠된 부분이 시계 방향으로 2칸씩 또는 시계 반대 방향으로 3칸씩 이동하고 있습니다.

14 시계 반대 방향으로 돌아가며 색칠된 부분이 1칸, 2칸, 3칸, 4칸으로 반복됩니다.

서술형
15

단계	문제 해결 과정
①	□ 안에 알맞은 모양을 그렸나요?
②	규칙을 바르게 썼나요?

16 색종이가 한 줄에 1개씩 1줄, 2개씩 2줄, 3개씩 3줄, …로 늘어납니다. 따라서 빈칸에 색종이가 한 줄에 4개씩 4줄 있는 모양으로 그립니다.

17 노란색, 연두색, 보라색이 반복되고, 같은 색으로 색칠된 구슬의 수가 한 개씩 늘어납니다.

19 쌓기나무가 1개, 3개, 5개, …로 2개씩 늘어납니다.

20 ㉠, ㉡ 아래에서 위로 쌓기나무가 4개, 3개씩 반복되고, 서로 엇갈리게 쌓았습니다.
㉢ 5층에는 쌓기나무가 4개 놓이므로 5층으로 쌓기 위해 필요한 쌓기나무는 모두
$4+3+4+3+4=18$(개)입니다.

21 쌓기나무가 3개, 1개씩 반복됩니다.

22 규칙에 따라 쌓아 보면 빈칸에 들어갈 모양은 오른쪽과 같습니다.
따라서 필요한 쌓기나무는 1층에 3개, 2층에 2개, 3층에 1개이므로 모두 $3+2+1=6$(개)입니다.

23 쌓기나무가 위로 1개, 오른쪽으로 1개씩 모두 2개씩 늘어납니다.
3층으로 쌓은 모양에서 쌓기나무는 $4+2=6$(개)입니다.

24 쌓기나무가 2개씩 늘어나므로 4층으로 쌓기 위해서는 $6+2=8$(개)가 필요합니다.

25 쌓기나무가 각 층에 1개, 3개, 5개, …로 아래층으로 내려갈수록 2개씩 늘어납니다.
따라서 5층으로 쌓기 위해 필요한 쌓기나무는 모두
$1+3+5+7+9=25$(개)입니다.

교과서 개념 이해 3 덧셈표에서 규칙을 찾아볼까요 182~183쪽

1 (1)

+	0	1	2	3	4	5
0	0	1	2	3	4	5
1	1	2	3	4	5	6
2	2	3	4	5	6	7
3	3	4	5	6	7	8
4	4	5	6	7	8	9
5	5	6	7	8	9	10

(2) 1 / 1 / 2

2

+	2	4	6	8	10
2	4	6	8	10	12
4	6	8	10	12	14
6	8	10	12	14	16
8	10	12	14	16	18
10	12	14	16	18	20

3 4씩   **4** ⑩ 모두 같은 수입니다.

5 ㉡

2 세로줄과 가로줄의 수가 만나는 칸에 두 수의 합을 씁니다.

3 4, 8, 12, 16, 20으로 4씩 커집니다.

4 예시된 답 외에도 규칙이 맞으면 정답입니다.

5 ㉡ 2의 가로줄(→ 방향)을 보면 4, 6, 8, 10, 12로 2씩 커집니다.

교과서 개념 이해 4 곱셈표에서 규칙을 찾아볼까요 184~185쪽

1 (1)

×	1	2	3	4	5
1	1	2	3	4	5
2	2	4	6	8	10
3	3	6	9	12	15
4	4	8	12	16	20
5	5	10	15	20	25

(2) 2 / 4 / 같습니다에 ○표

2 ㉡

3

×	5	6	7	8	9
5	25	30	35	40	45
6	30	36	42	48	54
7	35	42	49	56	63
8	40	48	56	64	72
9	45	54	63	72	81

4 ⑩ 25에서 81까지 ＼ 방향으로 접었을 때 만나는
수들은 서로 같습니다.

5

16	20	24	28
20	25	30	35
24	30	36	42
28	35	42	49

2 6단 곱셈구구이므로 6씩 커집니다.

3 8단 곱셈구구이므로 8씩 커집니다. 8씩 커지는 곳을
찾아 색칠합니다.

참고 | 가로줄(→ 방향)에 있는 수들은 반드시 세로줄
(↓ 방향)에도 똑같은 수들이 있습니다.

4 예시된 답 외에도 규칙이 맞으면 정답입니다.

5 같은 줄에서는 같은 수만큼씩 커집니다.

개념 적용 기본기 다지기 186~190쪽

26

+	0	1	2	3	4	5
0	0	1	2	3	4	5
1	1	2	3	4	5	6
2	2	3	4	5	6	7
3	3	4	5	6	7	8
4	4	5	6	7	8	9
5	5	5	6	7	8	9	10

27 ⑩ 아래로 내려갈수록 1씩 커집니다.

28 ㉡

29 (1)

8	9	10	11
9	10	11	12
10	11	12	13
11	12	13	14

(2)

12	13	14	15
13	14	15	16
14	15	16	17
15	16	17	18

30

+	1	3	5	7	9
1	2	4	6	8	10
3	4	6	8	10	12
5	6	8	10	12	14
7	8	10	12	14	16
9	10	12	14	16	18

/ ⑩ ＼ 방향으로 갈수록 4씩 커집니다.

31

+	2	4	6	8
3	5	7	9	11
5	7	9	11	13
7	9	11	13	15
9	11	13	15	17

(1) 홀수에 ○표 (2) 2씩에 ○표

32

+	1	2	3	4	5
3	4	5	6	7	8
6	7	8	9	10	11
9	10	11	12	13	14
12	13	14	15	16	17
15	16	17	18	19	20

33 4씩

34 2씩

35 ⑩

+	1	3	5	7
0	1	3	5	7
1	2	4	6	8
2	3	5	7	9
3	4	6	8	10

/ ⑩ ＼ 방향으로 갈수록 3씩 커집니다.

36 3, 5   **37** 48

38 (1) ○ (2) ○ (3) ×

39 ⑩ 만나는 수들은 서로 같습니다.

40~41

×	2	4	6	8
2	4	8	12	16
4	8	16	24	32
6	12	24	36	48
8	16	32	48	64

42 준희

43 (1)

12	16	20	24
15	20	25	30
18	24	30	36
21	28	35	42

(2)

30	36	42	48
35	42	49	56
40	48	56	64
45	54	63	72

44

×	5	6	7	8
5	25	30	35	40
6	30	36	42	48
7	35	42	49	56
8	40	48	56	64

/ ⑩ 25에서 64까지 ＼ 방향으로 접었을 때 만나는
수들은 서로 같습니다.

45 ⑩ 노란색, 파란색, 노란색, 빨간색이 반복됩니다.

46 ⑩ 아래로 내려갈수록 7씩 커집니다.

47

48

7	14	21	28
6	13	20	27
5	12	19	26
4	11	18	25
3	10	17	24
2	9	16	23
1	8	15	22

49 1, 7

50 19일

51 21번

52 (예) 평일은 20분 간격으로, 주말은 40분 간격으로 버스가 출발합니다.

53 10시 40분

---

28 ㉡ 오른쪽으로 갈수록 1씩 커지고, 왼쪽으로 갈수록 1씩 작아집니다.

29 같은 줄에서 오른쪽으로 갈수록 1씩 커지고, 아래로 내려갈수록 1씩 커집니다.

31 (1) 홀수와 짝수를 더하면 홀수가 되므로 덧셈표 안에 있는 수들은 모두 홀수입니다.
(2) 5, 7, 9, 11로 2씩 커집니다.

33 4, 8, 12, 16, 20으로 4씩 커집니다.

34 8, 10, 12, 14, 16으로 2씩 커집니다.

서술형
35 '╱ 방향으로 갈수록 1씩 작아집니다.' 등 다양한 규칙들이 있습니다.

단계	문제 해결 과정
①	나만의 덧셈표를 완성했나요?
②	규칙을 바르게 썼나요?

36 노란색 선 안에 있는 수는 3단 곱셈구구의 곱이므로 3씩 커집니다.
초록색 선 안에 있는 수는 5단 곱셈구구의 곱이므로 아래로 내려갈수록 5씩 커집니다.

37 6×8=48, 8×6=48

38 (3) 파란색 선 안의 수는 4단 곱셈구구이므로 아래로 내려갈수록 4씩 커집니다.

40 두 수의 곱을 이용하여 빈칸에 알맞은 수를 찾습니다.

41 빨간색 선 안에 있는 수는 8씩 커집니다.

42 지윤: 짝수와 짝수를 곱하면 짝수가 됩니다.
준희: 초록색 점선에 놓인 수들은 4, 16, 36, 64로 12, 20, 28씩 커집니다.
민우: 곱셈에서는 두 수를 바꾸어 곱해도 그 결과는 같으므로 세로줄(↓ 방향)에 있는 수들은 항상 가로줄(→

방향)에도 있습니다.
따라서 잘못 설명한 사람은 준희입니다.

43 각 단의 수는 오른쪽으로 갈수록 단의 수만큼 커지고, 아래로 내려갈수록 단의 수만큼 커집니다.

44 5×5=25, 6×6=36, 7×7=49, 8×8=64이므로 5, 6, 7, 8의 곱을 나타낸 곱셈표입니다.

46 일주일은 7일이므로 같은 요일은 7일마다 반복됩니다.

47 2시, 4시, 6시로 2시간씩 늘어납니다.
따라서 6시에서 2시간 후인 8시를 그립니다.

서술형
50 (예) 같은 요일은 7일마다 반복됩니다. 첫째 금요일은 5일, 둘째 금요일은 5+7=12(일)이므로 셋째 금요일은 12+7=19(일)입니다.

단계	문제 해결 과정
①	같은 요일은 며칠마다 반복되는지 알았나요?
②	셋째 금요일은 며칠인지 구했나요?

51 신발장 번호는 오른쪽으로 갈수록 1씩 커지고, 아래로 내려갈수록 6씩 커집니다.
따라서 넷째 줄의 왼쪽에서 첫째 칸의 번호는 19번이므로 셋째 칸의 번호는 21번입니다.

53 주말은 40분 간격으로 출발하므로 5회차 버스가 출발한 시각은 10시에서 40분 후인 10시 40분입니다.

응용력 기르기 191~194쪽

1 ◆ **1-1** ● **1-2** ■

2 5층 **2-1** 6층 **2-2** 8층

3 40 **3-1** 60 **3-2** 40

4 1단계 (예) 현서의 자리는 나 구역 46번입니다. 나 구역의 의자 번호는 오른쪽으로 갈수록 1씩 커지고, 뒤로 갈수록 10씩 커집니다.

2단계 (예) 나 구역의 다섯째 줄의 왼쪽에서 첫째 의자의 번호는 41번이므로 46번은 그 줄의 여섯째 의자입니다. 따라서 현서의 자리는 나 구역 다섯째 줄의 여섯째에 있습니다.

4-1 다 구역 27번

1 ♥●◆가 반복됩니다. 27째에 놓이는 모양은 ♥●◆가 9번 놓였을 때 마지막에 놓인 모양과 같은 ◆입니다.

1-1 ▲■●●가 반복됩니다. 20째에 놓이는 모양은 ▲■●●가 5번 놓였을 때 마지막에 놓인 모양과 같으므로 ●입니다.

1-2 ■■★●가 반복됩니다. 24째에 놓이는 모양은 ■■★●가 6번 놓였을 때 마지막에 놓인 모양과 같은 ●입니다.
따라서 25째에 놓이는 모양은 ■입니다.

2 쌓기나무가 1개, 3개, 6개, ...로 한 층 늘어날 때마다 쌓기나무가 2개, 3개, 4개, ... 늘어납니다.

1개　3개　6개　10개　15개 …
　　+2　　+3　　+4　　+5

따라서 쌓기나무 15개를 사용하여 만든 모양은 5층이 됩니다.

2-1 쌓기나무가 1개, 4개, 9개, ...로 한 층 늘어날 때마다 쌓기나무가 3개, 5개, 7개, ... 늘어납니다.

1개　4개　9개　16개　25개　36개 …
　　+3　　+5　　+7　　+9　　+11

따라서 쌓기나무 36개를 사용하여 만든 모양은 6층이 됩니다.

2-2 쌓기나무가 8개, 12개, 16개, ...로 한 층 늘어날 때마다 쌓기나무가 4개씩 늘어납니다.

8개　12개　16개　20개　24개　28개 …
　　+4　　+4　　+4　　+4　　+4

따라서 쌓기나무 28개를 사용하여 만든 모양은 3층에서 다섯 층이 더 높아진 8층이 됩니다.

3 위의 두 수를 더하면 아래 가운데의 수가 되는 규칙입니다.
따라서 ★에 알맞은 수는 20+20=40입니다.

3-1 위의 두 수를 더하면 아래 가운데의 수가 되는 규칙입니다.
따라서 ◆에 알맞은 수는 30+30=60입니다.

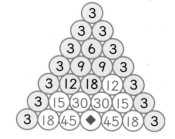

3-2 위의 두 수를 더하면 오른쪽 아래의 수가 되는 규칙입니다.
따라서 ♥에 알맞은 수는 16+24=40입니다.

4					
4	4				
4	8	4			
4	12	12	4		
4	16	24	16	4	
4	20	♥	40	20	4

4-1 예성이의 자리가 있는 구역은 다 구역이고, 다 구역의 의자 번호는 오른쪽으로 갈수록 1씩 커지고, 뒤로 갈수록 5씩 커집니다.
각 줄의 왼쪽에서 첫째 의자의 번호를 구해 보면 1번, 6번, 11번, 16번, 21번, 26번이고, 예성이의 자리는 26번이 적힌 의자의 바로 옆 자리이므로 27번입니다.

6단원 단원 평가 Level ❶ 195~197쪽

1 (　) (○)

2
1	2	1	1	2	1	1	2	1
1	2	1	1	2	1	1	2	1
1	2	1	1	2	1	1	2	1

3 ◆

4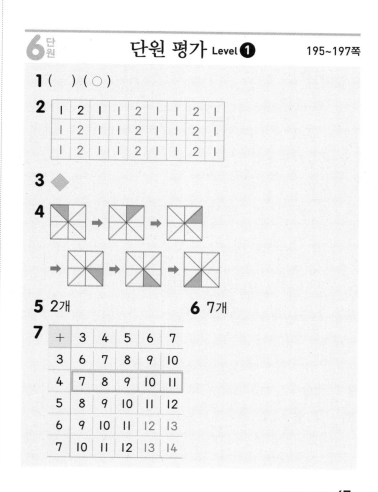

5 2개　　　　　　**6** 7개

7
+	3	4	5	6	7
3	6	7	8	9	10
4	7	8	9	10	11
5	8	9	10	11	12
6	9	10	11	12	13
7	10	11	12	13	14

8 예 오른쪽으로 갈수록 1씩 커집니다.

9 예 아래로 내려갈수록 6씩 커집니다.

10 56

11 ㉢

12

1	5	9				
2	6	10			○	
3	7					
4	8					

13

12	13	14	15	16
13	14	15	16	17
14	15	16	17	18

14

×	3	5	7	9
3	9	15	21	27
5	15	25	35	45
7	21	35	49	63
9	27	45	63	81

/ 예 곱셈표에 있는 수들은 모두 홀수입니다.

15 9시

16

17 20개

18 7개

19 빨간색

20 규칙 1 예 오른쪽으로 갈수록 1씩 커집니다.
규칙 2 예 아래로 내려갈수록 7씩 커집니다.

---

1 ♥●●가 반복됩니다. 따라서 □ 안에 알맞은 모양은 ●입니다.

2 1, 2, 1이 반복됩니다.

3 ◆, ■가 반복되면서 ◆가 1개씩 늘어나는 규칙입니다.

4 색칠된 칸이 시계 방향으로 1칸씩 돌아가고 있습니다.

5 쌓기나무가 1개, 3개, 5개로 2개씩 늘어납니다.

6 다음에 이어질 모양은 2개 더 늘어나므로 쌓기나무는 모두 5+2=7(개)입니다.

8 예 홀수와 짝수가 번갈아 가며 나옵니다.

9 36, 42, 48, 54로 6씩 커집니다.

10 7×8=56, 8×7=56

참고 | 36에서 81까지 ＼ 방향으로 접었을 때 만나는 수들은 같습니다.

---

11 ㉢ ／ 방향으로 갈수록 5씩 작아집니다.

12 사물함 번호는 오른쪽으로 갈수록 4씩 커지고 아래로 내려갈수록 1씩 커집니다. 첫째 줄의 왼쪽에서 여섯째 칸의 번호는 21번이므로 22번은 21번 바로 아래 칸인 둘째 줄의 여섯째 칸입니다.

13 같은 줄에서 오른쪽으로 갈수록 1씩 커집니다.
같은 줄에서 아래로 내려갈수록 1씩 커집니다.

14 3×5=15, 3×9=27이므로 3, 5, 7, 9의 곱을 나타낸 곱셈표입니다.

15 12시, 3시, 6시로 3시간씩 늘어납니다.
따라서 □ 안에 알맞은 시각은 9시입니다.

16 일 때 ①, ②, ③, ④의 순서로 한 칸씩 더 색칠됩니다.

17 쌓기나무가 각 층에 2개, 4개, 6개, ...로 아래층으로 내려갈수록 2개씩 늘어납니다. 따라서 4층으로 쌓을 때 1층에 놓이는 쌓기나무는 8개이므로 쌓기나무는 모두 2+4+6+8=20(개) 필요합니다.

18 ○●●이 반복됩니다. ○●●이 6번 반복되면 18개이므로 19째는 흰색 바둑돌, 20째는 검은색 바둑돌이 놓입니다. 따라서 바둑돌 20개를 늘어놓으면 흰색 바둑돌은 모두 6+1=7(개)입니다.

서술형
19 예 빨간색, 노란색, 연두색 구슬이 반복되고, 각 색깔의 구슬의 수가 한 개씩 늘어납니다. 따라서 연두색 구슬 3개를 꿴 다음에는 빨간색 구슬 4개를 꿰어야 하므로 다음에 꿰어야 하는 구슬은 빨간색입니다.

평가 기준	배점
구슬을 꿴 규칙을 찾았나요?	3점
다음에 꿰어야 하는 구슬은 무슨 색인지 구했나요?	2점

서술형
20

평가 기준	배점
규칙을 한 가지 썼나요?	3점
다른 규칙 한 가지를 더 썼나요?	2점

1 ②, ⑤

2

| 1 | 2 | 2 | 3 | 1 | 2 | 2 | 3 |

3

4 ⑨ 쌓기나무가 왼쪽에서 오른쪽으로 3개, 2개씩 반복됩니다.

5

+	2	3	4	5
2	4	5	6	7
3	5	6	7	8
4	6	7	8	9
5	7	8	9	10

6 ②

7~8

×	3	4	5	6
3	9	12	15	18
4	12	16	20	24
5	15	20	25	30
6	18	24	30	36

9 ⑨ 쌓기나무가 3개씩 늘어납니다.

10 10개

11

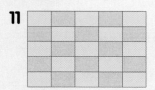

/ ⑨ 분홍색 사각형과 회색 사각형이 반복됩니다.

12

+	3	5	7	9
0	3	5	7	9
2	5	7	9	11
4	7	9	11	13
6	9	11	13	15

13 검은색

14

25	30	35	40
30	36	42	48
35	42	49	56
40	48	56	64

15 ◆

16 오후 7시 30분 / ⑨ 버스가 2시간마다 출발합니다.

17 25일

18 △

19 라열, 다섯째

20 5번

1 ♠ ◆ ♥ ♠ ◆ ♥ ♠ ◆
         ① ② ③ ④ ⑤

2 ☀를 1, ☾을 2, ☆을 3으로 바꾸어 나타내면 12231223입니다.

3 ●이 사각형의 꼭짓점을 따라서 시계 방향으로 돌아가고 있습니다.

5 3+5=8, 4+3=7, 5+2=7, 5+5=10

6 ② 같은 줄에서 아래로 내려갈수록 1씩 커집니다.

7 세로줄과 가로줄이 만나는 곳에 두 수의 곱을 씁니다.

8 초록색 선 안에 있는 수는 4씩 커집니다.

9 쌓기나무가 1개, 4개, 7개로 3개씩 늘어납니다.

10 다음에 이어질 모양에는 쌓기나무가 3개 더 늘어나므로 7+3=10(개)입니다.

12 0+3=3, 2+5=7, 4+7=11, 6+9=15입니다.

13 검은색과 흰색 바둑돌이 번갈아 놓이고 바둑돌의 수가 한 개씩 늘어납니다. 따라서 흰색 바둑돌을 4개 놓은 다음에는 검은색 바둑돌을 5개 놓아야 하므로 □ 안에는 검은색 바둑돌을 놓아야 합니다.

14 곱셈표에서는 아래로 내려갈수록 각 단의 수만큼 커지고, 오른쪽으로 갈수록 각 단의 수만큼 커집니다.

15 모양은 ♡◇♡☆이 반복되고 색깔은 파란색, 노란색, 빨간색이 반복됩니다.

16 버스 출발 시각 사이의 간격이 2시간입니다.

17 달력에서 수는 아래로 내려갈수록 7씩 커집니다. 따라서 첫째 목요일이 4일이므로 넷째 목요일은 4+7+7+7=25(일)입니다.

18 바깥쪽에서부터 빨간색, 노란색, 초록색의 순서로 색칠하고, ○는 △로, △는 □로, □는 ○로 바뀝니다.

서술형
19 ⑨ 좌석 번호는 오른쪽으로 갈수록 1씩 커지고 뒤로 갈수록 9씩 커집니다. 라열의 첫째 자리의 번호는 19+9=28(번), 마열의 첫째 자리의 번호는 28+9=37(번)입니다. 따라서 32번은 라열의 다섯째 자리입니다.

평가 기준	배점
좌석 번호에서 규칙을 찾았나요?	2점
다미의 자리는 어느 열 몇째인지 구했나요?	3점

서술형
20 ⑨ ●▲♥가 반복됩니다. 15째까지 놓으면 ●▲♥가 5번 놓이므로 ● 모양은 5번 나옵니다.

평가 기준	배점
모양을 늘어놓은 규칙을 찾았나요?	2점
● 모양은 몇 번 나오는지 구했나요?	3점

1 네 자리 수

📋 서술형 문제

2~5쪽

1⁺ 9장	2⁺ 9183
3 ©	4 5000장
5 500원	6 2845
7 8일	8 5230원
9 가 마을	10 4872
11 6, 7, 8, 9	

1⁺ (예) 9000은 1000이 9개인 수입니다.
따라서 1000원짜리 지폐로 9장을 모아야 합니다.

단계	문제 해결 과정
①	9000은 1000이 몇 개인 수인지 구했나요?
②	1000원짜리 지폐로 몇 장을 모아야 하는지 구했나요?

2⁺ (예) 백의 자리 숫자가 1인 네 자리 수를 □1□□라 할 때 가장 큰 수를 만들려면 천의 자리부터 큰 수를 차례로 써넣어야 합니다.
따라서 백의 자리 숫자가 1인 가장 큰 네 자리 수는 9183입니다.

단계	문제 해결 과정
①	가장 큰 네 자리 수를 만드는 방법을 알았나요?
②	백의 자리 숫자가 1인 가장 큰 네 자리 수를 만들었나요?

3 (예) ⊙ 100이 10개인 수는 1000입니다.
© 990보다 10만큼 더 큰 수는 1000입니다.
© 900보다 100만큼 더 작은 수는 800입니다.
따라서 설명하는 수가 다른 하나는 ©입니다.

단계	문제 해결 과정
①	⊙, ©, ©이 설명하는 수를 각각 구했나요?
②	설명하는 수가 다른 하나를 찾았나요?

4 (예) 100이 50개이면 5000입니다.

따라서 색종이는 모두 5000장 들어 있습니다.

단계	문제 해결 과정
①	100이 50개이면 얼마인지 구했나요?
②	색종이는 모두 몇 장 들어 있는지 구했나요?

5 (예) 100원짜리 동전이 4개이면 400원, 10원짜리 동전이 10개이면 100원이므로 정현이가 가지고 있는 돈은 모두 500원입니다.
따라서 1000은 500보다 500만큼 더 큰 수이므로 1000원이 되려면 500원이 더 있어야 합니다.

단계	문제 해결 과정
①	정현이가 가지고 있는 돈은 모두 얼마인지 구했나요?
②	1000원이 되려면 얼마가 더 있어야 하는지 구했나요?

6 (예) 1083에서 숫자 8은 십의 자리 숫자이므로 80을 나타냅니다. 2845에서 숫자 8은 백의 자리 숫자이므로 800을 나타냅니다. 7038에서 숫자 8은 일의 자리 숫자이므로 8을 나타냅니다.
따라서 숫자 8이 나타내는 수가 가장 큰 수는 2845입니다.

단계	문제 해결 과정
①	각 수에서 숫자 8이 나타내는 수를 각각 구했나요?
②	숫자 8이 나타내는 수가 가장 큰 수를 구했나요?

7 (예) 8650부터 9450까지 100씩 뛰어 셉니다.
8650-8750-8850-8950-9050-9150-9250-9350-9450
따라서 8650부터 100씩 8번 뛰어 세면 9450이 되므로 8일 후에 선물을 살 수 있습니다.

단계	문제 해결 과정
①	8650부터 9450까지 100씩 뛰어 세었나요?
②	며칠 후에 선물을 살 수 있는지 구했나요?

8 (예) 천 원짜리 지폐 4장은 4000원, 백 원짜리 동전 12개는 1200원, 십 원짜리 동전 3개는 30원입니다.
따라서 재민이가 가지고 있는 돈은 모두 5230원입니다.

단계	문제 해결 과정
①	각각의 돈은 얼마인지 구했나요?
②	재민이가 가지고 있는 돈은 모두 얼마인지 구했나요?

9 ⑩ 7301, 6932, 7198에서 천의 자리 수를 비교하면 6932가 가장 작습니다. 7301과 7198에서 천의 자리 수가 같으므로 백의 자리 수를 비교하면 7301이 더 큽니다.

따라서 사람 수가 가장 많은 마을은 가 마을입니다.

단계	문제 해결 과정
①	세 수의 크기를 바르게 비교했나요?
②	사람 수가 가장 많은 마을은 어느 마을인지 구했나요?

10 ⑩ 5372부터 100씩 거꾸로 5번 뛰어 셉니다.

5372 − 5272 − 5172 − 5072 − 4972 − 4872

따라서 어떤 수는 4872입니다.

단계	문제 해결 과정
①	5372부터 100씩 거꾸로 5번 뛰어 세었나요?
②	어떤 수를 구했나요?

11 ⑩ 천의 자리 수와 백의 자리 수가 각각 같으므로 십의 자리 수를 비교하면 □>6이어야 하므로 □ 안에는 7, 8, 9가 들어갈 수 있습니다. □ 안에 6을 넣으면 3768>3766이므로 □ 안에 6도 들어갈 수 있습니다.

따라서 □ 안에 들어갈 수 있는 수는 6, 7, 8, 9입니다.

단계	문제 해결 과정
①	높은 자리 수부터 크기를 비교했나요?
②	□ 안에 들어갈 수 있는 수를 모두 구했나요?

단원 평가 Level ❶

6~8쪽

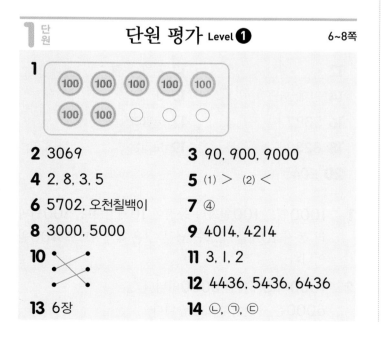

1 (100)(100)(100)(100)(100) (100)(100)○○○

2 3069

3 90, 900, 9000

4 2, 8, 3, 5

5 (1) > (2) <

6 5702, 오천칠백이

7 ④

8 3000, 5000

9 4014, 4214

10 ✕

11 3, 1, 2

12 4436, 5436, 6436

13 6장

14 ⓒ, ⓐ, ⓑ

15 주스

16 4850원, 5850원, 6850원

17 0, 1, 2, 3

18 8598, 8599

19 8590원

20 3226

1 1000은 100이 10개인 수입니다. 100원짜리 동전이 7개 있으므로 1000원이 되려면 10−7=3(개)가 더 필요합니다.

2 <u>삼천</u> <u>육십구</u> ➡ 3069
　　3　0　6　9

3 10이 9개인 수 ➡ 90
100이 9개인 수 ➡ 900
1000이 9개인 수 ➡ 9000

4 2835=2000+800+30+5이므로
1000이 2개, 100이 8개, 10이 3개, 1이 5개인 수입니다.

5 (1) 7125 > 6928
　　　7>6
(2) 4718 < 4739
　　　1<3

6 1000이 5개 ➡ 5000
　100이 7개 ➡ 　700
　　1이 2개 ➡ 　　　2
　　　　　　　　5702

7 ① <u>2</u>816 ➡ 2000　② 603<u>2</u> ➡ 2
③ 97<u>2</u>5 ➡ 20　④ <u>5</u>248 ➡ 200
⑤ 13<u>2</u>7 ➡ 20

8 • 백 모형 10개는 1000이므로 백 모형 30개는 3000입니다.
• 백 모형 10개는 천 모형 1개와 같습니다.
천 모형 4개와 백 모형 10개는 천 모형 5개와 같으므로 5000입니다.

9 백의 자리 수가 1씩 커지므로 100씩 뛰어 세는 규칙입니다.

10 • 1000은 700보다 300만큼 더 큰 수입니다.
• 백 모형 1개와 십 모형 10개는 200이고, 1000은 200보다 800만큼 더 큰 수입니다.
• 1000은 400보다 600만큼 더 큰 수입니다.

11 934<u>4</u> ➡ 40, <u>4</u>025 ➡ 4000, 1<u>4</u>79 ➡ 400

4000＞400＞40이므로 밑줄 친 숫자가 나타내는 수가 큰 것부터 순서대로 쓰면 4025, 1479, 9341 입니다.

12 7436부터 1000씩 거꾸로 뛰어 세어 봅니다.

13 100원짜리 동전이 60개이면 6000원입니다. 6000은 1000이 6개인 수이므로 6000원은 1000원짜리 지폐 6장과 바꿀 수 있습니다.

14 ㉠ 2617 ㉡ 3479 ㉢ 2510

➡ <u>3479</u> ＞ <u>2617</u> ＞ <u>2510</u>
　　 ㉡　　　 ㉠　　　 ㉢

15
```
        2>1
2803 > 2045 > 1977
   8>0
```

따라서 가장 많이 있는 음료수는 2803병인 주스입니다.

16 한 달에 1000원씩 계속 저금하므로 3850부터 1000씩 뛰어 셉니다.

3850	4850	5850	6850
7월	8월	9월	10월

17 천의 자리 수가 같으므로 백의 자리 수를 비교하면 4＞□이어야 하므로 □ 안에는 0, 1, 2, 3이 들어갈 수 있습니다.

□ 안에 4를 넣으면 4415＜4463이므로 □ 안에 4는 들어갈 수 없습니다.

따라서 □ 안에 들어갈 수 있는 수는 0, 1, 2, 3입니다.

다른 풀이 | · □＝0일 때 4415＞4063

· □＝1일 때 4415＞4163

· □＝2일 때 4415＞4263

· □＝3일 때 4415＞4363

· □＝4일 때 4415＜4463

따라서 □ 안에 들어갈 수 있는 수는 0, 1, 2, 3입니다.

18 천의 자리 수가 8, 백의 자리 수가 5인 네 자리 수는 85□□입니다. 85□□가 8597보다 크려면 십의 자리 수는 9이어야 하고, 일의 자리 수는 7보다 커야 합니다.

따라서 8597보다 큰 수는 8598, 8599입니다.

19 ^{서술형} 예 1000원짜리 지폐 6장은 6000원, 100원짜리 동전 25개는 2500원, 10원짜리 동전 9개는 90원입니다. 따라서 과자의 값은 8590원입니다.

평가 기준	배점
1000원짜리 지폐 6장, 100원짜리 동전 25개, 10원짜리 동전 9개는 각각 얼마인지 구했나요?	3점
과자의 값을 구했나요?	2점

20 ^{서술형} 예 4726부터 300씩 거꾸로 5번 뛰어 셉니다.

4726	4426	4126	3826	3526	3226

따라서 어떤 수는 3226입니다.

평가 기준	배점
4726부터 300씩 거꾸로 5번 뛰어 세었나요?	3점
어떤 수를 구했나요?	2점

1 _{단원} **단원 평가 Level ❷**　　9~11쪽

1 400원　　　　　　**2** 6000, 육천

3 ②　　　　　　　　**4** 3, 4, 0, 5, 삼천사백오

5

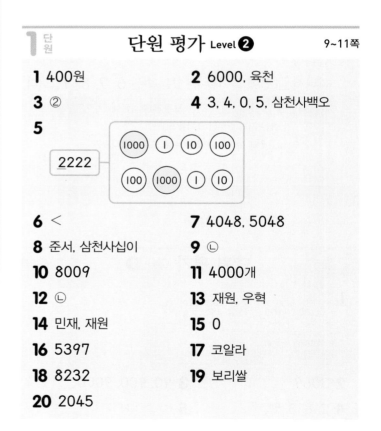

6 ＜　　　　　　　　**7** 4048, 5048

8 준서, 삼천사십이　　**9** ㉡

10 8009　　　　　　 **11** 4000개

12 ㉢　　　　　　　　**13** 재원, 우혁

14 민재, 재원　　　　 **15** 0

16 5397　　　　　　 **17** 코알라

18 8232　　　　　　 **19** 보리쌀

20 2045

1 1000원은 100원짜리 동전이 10개입니다. 100원짜리 동전 10개를 묶으면 남는 것은 4개이므로 400원입니다.

2 1000이 6개이면 6000입니다. 6000은 육천이라고 읽습니다.

3 ①, ③, ④, ⑤ 1000

② 900보다 100만큼 더 작은 수는 800입니다.

4 3405는 1000이 3개, 100이 4개, 10이 0개, 1이 5개인 수이고, 3405는 삼천사백오라고 읽습니다.

5 2222에서 밑줄 친 숫자 2는 천의 자리 숫자이므로 2000을 나타냅니다. 2000은 1000이 2개인 수입니다.

6 8449 < 8490

　　4 < 9

7 천의 자리 수가 1씩 커지므로 1000씩 뛰어 세는 규칙입니다.

8 수를 잘못 읽은 사람은 준서입니다.

3042 ➡ 삼천사십이

9 ㉠ 1000이 6개, 100이 5개, 10이 8개인 수

　　➡ 6580

㉡ 육천칠백구 ➡ 6709

따라서 6580 < 6709이므로 더 큰 수는 ㉡입니다.

10 백의 자리 수가 1 커졌으므로 100씩 뛰어 센 것입니다.

7609 – 7709 – 7809 – 7909 – 8009 – 8109

이므로 ★에 들어갈 수는 8009입니다.

11 100이 40개이면 4000이므로 사탕은 모두 4000개 들어 있습니다.

12 ㉡ 이천육십일 ➡ 2061　㉣ 오천팔백칠 ➡ 5807

백의 자리 숫자는 ㉠ 1, ㉡ 0, ㉢ 9, ㉣ 8입니다.

따라서 백의 자리 숫자가 0인 것은 ㉡입니다.

13 8370 > 5690 > 4980 > 3560이므로 모은 돈이 가장 많은 사람은 8370원인 재원이고, 가장 적은 사람은 3560원인 우혁입니다.

14 모은 돈이 5000원이거나 5000원보다 많아야 5000원짜리 장난감을 살 수 있습니다.

15 천의 자리, 백의 자리, 십의 자리 수가 각각 같으므로 일의 자리 수를 비교하면 1 > □이어야 합니다.

따라서 □ 안에 알맞은 수는 0입니다.

16 1000이 5개, 100이 3개, 10이 6개, 1이 7개인 수는 5367입니다.

5367부터 10씩 3번 뛰어 셉니다.

5367 – 5377 – 5387 – 5397

따라서 10씩 3번 뛰어 센 수는 5397입니다.

17 ① 2481 ➡ 400 ➡ 코

② 4730 ➡ 4000 ➡ 알

③ 1378 ➡ 70 ➡ 라

18 십의 자리 숫자는 천의 자리 숫자보다 5만큼 더 작으므로 8 − 5 = 3입니다.

천의 자리	백의 자리	십의 자리	일의 자리	
8	2	3	2	➡ 8232

서술형
19 예 가격이 찹쌀은 5280원이고 보리쌀은 3280원입니다. 5280과 3280의 천의 자리 수를 비교하면 5280 > 3280입니다. 따라서 보리쌀이 더 쌉니다.

평가 기준	배점
두 수의 크기를 바르게 비교했나요?	2점
어느 것이 더 싼지 구했나요?	3점

서술형
20 예 수의 크기를 비교하면 0 < 2 < 4 < 5 < 9입니다. 가장 작은 수는 천의 자리부터 작은 수를 차례로 쓰면 되는데 0은 천의 자리에 올 수 없으므로 2를 천의 자리에 씁니다. 따라서 만들 수 있는 가장 작은 수는 2045입니다.

평가 기준	배점
수의 크기를 바르게 비교했나요?	2점
만들 수 있는 가장 작은 수를 구했나요?	3점

2 곱셈구구

⊜ 서술형 문제
12~15쪽

1⁺ 16개	**2⁺** 45살
3 30명	**4** 25, 26, 27
5 6줄	**6** 1
7 2개	**8** 22개
9 8, 9	**10** 40
11 14점	

1⁺ 예 거미의 다리는 8개이므로 거미 2마리의 다리는 모두 $8 \times 2 = 16$(개)입니다.

단계	문제 해결 과정
①	문제에 알맞은 곱셈식을 세웠나요?
②	거미 2마리의 다리는 모두 몇 개인지 구했나요?

2⁺ 예 6살의 7배는 $6 \times 7 = 42$(살)입니다.
은우 아버지의 나이는 42살보다 3살 더 많으므로
$42 + 3 = 45$(살)입니다.

단계	문제 해결 과정
①	문제에 알맞은 곱셈식을 세웠나요?
②	은우 아버지의 나이를 구했나요?

3 예 한 대에 5명씩 탈 수 있는 자동차가 6대 있으므로 자동차에 탈 수 있는 사람은 모두 $5 \times 6 = 30$(명)입니다.

단계	문제 해결 과정
①	문제에 알맞은 곱셈식을 세웠나요?
②	자동차 6대에 탈 수 있는 사람은 모두 몇 명인지 구했나요?

4 예 ㉠ $4 \times 6 = 24$, ㉡ $7 \times 4 = 28$입니다.
따라서 ㉠과 ㉡ 사이에 있는 수는 25, 26, 27입니다.

단계	문제 해결 과정
①	㉠과 ㉡은 각각 얼마인지 구했나요?
②	㉠과 ㉡ 사이에 있는 수를 모두 구했나요?

5 예 인형이 한 줄에 9개씩 2줄로 놓여 있으므로 인형은 모두 $9 \times 2 = 18$(개)입니다.

따라서 $18 = 3 \times \square$에서 $18 = 3 \times 6$이므로 인형을 한 줄에 3개씩 놓으면 6줄이 됩니다.

단계	문제 해결 과정
①	인형의 수를 구했나요?
②	인형을 한 줄에 3개씩 놓으면 몇 줄이 되는지 구했나요?

6 예 $7 \times ㉠ = 7$에서 $7 \times 1 = 7$이므로 ㉠$= 1$입니다.
㉡$\times 2 = 0$에서 $0 \times 2 = 0$이므로 ㉡$= 0$입니다.
따라서 ㉠과 ㉡의 합은 $1 + 0 = 1$입니다.

단계	문제 해결 과정
①	㉠과 ㉡에 알맞은 수를 각각 구했나요?
②	㉠과 ㉡의 합을 구했나요?

7 예 사과를 6개씩 8봉지 팔았으므로 $6 \times 8 = 48$(개) 팔았습니다.
따라서 남은 사과는 $50 - 48 = 2$(개)입니다.

단계	문제 해결 과정
①	판 사과는 몇 개인지 구했나요?
②	남은 사과는 몇 개인지 구했나요?

8 예 삼각형 2개의 변은 $3 \times 2 = 6$(개)입니다.
사각형 4개의 변은 $4 \times 4 = 16$(개)입니다.
따라서 삼각형 2개와 사각형 4개의 변은 모두
$6 + 16 = 22$(개)입니다.

단계	문제 해결 과정
①	삼각형 2개의 변과 사각형 4개의 변은 각각 몇 개인지 구했나요?
②	삼각형 2개와 사각형 4개의 변은 모두 몇 개인지 구했나요?

9 예 $3 \times 5 = 15$이므로 $2 \times \square > 15$입니다.
따라서 $2 \times 8 = 16$, $2 \times 9 = 18$이므로 $\square$ 안에 들어갈 수 있는 수는 8, 9입니다.

단계	문제 해결 과정
①	3×5의 값을 구했나요?
②	$\square$ 안에 들어갈 수 있는 수를 모두 구했나요?

10 예 수의 크기를 비교하면 $8 > 5 > 4 > 1$이므로 가장 큰 수 8과 둘째로 큰 수 5를 곱했을 때 곱이 가장 큽니다.
따라서 가장 큰 곱은 $8 \times 5 = 40$입니다.

단계	문제 해결 과정
①	가장 큰 곱을 구하는 방법을 알고 있나요?
②	가장 큰 곱을 구했나요?

11 ⑩ 5점짜리: $5 \times 1 = 5$(점),

3점짜리: $3 \times 3 = 9$(점), 1점짜리: $1 \times 0 = 0$(점)

따라서 지석이가 얻은 점수는 모두

$5 + 9 + 0 = 14$(점)입니다.

단계	문제 해결 과정
①	과녁별 얻은 점수를 구했나요?
②	지석이가 얻은 점수는 모두 몇 점인지 구했나요?

2단원 단원 평가 Level ❶   16~18쪽

1 5, 35

2 (1) 18 (2) 40

3

4 ④, ⑤

5 ④

6 >

7 6

8 45명

9 ㉠, ㉢, ㉣

10 ⑩ 7씩 커집니다.

11

×	3	4	5	6	7	8
3	9	12			21	24
4		16	20	24		
5		20			35	
6	18	㉠	30		42	
7		28	35			56
8			40		56	

12 ㉠

13 ㉢, ㉣, ㉠, ㉡

14

×		
	6	7	42
	3	5	15
	18	35	

15 33, 34, 35

16 72

17 48

18 20자루

19 방법 1 ⑩ 7×6은 7×3을 두 번 더한 것과 같으므로

$21 + 21 = 42$입니다.

방법 2 ⑩ 7×6은 7×5에 7을 더한 것과 같으므로

$35 + 7 = 42$입니다.

20 43개

---

1 7씩 5번 뛰어 세면 $7 \times 5 = 35$입니다.

3 $9 \times 6 = 54$, $3 \times 7 = 21$, $2 \times 6 = 12$

$4 \times 3 = 12$, $6 \times 9 = 54$, $7 \times 3 = 21$

4 ④ $0 \times 1 = 0$ ⑤ $9 \times 0 = 0$

5 ① $8 \times 2 = 16$ ② $8 \times 5 = 40$

③ $8 \times 7 = 56$ ⑤ $8 \times 9 = 72$

6 $6 \times 5 = 30$, $4 \times 7 = 28$ ➡ $30 > 28$

7 2×7은 2×4에 2×3을 더한 것과 같으므로

2×7은 2×4에 6을 더한 것과 같습니다.

8 (5팀에서 경기를 하는 야구 선수의 수)

$= 9 \times 5 = 45$(명)

9 구슬은 $3 \times 4 = 12$ 또는 $6 \times 2 = 12$ 등과 같이 계산

하여 구할 수 있습니다.

10 7단 곱셈구구에서는 곱이 7씩 커집니다.

11 ㉠이 나타내는 수는 $6 \times 4 = 24$입니다. 곱셈표를 점

선을 따라 접었을 때 6×4와 만나는 곳은 4×6이고

$4 \times 6 = 24$입니다.

12 ㉠ $\square \times 1 = 8$에서 $8 \times 1 = 8$이므로 $\square = 8$입니다.

㉡ $5 \times \square = 0$에서 $5 \times 0 = 0$이므로 $\square = 0$입니다.

➡ $8 > 0$

13 ㉠ $5 \times 4 = 20$ ㉡ $9 \times 2 = 18$

㉢ $7 \times 7 = 49$ ㉣ $8 \times 3 = 24$

➡ $49 > 24 > 20 > 18$

따라서 곱이 큰 것부터 차례로 기호를 쓰면 ㉢, ㉣, ㉠,

㉡입니다.

14

×		
	6	7	㉠
	㉡	5	㉢
	18	㉣	

㉠ $= 6 \times 7 = 42$

$6 \times ㉡ = 18$에서 $6 \times 3 = 18$이므로 ㉡ $= 3$입니다.

㉢ $= 3 \times 5 = 15$

㉣ $= 7 \times 5 = 35$

15 $4 \times 8 = 32$이므로 ㉠ $= 32$이고, $6 \times 6 = 36$이므로

㉡ $= 36$입니다.

따라서 32보다 크고 36보다 작은 수는 33, 34, 35

입니다.

16 $3 \times \bigstar = 27$에서 $3 \times 9 = 27$이므로 $\bigstar = 9$입니다.
$\bigstar \times 8 = 9 \times 8 = 72$이므로 □ 안에 알맞은 수는 72입니다.

17 ① 8단 곱셈구구의 곱: 8, 16, 24, 32, 40, 48, 56, 64, 72
② ①의 수 중에서 $7 \times 7 = 49$보다 작은 수: 8, 16, 24, 32, 40, 48
③ $3 \times 4 = 12$와 $5 \times 6 = 30$을 더한 값은 $12 + 30 = 42$이고, ②의 수 중에서 42보다 큰 수는 48입니다.
따라서 어떤 수는 48입니다.

18 (1등을 한 학생들이 받는 연필 수)$= 2 \times 6 = 12$(자루)
(2등을 한 학생들이 받는 연필 수)$= 1 \times 8 = 8$(자루)
(3등을 한 학생들이 받는 연필 수)$= 0 \times 9 = 0$(자루)
➡ (혜진이네 반 학생들이 받는 연필 수)
　$= 12 + 8 + 0 = 20$(자루)

서술형
19

평가 기준	배점
한 가지 방법으로 설명했나요?	2점
다른 한 가지 방법으로 설명했나요?	3점

서술형
20 ⑩ 처음에 있던 사탕은 $8 \times 6 = 48$(개)입니다.
따라서 지영이가 먹고 남은 사탕은 $48 - 5 = 43$(개)입니다.

평가 기준	배점
처음에 있던 사탕은 몇 개인지 구했나요?	3점
지영이가 먹고 남은 사탕은 몇 개인지 구했나요?	2점

2단원 단원 평가 Level ❷　　19~21쪽

1 3, 12
2 (위에서부터) 6, 2, 8
3 　　　　　　　　　　 / 24
　0　5　10　15　20　25
4 (1) 2　(2) 4
5 (1) $<$　(2) $=$
6 2, 0
7 지수
8 9, 81
9 ㉠, ㉢, ㉡, ㉣
10 30
11 4, 24 / 3, 24

12 42명
13 (1), (2)

×	1	2	3	4	5	6
1	1	2	3	4	5	6
2	2	4	6	8	10	12
3	3	6	9	12	15	18
4	4	8	12	16	20	24
5	5	10	15	20	25	30
6	6	12	18	24	30	36

14 ⑩ 3, 3, 5, 2, 19
15 28송이
16 42
17 8, 9
18 72
19 5
20 48개

1 빵이 4개씩 3묶음이므로 곱셈식으로 나타내면 $4 \times 3 = 12$입니다.

2 2단 곱셈구구는 곱이 2씩 커집니다.

3 3×8은 3씩 8번 뛰어 세기를 한 수이므로 24입니다.

5 (1) $8 \times 6 = 48$, $6 \times 9 = 54$이므로 $8 \times 6 < 6 \times 9$입니다.
(2) $9 \times 4 = 36$, $6 \times 6 = 36$이므로 $9 \times 4 = 6 \times 6$입니다.

6 케이크 2개에 초가 한 개도 없으므로 케이크에 꽂혀 있는 초를 곱셈식으로 나타내면 $0 \times 2 = 0$입니다.

7 모형이 6개씩 5묶음 있으므로 모두 30개입니다.
동혁: $6 + 6 + 6 + 6 + 6 = 30$(○)
지수: 6×4에서 6을 빼면 18입니다. (×)
현진: $6 \times 5 = 30$(○)

8 $3 \times 3 = 9$, $9 \times 9 = 81$

9 ㉠ $5 \times 7 = 35$　㉡ $3 \times 9 = 27$　㉢ $6 \times 5 = 30$
㉣ $4 \times 6 = 24$　➡ $35 > 30 > 27 > 24$
따라서 곱이 큰 것부터 차례로 기호를 쓰면 ㉠, ㉢, ㉡, ㉣입니다.

10 5 cm씩 6개이므로 $5 \times 6 = 30$에서 30 cm입니다.

11 사탕은 6개씩 4묶음이므로 $6 \times 4 = 24$입니다.
사탕은 8개씩 3묶음이므로 $8 \times 3 = 24$입니다.

12 6명씩 7개이므로 $6 \times 7 = 42$(명)입니다.

14 ⑩ 3개씩 3줄과 5개씩 2줄을 더합니다.
$3 \times 3 = 9$, $5 \times 2 = 10$ ➡ $9 + 10 = 19$(개)

다른 풀이 2개씩 2줄과 3개씩 5줄로 구할 수도 있습니다.

$2 \times 2 = 4$, $3 \times 5 = 15$ ➡ $4 + 15 = 19$(개)

15 (꽃다발을 만든 장미 수)$= 8 \times 4 = 32$(송이)
➡ (꽃다발을 만들고 남은 장미 수)
$= 60 - 32 = 28$(송이)

16 7단 곱셈구구의 곱 중에서 십의 자리 숫자가 4를 나타내는 수는 42, 49입니다. 이 중에서 짝수는 42이므로 어떤 수는 42입니다.

17 $5 \times 7 = 35$, $5 \times 8 = 40$이므로 5와 곱했을 때 37보다 커지는 수는 8, 9입니다.

18 수의 크기를 비교하면 $9 > 8 > 5 > 3 > 0$이므로 가장 큰 수 9와 둘째로 큰 수 8을 곱했을 때 곱이 가장 큽니다.
➡ $9 \times 8 = 72$

서술형
19 예 $9 \times 1 = 9$이므로 ㉠$= 1$이고, $5 \times 1 = 5$이므로 ㉡$= 5$입니다.
따라서 ㉠$\times$㉡$= 1 \times 5 = 5$입니다.

평가 기준	배점
㉠과 ㉡에 알맞은 수를 각각 구했나요?	2점
㉠$\times$㉡의 값을 구했나요?	3점

서술형
20 예 어머니께서 사 오신 오이는 $7 \times 4 = 28$(개)이고, 가지는 $4 \times 5 = 20$(개)입니다.
따라서 어머니께서 사 오신 오이와 가지는 모두 $28 + 20 = 48$(개)입니다.

평가 기준	배점
어머니께서 사 오신 오이는 몇 개인지 구했나요?	2점
어머니께서 사 오신 가지는 몇 개인지 구했나요?	2점
어머니께서 사 오신 오이와 가지는 모두 몇 개인지 구했나요?	1점

3 길이 재기

📖 서술형 문제
22~25쪽

1⁺ 140 cm　　　　　　**2⁺** 2 m 17 cm

3 예 책상의 한끝을 줄자의 눈금 0에 맞추지 않고 눈금 4부터 시작하였으므로 120 cm가 아닙니다.

4 약 2 m　　　　　　**5** ㉠

6 오늘　　　　　　　**7** 약 3 m

8 61 m 73 cm　　　　**9** 12 m 40 cm

10 4 m 40 cm　　　　**11** 5 m 92 cm

1⁺ 예 1 m보다 40 cm 더 긴 길이는 1 m 40 cm입니다.
1 m $=$ 100 cm이므로 서랍장의 높이는
1 m 40 cm $=$ 100 cm $+$ 40 cm $=$ 140 cm입니다.

단계	문제 해결 과정
①	1 m보다 40 cm 더 긴 길이는 몇 m 몇 cm인지 구했나요?
②	서랍장의 높이는 몇 cm인지 구했나요?

2⁺ 예 (남은 리본의 길이)
$=$ 3 m 55 cm $-$ 1 m 38 cm
$=$ 2 m 17 cm

단계	문제 해결 과정
①	구하는 식을 바르게 세웠나요?
②	남은 리본의 길이는 몇 m 몇 cm인지 구했나요?

3

단계	문제 해결 과정
①	길이를 잘못 잰 까닭을 바르게 썼나요?

4 예 냉장고의 높이는 의자 높이가 2번 정도 들어가므로 약 2 m로 어림할 수 있습니다.

단계	문제 해결 과정
①	냉장고의 높이를 바르게 어림했나요?

5 예 길이를 재는 단위가 길수록 적은 횟수로 잴 수 있습니다.
따라서 몸의 부분의 길이를 비교하면 ㉠$>$㉡$>$㉢$>$㉣이므로 가장 적은 횟수로 잴 수 있는 것은 ㉠입니다.

단계	문제 해결 과정
①	단위가 길수록 적은 횟수로 잴 수 있음을 알았나요?
②	가장 적은 횟수로 잴 수 있는 것을 찾았나요?

6 예 $9340\,cm=9300\,cm+40\,cm=93\,m\,40\,cm$
입니다.
따라서 $93\,m\,40\,cm<95\,m\,60\,cm$이므로 오늘 더 많이 뛰었습니다.

단계	문제 해결 과정
①	$9340\,cm$는 몇 m 몇 cm인지 구했나요?
②	어제와 오늘 중에서 더 많이 뛴 날을 구했나요?

7 예 6걸음은 2걸음씩 3번입니다. 민지의 두 걸음이 $1\,m$이므로 약 6걸음은 $1\,m$가 3번인 약 $3\,m$입니다.

단계	문제 해결 과정
①	6걸음은 2걸음씩 몇 번인지 구했나요?
②	신발장의 길이는 약 몇 m인지 구했나요?

8 예 (집에서 서점을 거쳐 학교까지 가는 거리)
$\quad$=(집에서 서점까지의 거리)
$\qquad$+(서점에서 학교까지의 거리)
$\quad=25\,m\,30\,cm+36\,m\,43\,cm$
$\quad=61\,m\,73\,cm$

단계	문제 해결 과정
①	구하는 식을 바르게 세웠나요?
②	집에서 서점을 거쳐 학교까지 가는 거리를 구했나요?

9 예 $609\,cm=6\,m\,9\,cm$이므로 가장 긴 길이는 $6\,m\,31\,cm$, 가장 짧은 길이는 $609\,cm$입니다.
따라서 가장 긴 길이와 가장 짧은 길이의 합은 $6\,m\,31\,cm+6\,m\,9\,cm=12\,m\,40\,cm$입니다.

단계	문제 해결 과정
①	가장 긴 길이와 가장 짧은 길이를 찾았나요?
②	가장 긴 길이와 가장 짧은 길이의 합을 구했나요?

10 예 두 색 테이프의 길이의 합은
$2\,m\,30\,cm+2\,m\,30\,cm=4\,m\,60\,cm$입니다.
(이어 붙인 색 테이프의 전체 길이)
$\quad$=(두 색 테이프의 길이의 합)-(겹쳐진 부분의 길이)
$\quad=4\,m\,60\,cm-20\,cm$
$\quad=4\,m\,40\,cm$

단계	문제 해결 과정
①	구하는 식을 바르게 세웠나요?
②	이어 붙인 색 테이프의 전체 길이를 구했나요?

11 예 (민혁이가 자른 털실의 길이)
$\quad=356\,cm=3\,m\,56\,cm$
(용하가 자른 털실의 길이)
$\quad$=(민혁이가 자른 털실의 길이)-$1\,m\,20\,cm$
$\quad=3\,m\,56\,cm-1\,m\,20\,cm=2\,m\,36\,cm$
(민혁이와 용하가 자른 털실의 길이의 합)
$\quad=3\,m\,56\,cm+2\,m\,36\,cm=5\,m\,92\,cm$

단계	문제 해결 과정
①	용하가 자른 털실의 길이를 구했나요?
②	민혁이와 용하가 자른 털실의 길이의 합을 구했나요?

---

3 단원 **단원 평가 Level ❶** 26~28쪽

1 4미터 20센티미터 $\qquad$ **2** ㉠, ㉢

3 (1) 6, 16 $\quad$ (2) 307 $\qquad$ **4** <

5 (1) $8\,m\,55\,cm$ $\quad$ (2) $5\,m\,73\,cm$

6 $7\,m$ $\qquad\qquad$ **7** ㉠

8 $1\,m\,30\,cm$

9 예 방문의 높이는 약 $2\,m$입니다.

10 ㉠, ㉣, ㉡, ㉢ $\qquad$ **11** $11\,m\,43\,cm$

12 $1\,m\,15\,cm$ $\qquad$ **13** (위에서부터) 31, 2

14 $5\,m$ $\qquad\qquad$ **15** (○)
$\qquad\qquad\qquad\qquad\quad$ (   )
$\qquad\qquad\qquad\qquad\quad$ (   )

16 $4\,m\,88\,cm$ $\qquad$ **17** 민수

18 $4\,m\,16\,cm$ $\qquad$ **19** $5\,m\,74\,cm$

20 약 $12\,m$

1 m는 미터로, cm는 센티미터로 읽습니다.

2 $1\,m=100\,cm$이므로 길이가 $100\,cm$가 넘는 것을 찾습니다.

3 (1) $616\,cm=600\,cm+16\,cm$
$\qquad\qquad=6\,m+16\,cm=6\,m\,16\,cm$
$\quad$(2) $3\,m\,7\,cm=3\,m+7\,cm$
$\qquad\qquad=300\,cm+7\,cm=307\,cm$

4 $5\,m\,48\,cm=5\,m+48\,cm$
$\qquad\qquad=500\,cm+48\,cm=548\,cm$
$\Rightarrow 548\,cm<584\,cm$

5 (1)
$$\begin{array}{r} 3\text{m }10\text{cm} \\ +\ 5\text{m }45\text{cm} \\ \hline 8\text{m }55\text{cm} \end{array}$$
(2)
$$\begin{array}{r} 7\text{m }83\text{cm} \\ -\ 2\text{m }10\text{cm} \\ \hline 5\text{m }73\text{cm} \end{array}$$

6 주어진 1m로 7번 정도 되므로 약 7m입니다.

7 트럭의 길이는 몇 m쯤 되므로 길이를 재는 단위가 긴 ㉠으로 재는 것이 가장 알맞습니다.

8 지석이의 키는 130cm입니다.
➡ 130cm=100cm+30cm
　　　 =1m+30cm=1m 30cm

10 ㉠ 4m 72cm ㉡ 4m 27cm ㉢ 4m 8cm
㉣ 4m 63cm
➡ 4m 72cm>4m 63cm
　 >4m 27cm>4m 8cm
따라서 길이가 긴 것부터 차례로 기호를 쓰면 ㉠, ㉣, ㉡, ㉢입니다.

11 (두 막대의 길이의 합)=7m 15cm+4m 28cm
　　　　　　　　　　　 =11m 43cm

12 (늘어난 고무줄의 길이)=2m 95cm−1m 80cm
　　　　　　　　　　　　 =1m 15cm

13 cm 단위의 계산: □+42=73
➡ 73−42=□, □=31
m 단위의 계산: 3+□=5 ➡ 5−3=□, □=2

14 맨 앞에 있는 학생과 맨 뒤에 있는 학생의 거리는 1m씩 5번이므로 약 5m입니다.

15 • 줄넘기 줄 한 개의 길이는 2m가 넘으므로 10개를 이어 놓은 길이는 10m보다 깁니다.
　 • 교실 문의 높이는 약 2m입니다.
　 • 2학년 학생 한 명이 양팔을 벌린 길이는 약 1m이므로 5명이 양팔을 벌려 이은 길이는 약 5m입니다.

16 (처음에 있던 끈의 길이)
　 =(상자를 묶는 데 사용한 끈의 길이)
　　　+(남은 끈의 길이)
　 =1m 58cm+3m 30cm
　 =4m 88cm

17 에어컨의 실제 높이는 185cm=1m 85cm입니다.
어림한 에어컨의 높이와 실제 에어컨의 높이의 차가 작을수록 실제 높이에 더 가깝게 어림한 것입니다.
민수: 1m 90cm−1m 85cm=5cm

수지: 1m 85cm−1m 70cm=15cm
따라서 5cm<15cm이므로 민수가 실제 높이에 더 가깝게 어림하였습니다.

18 100cm=1m이므로 132cm=1m 32cm,
224cm=2m 24cm입니다.
5m 48cm>3m 16cm>2m 24cm
>1m 32cm이므로 가장 긴 변은 5m 48cm,
가장 짧은 변은 1m 32cm입니다.
➡ 5m 48cm−1m 32cm=4m 16cm

19 예 (희재가 가지고 있는 털실의 길이)
=(재호가 가지고 있는 털실의 길이)+2m 50cm
=3m 24cm+2m 50cm=5m 74cm

평가 기준	배점
구하는 식을 바르게 세웠나요?	2점
희재가 가지고 있는 털실의 길이를 구했나요?	3점

20 예 왼쪽 가로등에서 승용차까지의 거리는 약 4m, 승용차의 길이는 약 4m, 승용차와 오른쪽 가로등까지의 거리는 약 4m입니다. 따라서 가로등과 가로등 사이의 거리는 약 4+4+4=12 (m)입니다.

평가 기준	배점
가로등과 가로등 사이의 거리를 구하는 방법을 알고 있나요?	3점
가로등과 가로등 사이의 거리는 약 몇 m인지 구했나요?	2점

3단원 단원 평가 Level ➋　29~31쪽

1 2m 16cm, 2미터 16센티미터

2 (1) 3 (2) 604

3 (1) cm (2) m (3) cm

4 ③, ④, ⑤

5 110, 1, 10

6 (1) 5, 55 (2) 3, 53

7 26cm

8 ③

9 9m

10 (1) 140cm (2) 4m (3) 7m

11 1m 98cm

12 4m 72cm

13 5m에 ○표

14 세미

15 3m 29cm

16 7, 8, 9

17 은행, 21m 26cm

18 2m 87cm

19 1m 3cm

20 형우

2 (1) 100cm=1m이므로 300cm=3m

(2) 6m 4cm=6m+4cm=600cm+4cm
=604cm

3 1m=100cm임을 생각하여 알맞은 단위를 써넣습니다.

4 1m=100cm이므로 길이가 100cm를 넘는 것을 찾습니다.

5 리본의 한끝이 줄자의 눈금 0에 맞추어져 있고 다른 쪽 끝에 있는 줄자의 눈금이 110이므로 리본의 길이는 110cm입니다.

7 126cm=100cm+26cm=1m+26cm

따라서 다희의 키는 1m보다 26cm 더 큽니다.

8 ① 702cm=7m 2cm ② 6m 98cm

③ 720cm=7m 20cm ④ 7m 7cm

⑤ 652cm=6m 52cm

따라서 길이가 가장 긴 것은 ③입니다.

9 주어진 1m로 9번 정도 되므로 약 9m입니다.

11 (긴 쪽의 길이)+(짧은 쪽의 길이)

=1m 53cm+45cm=1m 98cm

12 (이은 종이테이프의 전체 길이)

=2m 36cm+2m 36cm=4m 72cm

13 306cm=3m 6cm입니다.

1m 75cm+306cm

=1m 75cm+3m 6cm=4m 81cm

➡ 4m 81cm<5m

14 은석이와 세미가 자른 리본의 길이와 1m 50cm의 차를 구해 봅니다.

은석: 1m 75cm−1m 50m=25cm

세미: 1m 50cm−1m 30m=20cm

따라서 자른 리본의 길이가 1m 50cm에 더 가까운 사람은 세미입니다.

15 6m 57cm−3m 28cm=3m 29cm

16 6m 69cm=600cm+69cm=669cm입니다.

6□5>669이므로 □>6이어야 합니다.

따라서 □ 안에 들어갈 수 있는 수는 7, 8, 9입니다.

17 30m 48cm<51m 74cm이므로 지하철역에서 더 먼 곳은 은행입니다. 지하철역에서 은행이 우체국보다 51m 74cm−30m 48cm=21m 26cm 더 멉니다.

18 어머니의 키는 1m 28cm+31cm=1m 59cm 입니다.

따라서 재준이와 어머니의 키의 합은

1m 28cm+1m 59cm=2m 87cm입니다.

서술형
19 예 317cm=3m 17cm이므로

3m 17cm>3m 6cm>2m 14cm입니다.

따라서 길이가 가장 긴 것과 가장 짧은 것의 길이의 차는 3m 17cm−2m 14cm=1m 3cm입니다.

평가 기준	배점
길이가 가장 긴 것과 가장 짧은 것을 찾았나요?	2점
길이가 가장 긴 것과 가장 짧은 것의 길이의 차를 구했나요?	3점

서술형
20 예 형우가 잰 신발장의 길이는 약 4m, 세아가 잰 식탁의 길이는 약 2m, 재민이가 잰 책장의 길이는 약 3m입니다.

따라서 가장 긴 길이를 어림한 사람은 형우입니다.

평가 기준	배점
형우, 세아, 재민이가 어림한 길이를 각각 구했나요?	3점
가장 긴 길이를 어림한 사람을 구했나요?	2점

4 시각과 시간

1⁺ 민호

2⁺ 1시간 20분

3 ㉺ 시계의 긴바늘이 가리키는 5를 25분이 아니라 5분이라고 읽었기 때문에 잘못 읽었습니다. / 2시 25분

4 3시 47분

5 4바퀴

6 5시 30분

7 13시간 30분

8 51일

9 3시 30분

10 53시간

11 토요일

1⁺ ㉺ 아린이가 일어난 시각은 7시 5분 전이므로 6시 55분입니다.
따라서 더 일찍 일어난 사람은 민호입니다.

단계	문제 해결 과정
①	아린이가 일어난 시각은 몇 시 몇 분인지 구했나요?
②	더 일찍 일어난 사람을 구했나요?

2⁺ ㉺ 4시 10분부터 5시 10분까지는 1시간이고, 5시 10분부터 5시 30분까지는 20분입니다.
따라서 혜지가 공부한 시간은 1시간 20분입니다.

단계	문제 해결 과정
①	4시 10분부터 5시 30분까지 몇 시간 몇 분인지 구하는 과정을 썼나요?
②	혜지가 공부한 시간은 몇 시간 몇 분인지 구했나요?

3

단계	문제 해결 과정
①	시각을 잘못 읽은 까닭을 바르게 썼나요?
②	시각을 바르게 읽었나요?

4 ㉺ 시계의 짧은바늘은 3과 4 사이에 있으므로 3시를 나타내고 긴바늘은 9에서 작은 눈금 2칸 더 간 곳을 가리키므로 47분을 나타냅니다.
따라서 선아가 본 시계의 시각은 3시 47분입니다.

단계	문제 해결 과정
①	시각을 읽는 방법을 알고 있나요?
②	선아가 본 시계의 시각은 몇 시 몇 분인지 구했나요?

5 ㉺ 짧은바늘이 6에서 10까지 가는 데 걸리는 시간은 4시간입니다.
긴바늘은 1시간 동안 1바퀴를 돌므로 4시간 동안 4바퀴를 돕니다.

단계	문제 해결 과정
①	짧은바늘이 6에서 10까지 가는 데 걸리는 시간을 구했나요?
②	긴바늘이 몇 바퀴를 도는지 구했나요?

6 ㉺ 시계의 긴바늘이 3바퀴를 돌면 3시간이 지나므로 야구 경기를 하는 데 걸린 시간은 3시간입니다.
따라서 2시 30분에서 3시간 후는 5시 30분이므로 야구 경기가 끝난 시각은 5시 30분입니다.

단계	문제 해결 과정
①	야구 경기를 하는 데 걸린 시간을 구했나요?
②	야구 경기가 끝난 시각을 구했나요?

7 ㉺ 오전 9시 30분부터 오후 9시 30분까지는 12시간이고, 오후 9시 30분부터 오후 11시까지는 1시간 30분입니다.
따라서 마트에서 물건을 살 수 있는 시간은 12시간＋1시간 30분＝13시간 30분입니다.

단계	문제 해결 과정
①	오전 9시 30분에서 오후 11시까지 몇 시간 몇 분인지 구하는 과정을 썼나요?
②	마트에서 물건을 살 수 있는 시간을 구했나요?

8 ㉺ 10월은 31일까지 있으므로 10월에는 14일부터 31일까지 18일 동안 전시회를 하고, 11월은 30일까지 있으므로 1일부터 30일까지 30일 동안 전시회를 합니다. 12월은 1일부터 3일까지 3일 동안 전시회를 합니다.
따라서 전시회를 하는 기간은 18＋30＋3＝51(일)입니다.

단계	문제 해결 과정
①	10월, 11월, 12월에 전시회를 하는 날수를 각각 구했나요?
②	전시회를 하는 기간을 구했나요?

9 ㉺ 공연이 끝난 시각인 6시 10분에서 2시간 전은 4시 10분이고, 4시 10분에서 40분 전은 3시 30분입니다.
따라서 공연이 시작된 시각은 3시 30분입니다.

단계	문제 해결 과정
①	공연이 끝난 시각에서 2시간 40분 전 시각을 구하는 과정을 썼나요?
②	공연이 시작된 시각을 구했나요?

10 ㉮ 1일은 24시간입니다.

2일 5시간＝2일＋5시간

＝24시간＋24시간＋5시간＝53시간

따라서 규리네 가족이 여행한 시간은 모두 53시간입니다.

단계	문제 해결 과정
①	1일은 몇 시간인지 알았나요?
②	규리네 가족이 여행한 시간을 구했나요?

11 ㉮ 6월의 마지막 날은 30일입니다.

30－7－7－7－7＝2(일)이므로 6월 30일은 2일과 같은 토요일입니다. 따라서 7월 7일은 6월 30일에서 7일 후이므로 토요일입니다.

단계	문제 해결 과정
①	6월의 마지막 날은 무슨 요일인지 구했나요?
②	7월 7일은 무슨 요일인지 구했나요?

4단원 단원 평가 Level ❶　36~38쪽

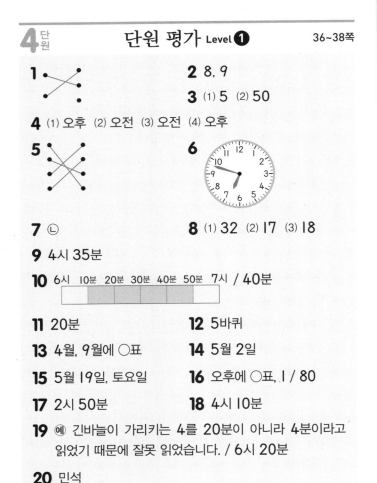

1 (선으로 연결)

2 8, 9

3 (1) 5 (2) 50

4 (1) 오후 (2) 오전 (3) 오전 (4) 오후

5 (선으로 연결)

6 (시계 그림)

7 ㉡

8 (1) 32 (2) 17 (3) 18

9 4시 35분

10 6시 10분 20분 30분 40분 50분 7시 / 40분

11 20분

12 5바퀴

13 4월, 9월에 ○표

14 5월 2일

15 5월 19일, 토요일

16 오후에 ○표, 1 / 80

17 2시 50분

18 4시 10분

19 ㉮ 긴바늘이 가리키는 4를 20분이 아니라 4분이라고 읽었기 때문에 잘못 읽었습니다. / 6시 20분

20 민석

1 • 짧은바늘이 5와 6 사이에 있고 긴바늘이 4를 가리키므로 5시 20분입니다.

• 짧은바늘이 1과 2 사이에 있고 긴바늘이 10을 가리키므로 1시 50분입니다.

2 짧은바늘이 8과 9 사이에 있고 긴바늘이 1에서 작은 눈금 4칸 더 간 곳을 가리키므로 8시 9분입니다.

3 ⑴ 5시 55분은 6시가 되기 5분 전의 시각과 같으므로 6시 5분 전입니다.

⑵ 8시 10분 전은 8시가 되기 10분 전의 시각이므로 7시 50분입니다.

4 낮 12시를 기준으로 전날 밤 12시부터 낮 12시까지는 오전, 낮 12시부터 밤 12시까지는 오후입니다.

5 1시간＝60분, 1주일＝7일,

1년＝12개월, 1일＝24시간

6 6:48은 6시 48분입니다. 48분은 긴바늘이 9에서 작은 눈금 3칸 더 간 곳을 가리키게 그립니다.

7 ㉡ 1시간 5분＝60분＋5분＝65분

8 ⑴ 1일 8시간＝24시간＋8시간＝32시간

⑵ 2주일 3일＝14일＋3일＝17일

⑶ 1년 6개월＝12개월＋6개월＝18개월

9 시계의 짧은바늘이 4와 5 사이에 있으면 4시, 긴바늘이 7을 가리키면 35분이므로 4시 35분입니다.

10 시계가 나타내는 시각은 6시 10분과 6시 50분입니다. 시간 띠 1칸의 크기는 10분이므로 6시 10분에서 6시 50분까지는 40분이 흘렀습니다.

11 3시부터 3시 40분까지는 40분입니다. 1시간은 60분이므로 더 놀 수 있는 시간은 60－40＝20(분)입니다.

12 멈춘 시계의 시각은 2시 30분이고 현재 시각은 7시 30분입니다. 2시 30분에서 7시 30분이 되려면 긴바늘을 시계 방향으로 5바퀴만 돌리면 됩니다.

13 날수가 30일인 달은 4월, 6월, 9월, 11월입니다.

14 미주 생일은 5월 9일입니다.

해성이의 생일은 미주 생일의 일주일 전이므로 5월 9일의 7일 전인 5월 2일입니다.

15 5월 9일에서 10일 후는 5월 19일입니다. 5월 9일이 수요일이므로 9＋7＝16(일)도 수요일이고 5월 19일은 16일에서 3일 후이므로 토요일입니다.

16 · 오전 10시 $\xrightarrow{2시간 후}$ 낮 12시 $\xrightarrow{1시간 후}$ 오후 1시
따라서 친구와 헤어진 시각은 오후 1시입니다.

· 3시 30분 $\xrightarrow{30분 후}$ 4시 $\xrightarrow{50분 후}$ 4시 50분
따라서 영화를 본 시간은 30+50=80(분)입니다.

17 공부를 끝낸 시각은 4시 30분입니다.

4시 30분 $\xrightarrow{1시간 전}$ 3시 30분 $\xrightarrow{40분 전}$ 2시 50분
따라서 공부를 시작한 시각은 2시 50분입니다.

18

	시작한 시각	연습 시간	끝낸 시각
1부	2시 40분	40분	3시 20분
쉰 시간		10분	
2부	3시 30분	40분	4시 10분

따라서 2부 연습을 끝낸 시각은 4시 10분입니다.

^{서술형}
19

평가 기준	배점
태하가 시각을 잘못 읽은 까닭을 바르게 썼나요?	2점
시각을 바르게 읽었나요?	3점

^{서술형}
20 예 1시 10분 전은 1시가 되기 10분 전의 시각이므로 12시 50분입니다.

따라서 12시 50분은 12시 55분보다 빠른 시각이므로 공원에 더 빨리 도착한 사람은 민석입니다.

평가 기준	배점
민석이가 도착한 시각을 구했나요?	3점
공원에 더 빨리 도착한 사람을 구했나요?	2점

4^{단원} **단원 평가 Level ②** 39~41쪽

1 4, 45

2

3 오전, 오후

4 2, 58 / 3, 2

5

6 (1) 23 (2) 2, 6

7 3년 4개월

8

9 27시간

10 9시 5분 / 10시 45분

11 1시간 40분

12 2시간

13 준형, 수현, 소영

---

14 4번

15 금요일

16 3시 24분

17 4시 35분

18 10월 15일, 화요일

19 6시간 30분

20 금요일

1 짧은바늘이 4와 5 사이에 있고 긴바늘이 9를 가리키므로 시계가 나타내는 시각은 4시 45분입니다.

2 35분이므로 긴바늘이 7을 가리키게 그립니다.

3 전날 밤 12시부터 낮 12시까지를 오전이라고 하므로 학교에 간 시각은 오전 8시 30분입니다.
낮 12시부터 밤 12시까지를 오후라고 하므로 집에 돌아온 시각은 오후 1시 45분입니다.

4 짧은바늘은 2와 3 사이에 있고 긴바늘은 11에서 작은 눈금 3칸 더 간 곳을 가리키므로 2시 58분입니다.
2시 58분은 3시가 되기 2분 전의 시각이므로 3시 2분 전입니다.

5 6:06 ➡ 6시 6분, 7:56 ➡ 7시 56분

6 (1) 3주일 2일=21일+2일=23일
(2) 20일=7일+7일+6일=2주일 6일

7 40개월=12개월+12개월+12개월+4개월
　　　　　　　=3년 4개월

8 오른쪽 시계가 나타내는 시각은 4시입니다.
4시에서 5분 전은 3시 55분입니다.
3시 55분은 짧은바늘이 3과 4 사이에 있고 긴바늘이 11을 가리키게 그립니다.

9 오전 8시부터 다음날 오전 8시까지는 24시간이고 오전 8시부터 오전 11시까지는 3시간입니다.
따라서 호정이네 가족이 여행한 시간은 모두 24+3=27(시간)입니다.

10 · 시작된 시각: 시계의 짧은바늘이 9와 10 사이에 있고 긴바늘이 1을 가리키므로 9시 5분입니다.
· 끝난 시각: 시계의 짧은바늘이 10과 11 사이에 있고 긴바늘이 9를 가리키므로 10시 45분입니다.

11 9시 5분 $\xrightarrow{1시간 후}$ 10시 5분 $\xrightarrow{40분 후}$ 10시 45분
따라서 영화 상영 시간은 1시간 40분입니다.

12 오전 11시 $\xrightarrow{1시간 후}$ 낮 12시 $\xrightarrow{1시간 후}$ 오후 1시
따라서 민규가 야구를 한 시간은 1+1=2(시간)입니다.

13 • 준형: 8시 18분
• 소영: 9시 15분 전 ➡ 8시 45분
• 수현: 8시 43분
따라서 일찍 도착한 사람부터 차례로 쓰면 준형, 수현, 소영입니다.

14 일요일은 5일, 12일, 19일, 26일로 모두 4번 있습니다.

15 1주일마다 같은 요일이 돌아옵니다.
17일이 금요일이므로 17일에서 2주일 후도 금요일입니다.

16 짧은바늘이 3과 4 사이에 있고 긴바늘이 5를 가리키면 3시 25분입니다. 긴바늘이 5에서 작은 눈금 1칸 덜 가면 24분입니다.
따라서 주환이가 본 시계의 시각은 3시 24분입니다.

17 3시 30분 —50분 후→ 4시 20분 —15분 후→ 4시 35분
(1부 시작)   (1부 마침)   (2부 시작)
따라서 2부 공연이 시작된 시각은 4시 35분입니다.

18 25일에서 10일 전은 25−10=15(일)이므로 체육의 날은 10월 15일입니다.
25일이 금요일이므로 25−7=18(일)도 금요일이고 체육의 날은 18일에서 3일 전인 15일로 화요일입니다.

서술형
19 예 오전 10시부터 낮 12시까지는 2시간이고, 낮 12시부터 오후 4시 30분까지는 4시간 30분입니다.
따라서 은주가 물놀이장에 있었던 시간은
2시간+4시간 30분=6시간 30분입니다.

평가 기준	배점
오전과 오후로 나누어서 시간을 구했나요?	3점
은주가 물놀이장에 있었던 시간을 구했나요?	2점

서술형
20 예 8월의 마지막 날은 31일입니다.
31−7−7−7−7=3(일)이므로 8월 31일은 3일과 같은 목요일입니다.
따라서 8월 31일의 다음날인 9월 1일은 금요일입니다.

평가 기준	배점
8월의 마지막 날은 무슨 요일인지 구했나요?	3점
9월 1일은 무슨 요일인지 구했나요?	2점

5 표와 그래프

● 서술형 문제

42~45쪽

1+ 8명   **2+** 장미

3 예 가고 싶은 나라별 학생 수를 알아보기 편리합니다.

4 예 5벌인 옷의 수를 나타낼 수 없기 때문입니다.

5 예 가장 많은 학생들의 장래 희망은 의사입니다.
예 가장 적은 학생들의 장래 희망은 경찰입니다.

6 14명   **7** 3명

8

좋아하는 색깔별 학생 수

5			○	
4	○		○	
3	○		○	○
2	○	○	○	○
1	○	○	○	○
학생 수(명) / 색깔	노란색	빨간색	파란색	초록색

예 가장 많은 학생들이 좋아하는 색깔은 파란색입니다.

9 2가지   **10** O형, A형, B형, AB형

11 예 가장 많은 학생들의 혈액형과 가장 적은 학생들의 혈액형을 한눈에 알아보기 편리합니다.

1+ 예 사과를 좋아하는 학생 수는 전체 학생 수에서 배, 포도, 귤을 좋아하는 학생 수를 빼면 되므로
23−5−4−6=8(명)입니다.

단계	문제 해결 과정
①	사과를 좋아하는 학생 수를 구하는 방법을 알고 있나요?
②	사과를 좋아하는 학생은 몇 명인지 구했나요?

2+ 예 그래프에서 ○의 수가 가장 많은 것은 장미이므로 가장 많은 학생들이 좋아하는 꽃은 장미입니다.

단계	문제 해결 과정
①	그래프에서 ○의 수가 가장 많은 것을 찾았나요?
②	가장 많은 학생들이 좋아하는 꽃을 구했나요?

3

단계	문제 해결 과정
①	표로 나타내면 편리한 점을 썼나요?

4

단계	문제 해결 과정
①	그래프를 완성할 수 없는 까닭을 바르게 썼나요?

5

단계	문제 해결 과정
①	그래프를 보고 알 수 있는 내용을 한 가지 썼나요?
②	그래프를 보고 알 수 있는 내용을 한 가지 더 썼나요?

6 ㉖ 다경이네 반 학생 수는 합계와 같습니다.
따라서 다경이네 반 학생은 모두
$4+2+5+3=14$(명)입니다.

단계	문제 해결 과정
①	다경이네 반 학생 수는 표에서 합계와 같음을 알고 있나요?
②	다경이네 반 학생은 모두 몇 명인지 구했나요?

7 ㉖ 파란색을 좋아하는 학생은 **5**명, 빨간색을 좋아하는 학생은 **2**명입니다.
따라서 파란색을 좋아하는 학생은 빨간색을 좋아하는 학생보다 $5-2=3$(명) 더 많습니다.

단계	문제 해결 과정
①	파란색과 빨간색을 좋아하는 학생은 각각 몇 명인지 구했나요?
②	파란색을 좋아하는 학생은 빨간색을 좋아하는 학생보다 몇 명 더 많은지 구했나요?

8

단계	문제 해결 과정
①	표를 보고 그래프로 바르게 나타냈나요?
②	그래프를 보고 알 수 있는 내용을 썼나요?

9 ㉖ 그래프에서 ○의 수가 B형보다 많은 혈액형을 찾으면 A형, O형입니다.
따라서 혈액형이 B형인 학생보다 학생 수가 더 많은 혈액형은 **2**가지입니다.

단계	문제 해결 과정
①	그래프에서 ○의 수가 B형보다 많은 혈액형을 모두 찾았나요?
②	혈액형이 B형인 학생보다 학생 수가 더 많은 혈액형은 몇 가지인지 구했나요?

10 ㉖ 그래프에서 ○의 수를 비교하면 $6>5>4>2$입니다.
따라서 학생 수가 많은 혈액형부터 차례로 쓰면 O형, A형, B형, AB형입니다.

단계	문제 해결 과정
①	그래프에서 ○의 수를 비교했나요?
②	학생 수가 많은 혈액형부터 차례로 썼나요?

11

단계	문제 해결 과정
①	그래프로 나타내면 편리한 점을 썼나요?

5단원 단원 평가 Level ❶   46~48쪽

1 떡볶이

2

좋아하는 간식별 학생 수

간식	떡볶이	피자	햄버거	순대	합계
학생 수(명)	6	4	4	2	16

3 4명   **4** 16명

5 흐림에 ○표   **6** 7일, 8일, 10일, 23일

7

12월의 날씨

날씨	맑음	흐림	비	눈	합계
일수(일)	13	10	4	4	31

8 6일   **9** ㉖ 장소 / 학생 수

10

주말에 가고 싶은 장소별 학생 수

7		○		
6	○			
5	○	○	○	
4	○	○	○	
3	○	○	○	○
2	○	○	○	○
1	○	○	○	○
학생 수(명) 장소	놀이공원	수영장	수목원	박물관

11 수영장   **12** 7

13

받고 싶은 선물별 학생 수

로봇	×	×						
인형	×	×	×					
블록	×	×	×	×	×	×	×	
게임기	×	×	×	×	×	×	×	×
선물 학생 수(명)	1	2	3	4	5	6	7	8

14 6명   **15** 그래프

16 5명   **17** 민주, 경수

18 2, 7

19 예 그래프를 그릴 때에는 중간에 빈칸이 있으면 안 되므로 그래프에 가족 수만큼 왼쪽에서부터 빈칸 없이 ○를 그려야 합니다.

20 예 봄을 좋아하는 학생은 5명입니다.
예 영호네 반 학생은 모두 22명입니다.

2 • 떡볶이: 원재, 유리, 서영, 승민, 지민, 정빈 ➡ 6명
• 피자: 우석, 민우, 민규, 현지 ➡ 4명
• 햄버거: 진경, 은정, 영준, 석훈 ➡ 4명
• 순대: 혜미, 지원 ➡ 2명

4 표에서 합계가 16명이므로 원재네 반 학생은 모두 16명입니다.

6 달력에서 ☂이 있는 날은 7일, 8일, 10일, 23일입니다.

7 • 맑음: 1, 2, 3, 5, 12, 13, 14, 15, 18, 20, 21, 30, 31일 ➡ 13일
• 흐림: 4, 6, 9, 11, 16, 17, 19, 22, 25, 29일 ➡ 10일
• 비: 7, 8, 10, 23일 ➡ 4일
• 눈: 24, 26, 27, 28일 ➡ 4일

8 흐린 날은 10일, 눈이 온 날은 4일이므로 흐린 날은 눈이 온 날보다 10−4=6(일) 더 많습니다.

9 그래프의 가로에 가고 싶은 장소를 나타내면 세로에는 학생 수를 나타냅니다.

10 장소별 학생 수만큼 ○를 그립니다.

11 그래프에서 ○의 수가 가장 많은 곳을 찾으면 수영장입니다.

12 (블록을 받고 싶은 학생 수)
=20−8−3−2=7(명)

13 선물별 학생 수에 맞게 ×를 그립니다.

14 가장 많은 학생들이 받고 싶은 선물은 게임기로 8명이고, 가장 적은 학생들이 받고 싶은 선물은 로봇으로 2명입니다. ➡ 8−2=6(명)

15 그래프는 종류별 수의 많고 적음을 쉽게 비교할 수 있습니다.

16 가로에 모둠 학생들의 이름을 나타냈으므로 세어 보면 5명입니다.

17 ○의 수가 같은 학생을 찾으면 4권을 읽은 민주와 경수입니다.

18 5권을 기준으로 선을 긋고 그 위에 있는 수까지 읽은 학생을 찾으면 도연이와 동현이로 모두 2명이고, 동현이가 7권으로 가장 많이 읽었습니다.

19

평가 기준	배점
그래프에서 잘못된 부분을 찾아 까닭을 바르게 썼나요?	5점

20

평가 기준	배점
표를 보고 알 수 있는 내용을 한 가지 썼나요?	2점
표를 보고 알 수 있는 내용을 한 가지 더 썼나요?	3점

5단원 **단원 평가** Level ❷   49~51쪽

1 리코더
2 진구, 형준, 준혁, 성규

3

연주할 수 있는 악기별 학생 수

악기	리코더	피아노	오카리나	칼림바	합계
학생 수(명)	2	8	2	4	16

4 8명
5 4명

6

독서기록장 수

기록장 수(장) \ 이름	지선	영준	채림	호준
6		○		
5		○		○
4	○	○		○
3	○	○		○
2	○	○	○	
1	○	○	○	○

7 채림
8 영준

9 5마리

10

자연생태관에 있는 곤충 수

곤충 수(마리) \ 종류	나비	벌	잠자리	메뚜기
8		△		
7	△	△		
6	△	△		
5	△			
4	△	△	△	△
3	△	△		△
2	△	△		△
1	△	△	△	△

정답과 풀이 **67**

11 메뚜기　　　　　**12** 표

13 5권

14

종류별 책 수

종류	동화책	위인전	과학책	역사책	합계
책 수(권)	4	6	5	3	18

종류별 책 수

책 수(권)	동화책	위인전	과학책	역사책
6		○		
5		○	○	
4	○	○	○	
3	○	○	○	○
2	○	○	○	
1	○	○	○	○

15 그래프

16

맞힌 문제 수

이름	재경	지은	성범
문제 수(문제)	7	4	6

17

맞힌 문제 수

이름 \ 문제 수(문제)	1	2	3	4	5	6	7	8
성범	/	/	/	/	/	/		
지은	/	/	/	/				
재경	/	/	/	/	/	/	/	

18 34점

19 4명 /

좋아하는 운동별 학생 수

운동 \ 학생 수(명)	1	2	3	4	5	6
배드민턴	○	○				
탁구	○	○	○	○		
축구	○	○	○	○	○	○
야구	○	○	○	○	○	

20 예 가장 많은 학생들이 좋아하는 운동은 축구이고, 그 다음에 많은 학생들이 좋아하는 운동은 야구입니다. 체육 시간에 우리 반 학생들이 좋아하는 운동을 많이 할 수 있게 해 주세요. 감사합니다.

3 빠뜨리거나 두 번 세지 않도록 표시를 해 가면서 수를 셉니다.

4 표에서 피아노를 연주할 수 있는 학생은 8명입니다.

5 지선이네 모둠은 지선, 영준, 채림, 호준으로 모두 4명 입니다.

7 ○의 수가 가장 적은 학생은 채림입니다.

8 독서기록장을 5장보다 많이 쓴 학생은 영준이므로 칭 찬 붙임딱지를 받는 학생은 영준입니다.

9 (잠자리의 수)=24−7−8−4=5(마리)

11 메뚜기가 4마리로 가장 적습니다.

12 조사한 자료별 수를 한눈에 알아보기 쉬운 것은 표입 니다.

13 그래프에서 위인전이 6권입니다.
따라서 과학책을 18−4−6−3=5(권) 가지고 있 습니다.

15 조사한 수량의 많고 적음을 한눈에 알 수 있는 것은 그 래프입니다.

16 지은이는 8문제 중 반만 맞혔으므로 4문제를 맞혔습 니다. 재경이는 4+3=7(문제) 맞혔습니다.

18 (재경이의 점수)=2×7=14(점)
(지은이의 점수)=2×4=8(점)
(성범이의 점수)=2×6=12(점)
➡ (세 사람이 얻은 점수)=14+8+12=34(점)

서술형
19 예 배드민턴을 좋아하는 학생은 2명입니다.
따라서 탁구를 좋아하는 학생은 2×2=4(명)입니다.

평가 기준	배점
탁구를 좋아하는 학생은 몇 명인지 구했나요?	3점
그래프를 완성했나요?	2점

서술형
20

평가 기준	배점
그래프를 보고 알 수 있는 내용을 넣어 쪽지를 완성했나요?	5점

6 규칙 찾기

● 서술형 문제
52~55쪽

1⁺ ○△□○ / ㉠ 삼각형, 사각형, 원이 반복되는 규칙입니다.

2⁺ 7개

3 ★★★★ / ㉠ 별이 2개씩 늘어나는 규칙입니다.
★★★★

4 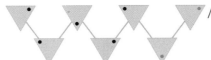 / ㉠ •을 삼각형의 꼭짓점을 따라서 시계 반대 방향으로 돌려 가며 그리는 규칙입니다.

5 2개

6 ▲ / ㉠ 모양은 삼각형, 원이 반복되고, 색깔은 빨간색, 노란색, 파란색이 반복되는 규칙입니다.

7 ㉠ 오른쪽으로 갈수록 1씩 커집니다.
㉠ 아래로 내려갈수록 1씩 커집니다.

8 ㉠ 아래로 내려갈수록 6씩 커집니다.

9 3시 30분   **10** 노란색

11 6층

1⁺
단계	문제 해결 과정
①	규칙을 찾아 바르게 썼나요?
②	빈칸에 알맞은 모양을 그렸나요?

2⁺ ㉠ 쌓기나무가 위쪽과 오른쪽에 각각 1개씩, 즉 2개씩 늘어나는 규칙입니다.
따라서 쌓기나무를 4층으로 쌓으려면 쌓기나무가 5+2=7(개) 필요합니다.

단계	문제 해결 과정
①	쌓기나무를 쌓은 규칙을 찾았나요?
②	쌓기나무가 몇 개 필요한지 구했나요?

3
단계	문제 해결 과정
①	규칙을 찾아 바르게 썼나요?
②	□ 안에 알맞게 그렸나요?

4
단계	문제 해결 과정
①	규칙을 찾아 바르게 썼나요?
②	▼ 안에 • 을 알맞게 그렸나요?

5 ㉠ 쌓기나무가 2개, 3개가 반복되는 규칙입니다.
따라서 □ 안에 놓을 쌓기나무는 3개 다음이므로 2개입니다.

단계	문제 해결 과정
①	쌓기나무를 쌓은 규칙을 찾았나요?
②	□ 안에 놓을 쌓기나무는 몇 개인지 구했나요?

6
단계	문제 해결 과정
①	규칙을 찾아 바르게 썼나요?
②	□ 안에 알맞게 그렸나요?

7
단계	문제 해결 과정
①	덧셈표에서 찾을 수 있는 규칙 한 가지를 썼나요?
②	덧셈표에서 찾을 수 있는 다른 규칙 한 가지를 더 썼나요?

8
단계	문제 해결 과정
①	규칙을 찾아 바르게 썼나요?

9 ㉠ 시간이 30분씩 지나는 규칙입니다.
따라서 다음에 올 시계가 가리키는 시각은 3시 30분입니다.

단계	문제 해결 과정
①	규칙을 찾았나요?
②	다음에 올 시계가 가리키는 시각을 구했나요?

10 ㉠ 전구의 색깔은 빨간색, 노란색, 노란색, 파란색이 반복되는 규칙이므로 4개씩 반복됩니다. 따라서 18은 4×4보다 2만큼 더 크므로 18째에 켜지는 전구의 색깔은 둘째에 켜진 색깔과 같은 노란색입니다.

단계	문제 해결 과정
①	규칙을 찾았나요?
②	18째에 켜지는 전구의 색깔을 구했나요?

11 ㉠ 쌓기나무가 1개, 3개, 7개, 13개로 2개, 4개, 6개, ... 늘어나는 규칙입니다.
5층짜리: 13+8=21(개),
6층짜리: 21+10=31(개)
따라서 쌓기나무 31개를 모두 쌓아 만든 모양은 6층이 됩니다.

단계	문제 해결 과정
①	쌓기나무를 쌓은 규칙을 찾았나요?
②	쌓기나무 3l개를 모두 쌓아 만든 모양은 몇 층이 될지 구했나요?

16 (1) **예** 나 구역에서는 뒤로 갈수록 5씩 커지는 규칙이 있습니다.

(2)

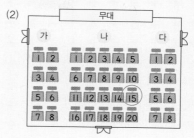

17 36개　　　　**18** 30

19 ▲■▲▲■▲▲▲■ △ △ /

예 삼각형과 사각형이 반복되면서 삼각형은 l개씩 늘어나는 규칙입니다.

20 9시 40분

6단원 단원 평가 Level ❶　　56~58쪽

1 ●

2 ←

3 (오각형)

4 6개

5

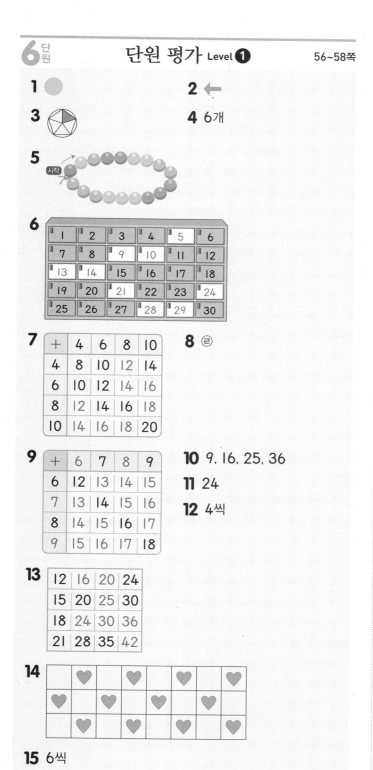

6

l	2	3	4	5	6
7	8	9	l0	ll	l2
l3	l4	l5	l6	l7	l8
l9	20	2l	22	23	24
25	26	27	28	29	30

7

+	4	6	8	l0
4	8	l0	l2	l4
6	l0	l2	l4	l6
8	l2	l4	l6	l8
l0	l4	l6	l8	20

8 ㉣

9

+	6	7	8	9
6	l2	l3	l4	l5
7	l3	l4	l5	l6
8	l4	l5	l6	l7
9	l5	l6	l7	l8

10 9, l6, 25, 36

11 24

12 4씩

13

l2	l6	20	24
l5	20	25	30
l8	24	30	36
2l	28	35	42

14

	♥		♥		♥
♥		♥		♥	
	♥		♥		♥

15 6씩

1 빨간색, 노란색, 초록색이 반복되는 규칙입니다.

2 ↓ ← ↑ →이 반복되는 규칙입니다.

3 시계 방향으로 한 칸씩 옮겨가며 색칠하는 규칙입니다.

4 쌓기나무가 2개, 3개, 4개, 5개로 l개씩 늘어나는 규칙입니다.
따라서 ☐ 안에 놓을 쌓기나무는 5+l=6(개)입니다.

5 빨간색, 노란색, 연두색 구슬이 반복되면서 색깔별로 l개씩 늘어나는 규칙입니다. 따라서 노란색 3개 다음에는 연두색 3개를 꿰어야 합니다.

6 신발장의 번호는 오른쪽으로 갈수록 l씩 커지고 아래로 내려갈수록 6씩 커집니다.

7 4+8=12, 6+8=14, 6+10=16,
8+4=12, 8+10=18, 10+4=14,
10+6=16, 10+8=18

8 ㉣ ╱ 방향으로 갈수록 모두 같습니다.

9 6+6=12, 7+7=14, 8+8=16, 9+9=18
이므로 6, 7, 8, 9의 덧셈표를 만듭니다.

10 3×3=9, 4×4=16, 5×5=25, 6×6=36

11 6×4=24, 4×6=24

12 빨간색 선 안에 있는 수들은 12부터 4씩 커지는 규칙입니다.

13 몇 단 곱셈구구인지 규칙을 찾아 구해 봅니다.

14 ╱ 방향으로 ♥ 모양이 놓이는 규칙입니다.

15 빨간색 점선에 놓인 날짜들은 3일, 9일, 15일, 21일, 27일로 6씩 커지는 규칙입니다.

17 아래층으로 내려갈수록 상자가 각 층에 1개, 3개, 5개로 2개씩 늘어나는 규칙입니다. 따라서 6층으로 쌓으려면 상자가 모두 1+3+5+7+9+11=36(개) 필요합니다.

18 2부터 1, 2, 3, …씩 커지는 규칙입니다.

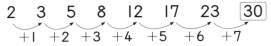

평가 기준	배점
규칙을 찾아 바르게 썼나요?	2점
□ 안에 알맞은 모양을 그렸나요?	3점

서술형 **19**

서술형 **20** ⑩ 입장 시각을 보면

3시 10분   5시 20분   7시 30분
2시간 10분 후   2시간 10분 후

스케이트장은 2시간 10분마다 입장하는 규칙이 있습니다.

따라서 4회의 입장 시각은 9시 40분입니다.

평가 기준	배점
입장 시각의 규칙을 찾았나요?	2점
4회의 입장 시각을 구했나요?	3점

6단원 단원 평가 Level ❷

59~61쪽

1 (   ) (○)   **2**

3 4개   **4** 3

5 빨간색, 파란색

6

1	2	3	1	2	3	1
2	3	1	2	3	1	2
3	1	2	3	1	2	3

⑩ 1, 2, 3이 반복되는 규칙입니다.

7

+	1	3	5	7
1	2	4	6	8
3	4	6	8	10
5	6	8	10	12
7	8	10	12	14

8 2씩   **9** 56

10 ㉠, ㉢

11 ⑩ 만나는 수들은 서로 같습니다.

12

7	8	9	10
8	9	10	11
9	10	11	12
10	11	12	13

13

14 9, 10

15 ⑩ 평일은 20분마다 출발하고, 주말은 30분마다 출발하는 규칙입니다.

16 검은색   **17** ▲(원 안 삼각형)

18 8

19 ⑩ 모양은 원, 삼각형, 사각형이 반복되고, 색깔은 노란색 2번, 빨간색 2번이 반복되는 규칙입니다.

20 25개

---

2 ○가 시계 방향으로 색칠되는 규칙입니다.

3 쌓기나무가 4개, 9개가 반복되는 규칙입니다.

4 쌓기나무가 1개, 4개, 7개로 3개씩 늘어나는 규칙입니다.

5 빨간색, 노란색, 파란색이 반복되는 규칙입니다.

9 7×8=56, 8×7=56

10 ㉢ 초록색 선 안의 수들은 9단 곱셈구구이므로 오른쪽으로 갈수록 9씩 커집니다.

12 같은 줄에서 오른쪽으로 갈수록 1씩 커지고, 아래로 내려갈수록 1씩 커짐을 이용합니다.

15 평일과 주말에 버스가 각각 몇 분마다 출발하는지 알아봅니다.

16 ●○이 반복되는 규칙이므로 2개씩 반복됩니다.
17은 2×8보다 1만큼 더 크므로 17째 바둑돌은 첫째 바둑돌과 같은 검은색입니다.

17 바깥쪽에서부터 빨간색, 노란색, 파란색의 순서로 색칠하고, ○ → □로, □ → △로, △ → ○로 바뀌는 규칙입니다.

18 2부터 짝수가 순서대로 1개씩 늘어나는 규칙입니다.
2/2, 4/2, 4, 6/2, 4, 6, 8이므로 ㉠에 알맞은 수는 8입니다.

평가 기준	배점
규칙을 찾아 바르게 썼나요?	2점
□ 안에 알맞게 그렸나요?	3점

ⓐ 상자가 아래층으로 갈수록 1개, 3개, 5개로 2개씩 늘어나는 규칙입니다.

따라서 상자를 5층으로 쌓으려면 상자가 모두

1+3+5+7+9=25(개) 필요합니다.

평가 기준	배점
상자를 쌓은 규칙을 찾았나요?	2점
필요한 상자는 모두 몇 개인지 구했나요?	3점

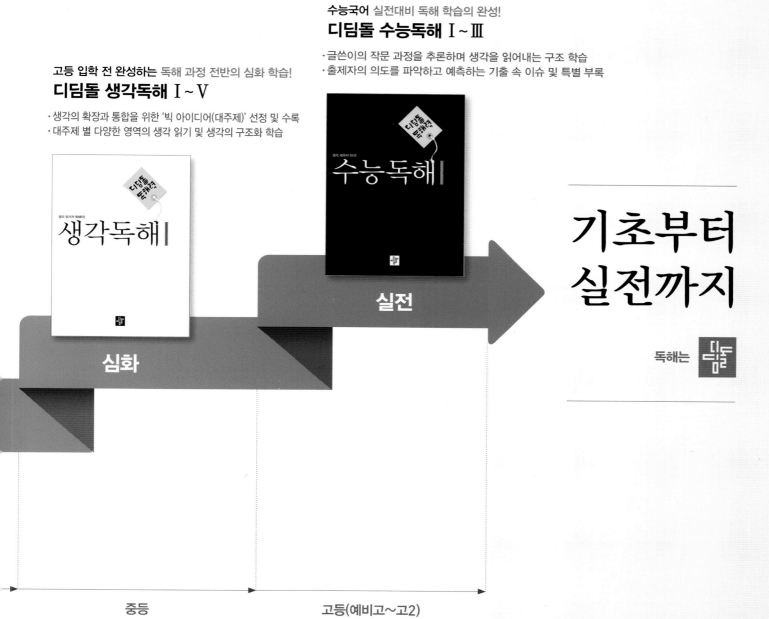

수능국어 실전대비 독해 학습의 완성!

디딤돌 수능독해 I ~ III

· 글쓴이의 작문 과정을 추론하며 생각을 읽어내는 구조 학습
· 출제자의 의도를 파악하고 예측하는 기출 속 이슈 및 특별 부록

고등 입학 전 완성하는 독해 과정 전반의 심화 학습!

디딤돌 생각독해 I ~ V

· 생각의 확장과 통합을 위한 '빅 아이디어(대주제)' 선정 및 수록
· 대주제 별 다양한 영역의 생각 읽기 및 생각의 구조화 학습

기초부터
실전까지

독해는 디딤돌

실전

심화

중등

고등(예비고~고2)

다음에는 뭐 풀지?

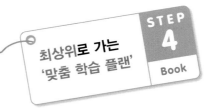

최상위로 가는
'맞춤 학습 플랜'

STEP
4
Book

다음에 공부할 책을 고르기 어려우시다면, 현재 성취도를 먼저 체크해 보세요.
최상위로 가는 맞춤 학습 플랜만 있다면 내 실력에 꼭 맞는 교재를 선택할 수 있어요!
단계에 따라 내 실력을 진단해 보고, 다음 학습도 야무지게 준비해 봐요!

첫 번째, 단원평가의 맞힌 문제 수 또는 점수를 모두 더해 보세요.

단원		맞힌 문제 수 OR 점수 (문항당 5점)	
1단원	1회		
	2회		
2단원	1회		
	2회		
3단원	1회		
	2회		
4단원	1회		
	2회		
5단원	1회		
	2회		
6단원	1회		
	2회		
합계			

※ 단원평가는 각 단원의 마지막 코너에 있는 20문항 문제지입니다.